新文京開發出版股份有限公司
NEW WCDP
新世紀・新視野・新文京—精選教科書・考試用書・專業參考書

New Wun Ching Developmental Publishing Co., Ltd.

New Age · New Choice · The Best Selected Educational Publications — NEW WCDP

第5版

實用 有機化學

楊朝成・王貴弘・何文岳◎編著

抗氧化

膠原蛋白增生

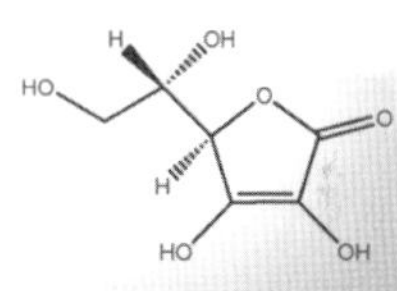

維生素C
Ascorbic Acid

美白

治療貧血及壞血病

增強免疫系統

5th Edition

APPLICATION OF
ORGANIC CHEMISTRY

國家圖書館出版品預行編目資料

實用有機化學/楊朝成, 王貴弘, 何文岳編著. -- 五版. --
新北市 : 新文京開發出版股份有限公司, 2022.06
面 ; 公分

ISBN 978-986-430-843-9（平裝）

1.CST：有機化學

346 111008679

實用有機化學（第五版）

（書號：**B325e5**）

編著者	楊朝成　王貴弘　何文岳
出版者	新文京開發出版股份有限公司
地址	新北市中和區中山路二段 362 號 9 樓
電話	(02) 2244-8188（代表號）
FAX	(02) 2244-8189
郵撥	1958730-2
初版	西元 2009 年 08 月 30 日
二版	西元 2010 年 09 月 05 日
三版	西元 2013 年 09 月 02 日
四版	西元 2018 年 01 月 05 日
五版	西元 2022 年 07 月 15 日

建議售價：395 元

法律顧問：蕭雄淋律師

ISBN 978-986-430-843-9

五版序

PREFACE

有鑑於有機化學為各類理工學科的基礎應用課程，但坊間常見的大專有機化學課本，均偏向理論與艱深的有機反應內容，以至於讓一些無化學基礎的大專生在學習上產生很大的障礙，因此，本書作者經過數十載的教學與研究經驗，將有機化學融入日常生活應用中，針對非化學類科之科系，如化粧品系、營養系、食品系、生技系、護理系等等二學分課程的大專相關科系學生使用，使讀者藉由本書了解有機化學在生活中之重要性，書中內容安排以實用為主要訴求，配合簡易圖表，深入淺出的敘述，使學生學習時不會感到艱澀無趣，也不會只懂應用而忽略其基礎原理；期望引導學生在最短的時間對有機化學的認識，進而了解有機化學的基本觀念與實務應用。

本書編撰至今已過 13 寒暑，承蒙各大專校院的選用，雖經四版的修訂，仍發現本書內容尚有部分錯誤，感謝蕭明達教授的指正；並配合實務需求，在第五版修訂中加入第十一章有機矽化物，讓讀者了解有機矽化物的性質及在化粧品中應用的角色，避免坊間對「矽靈」的誤解。

請諸位先進不吝惠予指教。

編著者　謹識

編著者簡介

AUTHORS

楊朝成

學歷　國立臺灣大學化學所博士　主修有機化學

現職　嘉南藥理大學　化粧品科技研究所　特聘教授

經歷　嘉南藥理大學　代理校長、副校長、教務長、總務長、通識教育中心主任、藥理學院院長、民生學院院長

王貴弘

學歷　國立中山大學海洋資源暨生物科技系博士　主修天然物化學

現職　中國廈門醫學院天然化粧品工程研發中心　教授兼主任

經歷　嘉南藥理大學　化粧品應用與管理系　副教授

何文岳

學歷　國立清華大學化學系博士　主修有機化學

現職　嘉南藥理大學　化粧品應用與管理系　副教授兼系主任

目錄
CONTENTS

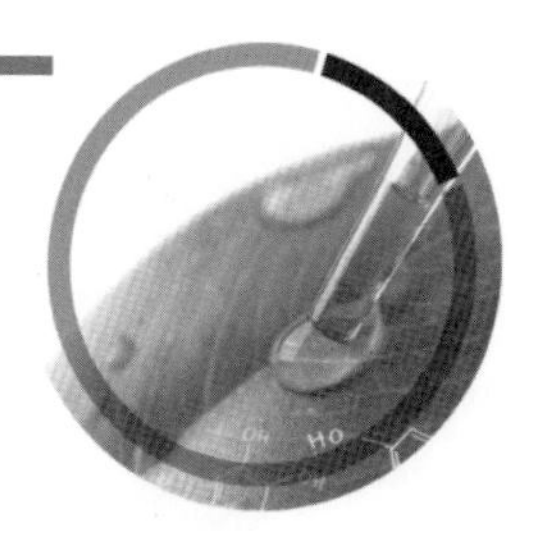

CHAPTER

01

緒　論
(Introduction)

1.1 有機化學的定義

在日常生活中你可能常聽到維生素 C (ascorbic acid)、膠原蛋白(collagen)、玻尿酸(hyaluronic acid)、Q-10 (coenzyme-Q10)、熊果素(arbutin)等等化粧品有效成分，你知道嗎？其實這些化粧品成分都是屬於有機化合物，以嘉南藥理大學所開發的牛樟芝面膜為例，其主成分中包含了牛樟芝精華液、玻尿酸、熊果素、蠶絲蛋白、水、桑白皮、人參、甘草與椎茸等萃取液之原料（圖 1.1）；這些原料除了水之外，幾乎都為有機化合物，

嘉藥牛樟芝面膜

牛樟芝精華液由嘉南藥理大學化粧品科技研發團隊利用生物科技方法萃取，其中含有特殊小分子牛樟芝多醣體，經實驗證明可抑制基質金屬蛋白酶活性（中華民國專利申請案號：95116680），能減緩真皮中膠原蛋白的分解，減少皺紋產生；另添加多項天然精華成分，達成肌膚青春嫩白緊緻功能。

膚質調理：牛樟芝精華液
雪妍嫩白：熊果素、桑白皮萃取液
保濕潤澤：玻尿酸、椎茸萃取液、蠶絲蛋白
活化膚質：人蔘萃取液、甘草萃取液
使用方法：臉部清潔後，取一片面膜敷於臉部，大約15~20分鐘後取下即可，每週2~3次效果更佳。
成　　分：Taiwanofungus champhoratus ext., Ginseng ext., Liquorice ext., Mulberry ext., Shiitake ext., Arbutin, Sericin, Aqua, Hyaluronic acid, Phenoxyethanol, Ethyl hexyl glycerin.
保存方式：請置於陰涼處，避免日光照射
內　　容：一片入　MFG:2017.07.17.01 B 10:57
製造日期：標示於外包裝　包存期限：二年
注意事項：使用時如造成不適或過敏狀況出現時請停止使用，並請教專業人員。
研發單位：嘉南藥理大學化粧品科技研發團隊
地址：台南市仁德區二仁路一段60號
供應商：嘉藥生技股份有限公司
地址：台南市忠義路二段85號
製　　造：南六企業股份有限公司
地　　址：高雄市橋頭區筆秀路88號
消費者專線：06-2664911-328
統一編號：28342703
產　　地：台灣

◆ 圖 1.1　嘉藥牛樟芝面膜成分

而有機化合物不單只是化粧品中常見的成分，也是藥品、食品、燃料、電子材料等物質常見的重要組成成分。你可能會問：那什麼是有機化合物？什麼又是有機化學？

在十八世紀末，化學家將化合物區分成有機化合物與無機化合物兩大類；而有機化學(organic chemistry)的中英文名稱都是指由生物體中所產生之化合物的化學；而無機化學(inorganic chemistry)則是指從地球上無生命體之礦物的化學。因此，當時化學家認為有機物必須來自有生命體所製造之物質，不能由利用無機物從實驗室合成出來，不過到了 1828 年，德國化學家烏勒(Friedrich Wőhler)，首先在實驗室中以無機物質氰酸銨(ammonium cyanate)將其加熱分解製得有機化合物尿素(urea)（式 1-1），方才打破上述舊有的觀念。

$$NH_4CNO \xrightarrow{\triangle} H_2N-\overset{\overset{\displaystyle O}{\|}}{C}-NH_2 \qquad \text{式 1-1}$$

經過多年來有機化學家的努力，許多的有機化合物均可藉由人工的方法製造出來，因此今日有機化合物被重新定義為含碳的化合物（除二氧化碳、一氧化碳、碳酸鹽類以及金屬氰化物外）。而有機化學則是指研究有機物之一門科學，包括有機物之分類、結構、命名、性質、製備及用途等，除了與生物體的結構及新陳代謝息息相關，並且廣泛應用於醫藥、食品、化粧品、化工（塑膠、橡膠、纖維、塗料）等領域。

在深入了解有機化學前，本章節將介紹一些相關之基礎化學的原理與知識，在接下來的章節中，會將以具有相同結構特徵的有機化合物歸類在一起，並且介紹其來源、命名、結構特徵、性質及其應用於日常生活用品中的原料特色。

1.2 有機化學相關的基礎知識

1.2.1 化學鍵(Chemical Bonds)

化學鍵是由相互鍵結的兩原子共同吸引的一對電子所構成，這種分布於兩原子間的電子雲稱為化學鍵，當元素反應形成化合物時，化合物中兩原子間會形成化學鍵，在化學反應的過程中，反應物的化學鍵會被打斷，再生成新的化學鍵而形成產物。若化學鍵經由電子轉移形成陰離子及陽離子，再藉由靜電吸引而結合，所形成的鍵結則稱為離子鍵(ionic bond)，其所組成的物質稱為離子化合物；若化學鍵為原子之間彼此相互共用電子而形成的，則此化學鍵稱為共價鍵(covalent bond)，其所組成的物質稱為分子化合物，而有機化合物大部分為分子化合物。在化學反應中不管是形成共價鍵或離子鍵，這些結合元素的原子會調整它們的外層電子，以形成穩定的鈍氣電子組態，表 1.1 為有機化合物中常見原子與其形成鈍氣電子組態時之共價鍵的數目。

■ 表 1.1　有機化合物中常見原子與其形成鈍氣電子組態時共價鍵的數目

元素	電子點結構	共用電子對	共價鍵
碳(carbon)	$\cdot\dot{\underset{\cdot}{C}}\cdot$	$:\ddot{\underset{\cdot\cdot}{C}}:$	—C— (上下各一鍵)
氫(hydrogen)	H·	H:	H—
氧(oxygen)	$\cdot\ddot{\underset{\cdot\cdot}{O}}\cdot$	$:\ddot{\underset{\cdot\cdot}{O}}:$	—O—
氮(nitrogen)	$\cdot\ddot{\underset{\cdot}{N}}\cdot$	$:\ddot{\underset{\cdot\cdot}{N}}:$	—N— (下方一鍵)
鹵素(halogen)	$:\ddot{\underset{\cdot\cdot}{X}}\cdot$	$:\ddot{\underset{\cdot\cdot}{X}}:$	X—

1.2.2 陰電性（Electronegativity；電負度）

陰電性指原子吸引電子能力的強弱程度，原子的陰電性越大，其吸引電子力量越大。週期表中除惰性元素外，位置越右越上之元素，其陰電性越強（以 F 原子陰電性最強）。反之，越左越下之元素，其陰電性越弱，如表 1.2。

■ 表 1.2 週期表中典型元素之陰電性

1A 族	2A 族		3A 族	4A 族	5A 族	6A 族	7A 族
H 2.1							
Li 1.0	Be 1.5		B 2.0	C 2.5	N 3.0	O 3.5	F 4.0
Na 0.9	Mg 1.2		Al 1.5	Si 1.8	P 2.1	S 2.5	Cl 3.0
K 0.8	Ca 1.0		Ca 1.6	Ge 1.8	As 2.0	Se 2.4	Br 2.8
Rb 0.8	Sr 1.0		In 1.7	Sn 1.8	Sb 1.9	Te 2.1	I 2.5
Cs 0.7	Ba 0.9		Tl 1.8	Pb 1.9	Bi 1.9	Po 2.0	At 2.1

當兩鍵結原子其陰電性相差值不超過 0.4 時，所形成之化學鍵為非極性共價鍵，如 C－C 鍵(2.5–2.5=0)或 C－H 鍵(2.5–2.1=0.4)的鍵結。若陰電性相差值介於 0.5 至 1.8 之間，則所形成之化學鍵結為極性共價鍵如 H-Cl (3.0–2.1=0.9)；在極性共價鍵中，其所共用電子對會靠近陰電性較高的原子，使得陰電性較高的原子會形成帶部分的負電荷(δ^-)，陰電性較低的原

子則會帶部分的正電荷(δ^+)，這種正、負電荷的分離稱為偶極，其以符號「+→」表示。若陰電性相差值大於 1.8 以上時，所形成的化學鍵結為離子鍵，如 Na^+Cl^- (3.0−0.9=2.1)，如圖 1.2。

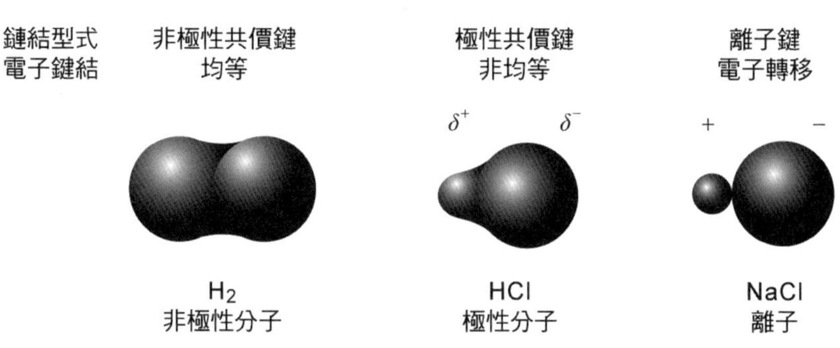

◆ 圖 1.2　原子間陰電性差值所形成的鍵結形式

圖片來源：Timberlake, K. C. (2006)。*普通化學*（第九版，p.152，王正隆等人譯）。學銘圖書（原著出版於 2005）。

1.2.3　分子間之作用力

一般常見化合物分子間的作用力有凡得瓦引力(van der Waals attraction)、偶極－偶極力(dipole-dipole interaction)與氫鍵(hydrogen bond)。凡得瓦引力是因非極性分子中的電子暫時性不均勻的分布而形成暫時性部分正、負電荷分離的極化現象，而此暫時性極化的分子會影響鄰近的分子也產生暫時的極化，此時相鄰的分子間可藉由彼此間所帶的部分正、負電荷產生微弱的吸引力，此種作用力稱為凡得瓦引力；凡得瓦引力的大小與分子的質量成正比，與分子間距離成平方反比。

偶極－偶極力是分子中帶部分正電荷的原子（團）與另一個分子中帶部分負電荷的原子（團）相互吸引所產生的。而氫鍵為氫原子與一個陰電性極大的元素（如 F、O、N 等），形成共價鍵時，因氫原子電子被陰電性強之原子所吸引過去，導致氫原子帶有部分正電荷，而當此帶部分正電荷氫原子再與另一個分子上帶部分負電荷的 F、O、N 等陰電性強之原子相互吸引時，所產生的作用力稱為氫鍵。偶極－偶極力的大小與兩原子鍵結後所帶的電荷成正比、距離成平方反比，氫鍵屬於偶極－偶極力的一種，是一種分子間的引力，其作用力較強，遠大於凡得瓦引力，水分子間有較強的氫鍵，如圖 1.3，因此，其沸點較同分子量的分子高，而化粧品中吸濕劑本身乃藉由其與水產生氫鍵而呈現吸水功能。

在相同分子大小的情況下，偶極－偶極力的強度會較凡得瓦引力為大，但是會比氫鍵的作用力小，而分子間引力越大者其沸點也較高，另外，分子間引力也影響不同分子之混合度，使得極性溶於極性，非極性溶於非極性，而極性與非極性不相溶，如油與水即是因為極性差異大而不相溶。

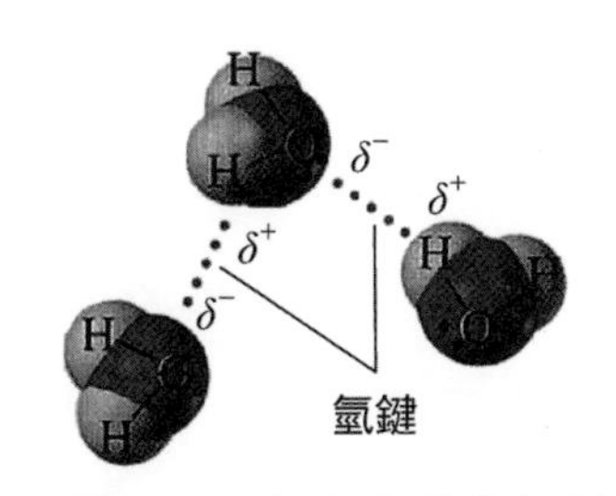

◆ 圖 1.3　水分子間之氫鍵

圖片來源： Timberlake, K. C. (2006)．*普通化學*（第九版，p.251，王正隆等人譯）．學銘圖書（原著出版於 2005）。

1.3 碳原子之電子組態與官能基

1.3.1 碳原子之電子組態

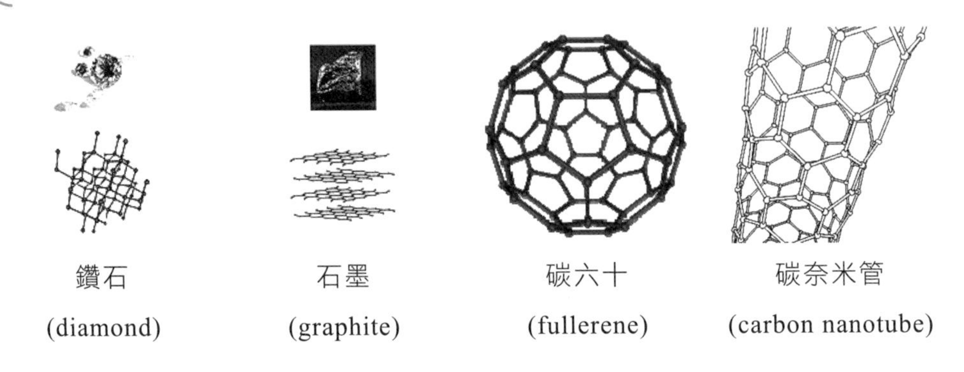

◆ 圖 1.4　純碳原子所構成之化合物

常見的碳原子由原子核內的 6 個質子、6 個中子和原子核外的 6 個電子組成。碳原子之電子組態〔基態(ground state)〕為 $1s^2 2s^2 2p^2$。有機化合物中碳原子係以 sp^3、sp^2、sp 等三種不同的混成軌域形成各種鍵結。sp^3 混成 $1s^2 2[(sp^3)^1(sp^3)^1(sp^3)^1(sp^3)^1]$，具有四個單鍵，為正四面體結構，鍵角為 109.5°。sp^2 混成軌域為 $1s^2 2[(sp^2)^1(sp^2)^1(sp^2)^1(p)^1]$，具有一個雙鍵及兩個單鍵（如 C=C、C=O、C=N），屬平面三角形結構，鍵角為 120°。sp 混成軌域為 $1s^2 2[(sp)^1(sp)^1(p)^1(p)^1]$，具有一個參鍵及一個單鍵，如（C≡C、C≡N），結構為直線形，鍵角為 180°，如圖 1.5。

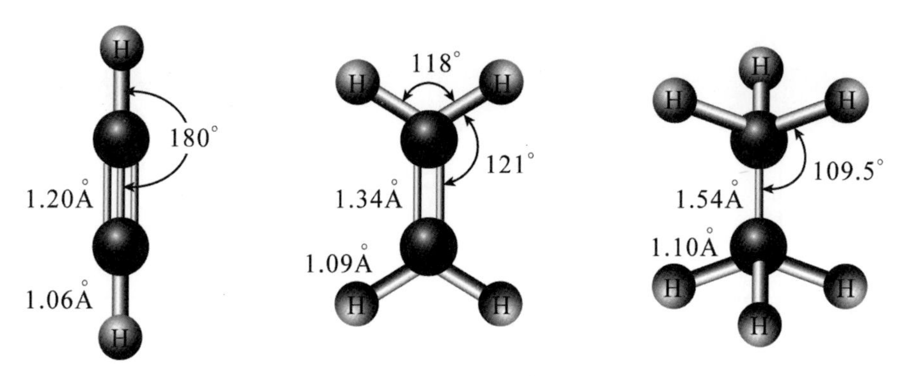

◆ 圖 1.5　乙炔、乙烯及乙烷的鍵長和鍵角

1.3.2　有機化合物中常含之元素與官能基

以戲劇的術語比喻，在有機化學表演的舞臺上，若以碳原子為男主角的話，那麼氫原子是當之無愧的女主角。當然，只有男主角也可以演出一部戲｛如碳奈米管、C_{60}〔富勒烯(fullerene)，具有很好的捕捉自由基能力，可應用於化粧品中當抗氧化劑〕｝，不過，若有其他演員參與這齣戲就會演得更精彩。

氧原子和氮原子是我們常在這個舞臺上常看到的男配角或女配角，此外你有時也會發現鹵素、硫(S)、磷(P)、矽(Si)…等原子的出現；這些原子和碳以不同的排列組合，即可構成數千萬種以上的有機化合物。為了方便理解，有機化學家一般會以官能基(functional groups)來做分類，所謂官能基指其組成具有同一類化合物之結構及性質特徵的原子或原子群，具有相同官能基之有機化合物，其化學性質與物理性質相似。這種的分類方式有助於我們記憶、理解與預測它們的特性，表 1.3 為有機化合物常見官能基的分類與其結構的特色。

■ 表 1.3　有機化合物之官能基與分類名稱

中文名稱	英文名稱	結構特徵	日常成分例舉
烷	Alkane	—C—C—	鮫鯊烷(squalane)、 凡士林(vaselin)
烯	Alkene	C=C	鮫鯊烯(squalene)
炔	Alkyne	—C≡C—	乙炔(ethyne)
鹵烷	Alkyl halide	—C—X	三氯沙(triclosan)
醇	Alcohol	—C—OH	甘油(glycerin)、 山梨醇(sorbitol)
芳香族	Aromatic	(苯環)	甲苯(toluene)
酚	Phenol	(苯環)—OH	維生素 E (tocopherol)
醚	Ether	—C—O—C—	二甲醚(dimethyl ether)
醛	Aldehyde	—C(=O)—H	香草醛(citronellal)、 肉桂醛(cinnamaldehyde)
酮	Ketone	—C—C(=O)—C—	丙酮(acetone)、 異黃酮(isoflavone)
酸	Carboxylic acid	—C(=O)—O—H	果酸(α-hydroxy acid)
酯	Ester	—C(=O)—O—C—	三酸甘油酯(triglyceride)
胺	Amine	—C—NH_2	三乙醇胺 (triethanol amine)
醯胺	Amide	—C(=O)—N<	神經醯胺(ceramide)

習題 EXERCISE

1. 下圖為甘油（保濕劑）、丙胺酸（一種胺基酸）與甘醇酸（果酸的一種）等分子的結構式，試問：

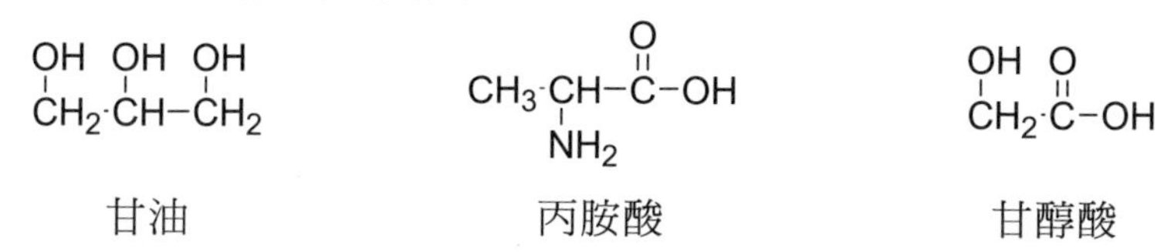

   (1) 這些分子結構中具有哪些官能基？
   (2) 寫出這些分子的分子式。
   (3) 計算這些分子的分子量。

2. 畫出下列分子的結構式，並指出哪些化學鍵結為極性共價鍵：
   (1) CH_3OH
   (2) C_2H_5CHO
   (3) CH_3COOH

3. 將下列分子依其官能基之特色分類：

   (1) $CH_3-CH_2-CH_2-CH_3$

   (2) $CH_3-CH(CH_3)-CH_2-CH_3$

   (3) $CH_3-C(=CH_2)-CH_2-CH_3$

   (4) $CH_3-C(=O)-CH_2-CH_3$

   (5) $CH_2=CH-CH_2-CH_3$

   (6) $H-C\equiv C-CH_2-CH_3$

   (7) $CH_3-CH_2-CH_2-C(=O)-H$

   (8) $CH_3-CH(OH)-CH_2-CH_3$

   (9) $CH_3-CH_2-O-CH_3$

4. 利用表 1.2 週期表中典型元素之陰電性預測下列鍵結，何者為非極性共價鍵、極性共價鍵或離子鍵？
   (1) H–O
   (2) H–C
   (3) C–C
   (4) Li–O

5. 填充題：

中文名	英文名	官能基	中文名	英文名	官能基
醛類			酮類		
		$R\text{-}NH_2$	羧酸類		
	Ester				R-OH
醯胺類				Alkene	

註：R 代表碳鏈

附錄

有機產品之由來

一九七〇年代，由於能源危機發生，各國逐漸意識到地球資源其實是有限的，環境受到嚴重汙染，不僅破壞生態環境，也導致農業生產力衰退，如何維護環境品質與生活水準及確保萬物後代永續生存空間，逐漸受到世界各國重視。另外，消費者對農產品消費型態轉向多樣化、精緻化，也特別關注農產品的健康性與安全性，於是近年來永續農業、生態農業或有機農業乃蓬勃發展。有機農業有時亦被稱為生態農業、低投入農業、生物農業、動態農業、自然農法、再生農業、替代農業或永續農業之一種。而由有機農業所生產之產品統稱為有機產品。

有機產品為何稱為有機？又與有機化合物有何關聯？由於有機化學(organic chemistry)的中英文名稱都是指由生物體中所得到之化合物的化學；最初化學家認為有機物必須來自有生命體所製造之物質，不能由利用無機物從實驗室合成出來，而有機之英文“organic”另一意義為「與生俱來的」。因此，有機產品指的是不經人工化學肥料、人工農藥、基因改良等等之天然物質。而有機產品與一般產品往往無法憑產品外觀可辨識，所以世界先進國家皆有有機產品認證標章，如表 1.4 所示，以確保消費者使用之權益。

■ 表 1.4 世界現行最具公證力之有機產品認證標章

國家	美國	歐盟	德國	日本	臺灣
有機產品認證標章	USDA ORGANIC	ORGANIC FARMING	Bio nach EG-Öko-Verordnung	JAS	台灣有機農產品 AS ORGANIC

MEMO

CHAPTER

02

烷類、環烷類

(Alkanes and Cycloalkanes)

2.1 烷類的定義

烷類(alkanes)為有機化合物之組成中最簡單的物質，分子中僅含碳氫兩種原子，並且結構中的連結方式全是以單鍵鍵結方式結合的有機化合物，通稱為烷類(alkanes)，又稱石蠟烴，其通式為 C_nH_{2n+2}（所謂通式僅是將有機物質所含有原子的數目一併合計的表示方法，若有機化合物有 n 個碳就表示 C_n，有 m 個碳就表示 C_m，所以乙烷就是 n=2，其通式即 $C_2H_{2\times2+2}$，也就是 C_2H_6）。

烷類化合物也稱為飽和化合物(saturated compounds)，是烴類之一種；而所謂烴類(hydrocarbons)即有機分子中僅含碳和氫兩種原子的化合物。而甲烷（methane，分子式 CH_4）及乙烷（ethane，分子式 C_2H_6）為烷類之代表性化合物，如圖 2.1。

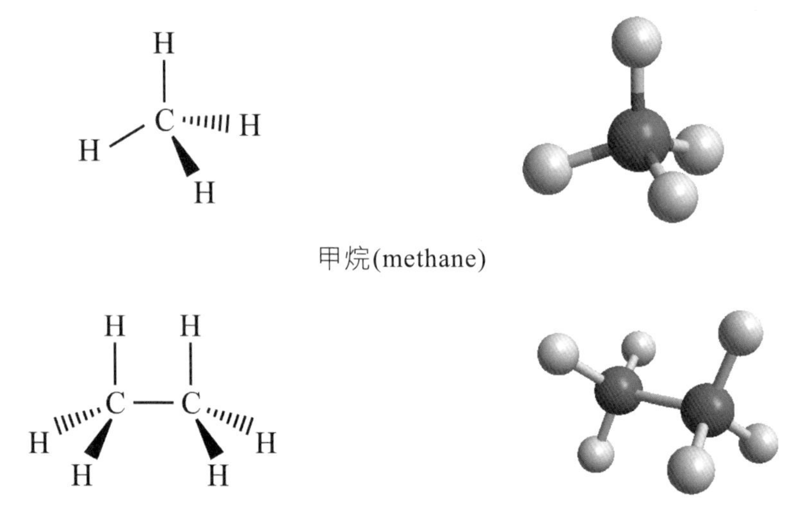

◆ 圖 2.1　甲烷及乙烷立體結構式

甲烷為星球剛誕生時大氣中之主要氣體，現今天然氣主要由甲烷（約80%）與乙烷（5~10%）所組成，通常是在石油產地中發現，而丙烷為液化石油氣之主要成分；有些低等有機生命體能利用二氧化碳和氫氣產生甲烷。

2.2 結構異構物與結構式之表示法

分子中原子間互相連接的順序叫做分子結構（又稱化學構造），當化合物具有相同分子式但其結構式不同時（互相連接的順序不同時），此不同之結構的化合物稱為結構異構物(structural isomers)。在烷烴同系列中，甲烷、乙烷、丙烷只有一種化合物，而丁烷就有兩種結構異構物(structural isomers)，例如：*正*–丁烷(*n*-butane)及異丁烷(isobutane)，其分子式同為C_4H_{10}，但其結構式不同（如下圖所示）；當分子式碳數越多，其異構物之數量也越多。結構異構物雖具有相同分子式，但它們各原子間之鍵結次序不同而產生不同的化合物，呈現出不同的物理性質（如沸點、熔點及密度等）和不同的化學性質。

$CH_3CH_2CH_2CH_3$	$CH_3CH(CH_3)CH_3$
正–丁烷	異丁烷
沸點：–138°C	沸點：–159°C
熔點：–0.5°C	熔點：–12°C

有機化學家使用各種不同方法書寫結構式，如電子點結構(dot structure)表示出所有的價電子，但寫起來令人感覺厭煩且浪費時間。而鍵－線式(bond-line formula)、縮合式(condensed formula)因書寫上較方便，因此較常使用。

我們以 1–丙醇(1-propanol)的球棒模型來比較各化學結構式之書寫方式，球棒模型能較精確地表示分子之真實形狀，原子排列（連接的方式）並非全為直線，而單鍵連結之原子，能與另一原子相對地自由旋轉，如圖 2.2 所示的 1–丙醇分子中各原子的鍵結排列，其中各單鍵能自由旋轉。

結構式以原子彼此接觸的方式來表示原子的連接，由於化合物之結構式表示法不只一種，圖 2.3 以各種不同之方式寫出 1–丙醇的結構式。

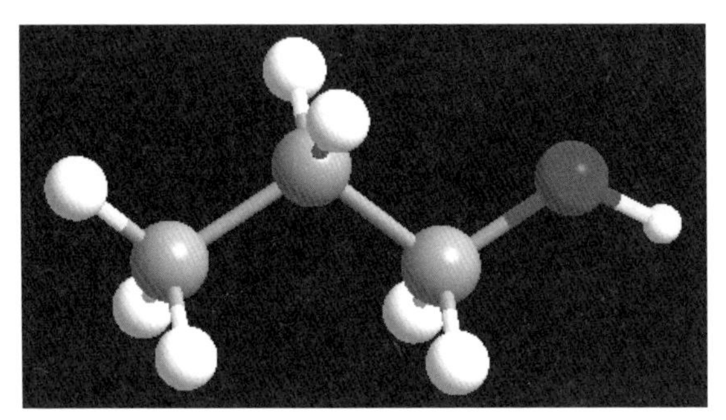

◆ 圖 2.2　丙醇結構式，圖中灰色球表碳原子、白色球表氫原子、紅色球表氧原子，連接兩球之棒代表化學鍵結。

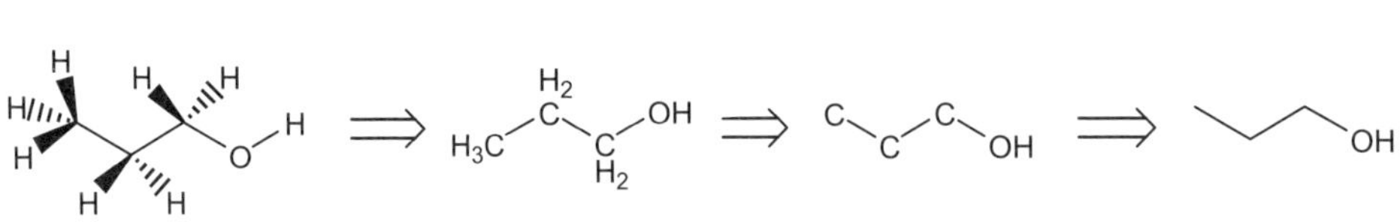

H H H H H H H O H ⟹ H_3C H_2C C OH H_2 ⟹ C C C OH ⟹ OH

展開式　　縮合式　　鍵－線式

◆ 圖 2.3　1–丙醇之各種結構式

當我們對結構熟悉後，縮合式中接在特定碳上之所有氫原子直接寫在那個碳的後面。完整的縮合式中，接在碳上之所有原子都直接寫在那個碳的後面，例如：異丙醇(isopropanol)之縮合式。

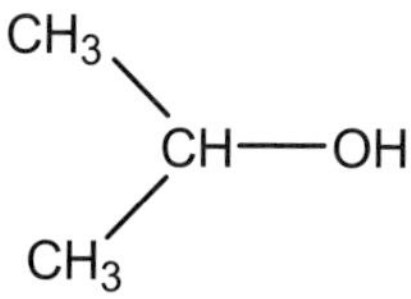

$$\begin{matrix} CH_3 \diagdown & \\ & CH-OH \\ CH_3 \diagup & \end{matrix}$$

2.2.1 鍵－線式(Bond-Line Formulas)

有機化學家常使用「鍵－線式」的書寫法來表示有機分子構造。鍵－線表示法是所有方法中最快速的寫法，因為它只表示碳的骨架，滿足碳原子價數所鍵結之氫原子數目，皆假設存在，因此可以不必書寫碳上的氫原子符號(H)，但當氫原子連結在其他非碳之原子時，則氫寫在其所連接之原子後面（如$-OH$、$-NH_2$ 等），也就是當原子連結在其他非碳之原子時，氫原子一定要寫出來，不可省略。而其他非氫之原子（如 O、Cl、N），則以元素符號標出。除非鍵－線端寫上某些其他原子，否則兩條或更多條線之交叉點和線的末端都表示碳原子。例如：異丙醇之鍵－線式。

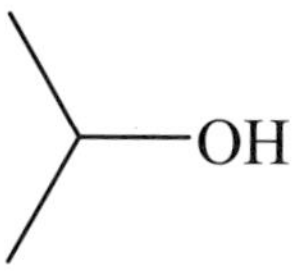

OH

多鍵也可以鍵－線式表示。例如：

$$H_3C-\underset{H}{C}=CH_2 \quad \equiv$$

$$\begin{array}{c} H_2 \\ H_2C \quad C \quad CH-CH_3 \\ | \qquad\qquad | \\ H_2C \quad C \quad CH_2 \\ H_2 \end{array} \equiv$$

2.3 烷類之 IUPAC 命名規則

約在十九世紀末期，發展了有機化合物命名法的正式系統。這個時期以前有機化合物的名稱，常因各地區之習慣而各有不同名稱，例如，醋酸(acetic acid)因得自食醋(vinegar)，所以醋酸的名稱則從食醋的拉丁文 acetum 來；又如甲酸(fomic acid)能由螞蟻得到又稱為蟻酸，所以名稱也是由拉丁字 fomicae 得來。乙醇（ethanol 或 ethyl alcohol）曾經有一段時間稱為穀醇(grain alcohol)，因為乙醇可以從穀類醱酵產生；這些古老的有機化合物名稱，現在稱為「俗名」或「平凡名」(common name)，雖然俗名各地沒有一定之規則，但有其特色，迄今仍有許多以往的有機化合物俗名，依舊廣泛的被大家所使用。

由於各地因交通便利，接觸頻繁，為求各國與地區能有一致性的名稱，因此，由國際純粹和應用化學聯合會(The International Union of Pure and Applied Chemistry, IUPAC)提議制定一套統一的命名系統，此系統於 1892 年開始制定並且不定期修正。

有機化合物的 IUPAC 系統命名有一基本原理，每一個不同化合物應有一個不同名稱。所以經由系統的規則，對於所有已知有機化合物提供不同名稱，此外，任何被發現或合成新的有機化合物也藉由 IUPAC 的命名系統獲得其名稱，另外，依此一命名規則，也可以由 IUPAC 的名稱畫出其分子結構。

2.3.1 直鏈類的命名

一般從命名烷類的規則開始學習 IUPAC 系統之命名法，所有烷類名稱的最後都是以“烷”(～ane)這個字作為字尾，依其所含的主鏈鍵結碳數依序遵守對應之字首來表示，含碳數一、二、三、四、五等等分別對應之字首為甲(meth–)、乙(eth–)、丙(prop–)、丁(but–)、戊(pent–)等等，如表 2.1。

■ 表 2.1 直鏈烷類有機化合物之名稱

碳數	中文字首	英文字首	烷類中文名	烷類英文名	分子結構式
一	甲	Meth	甲烷	Methane	CH_4
二	乙	Eth	乙烷	Ethane	CH_3CH_3
三	丙	Prop	丙烷	Propane	$CH_3CH_2CH_3$
四	丁	But	丁烷	Butane	$CH_3CH_2CH_2CH_3$
五	戊	Pent	戊烷	Pentane	$CH_3CH_2CH_2CH_2CH_3$
六	己	Hex	己烷	Hexane	$CH_3CH_2CH_2CH_2CH_2CH_3$
七	庚	Hept	庚烷	Heptane	$CH_3CH_2CH_2CH_2CH_2CH_2CH_3$
八	辛	Oct	辛烷	Octane	$CH_3CH_2CH_2CH_2CH_2CH_2CH_2CH_3$
九	壬	Non	壬烷	Nonane	$CH_3CH_2CH_2CH_2CH_2CH_2CH_2CH_2CH_3$
十	癸	Dec	癸烷	Decane	$CH_3CH_2CH_2CH_2CH_2CH_2CH_2CH_2CH_2CH_3$

2.3.2 烷基的命名

當直鏈烷類移走碳鏈上一個氫原子，空出來的位置即可鍵結到其他有機原子（如碳原子），而這種可以取代（連接）於其他碳原子的原子團即是所謂的烷基(alkyl group)；若此取代基為直鏈者，則此烷基的名稱為前面所言之字首後加上 yl；另外，若取代基有支鏈時，其規則歸納如下：

1. 任何取代基之烷基基團的基本名稱和該基團的碳原子總數有關，如丙基和異丙基都有三個碳原子，而所有的「丁基」都有四個碳原子。

$CH_3CH_2CH_2$—　　$(CH_3)_2CH$—　　$CH_3CH_2CH_2CH_2$—

丙基(propyl)　　**異丙基(isopropyl)**　　**丁基(butyl)**

2. 取代基為直鏈結構者，依其碳數稱之為～基，若在此取代基基團之倒數的第二個碳上接一個甲基時，我們將此取代基基團名稱前加上「異(iso)」，如異丙基與異丁基兩者都有異的結構。

$(CH_3)_2CH$—　　$(CH_3)_2CH-CH_2$—

異丙基(isopropyl)　　異丁基(isobutyl)

3. 當丁基基團由第二個碳原子直接鍵結在主鏈碳上時，稱為*第二*–丁基(*sec*-butyl)。

$CH_3-CH_2-CH(CH_3)$—

第二–丁基(*sec*-butyl)

4. 若丁基基團以三級碳原子直接鍵結在主鏈碳上時，稱為*第三*–丁基(*tert*-butyl)。

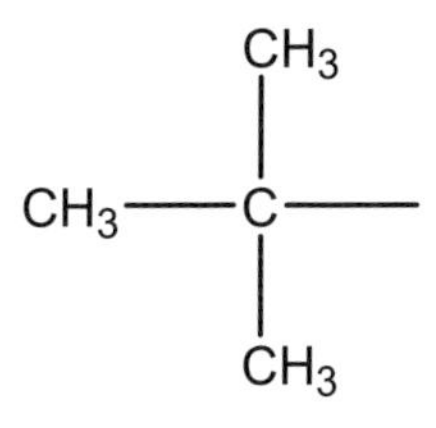

第三–丁基(*tert*-butyl)

2.3.3 具支鏈烷類的命名法

命名具有支鏈之烷類依照下列順序之規則：

1. 首先找出烷類化合物結構中最長的連續碳鏈作為主鏈，此主鏈的碳數作為此烷類的基本名稱，依連續碳鏈之碳數，命名其對應字首之烷，如表 2.2。

■ 表 2.2 烷類主鏈之名稱命名

主鏈碳數	主鏈中文名	主鏈英文名
CH_3CH_3	乙烷	Ethane
$CH_3CH_2CH_3$	丙烷	Propane
$CH_3CH_2CH_2CH_3$ 1 2 3 4	丁烷	Butane
CH_3 (接於C2) $CH_3CHCH_2CH_3$ 1 2 3 4	丁烷	Butane
$CH_3CH_2CH_2CH_2CH_3$ 1 2 3 4 5	戊烷	Pentane

■ 表 2.2　烷類主鏈之名稱命名（續）

主鏈碳數	主鏈中文名	主鏈英文名
CH_3（接於 2 號碳） $CH_3CHCH_2CH_2CH_3$ 1 2 3 4 5	戊烷	Pentane
CH_3（接於 2 號碳）　CH_3（接於 4 號碳） $CH_3CHCH_2CHCH_3$ 1 2 3 4 5	戊烷	Pentane

最長連續鏈由於書寫結構式的表示方式不同，常常不能從所寫的式子中明顯地看出來，例如，下面所寫的兩個烷類結構式，因為最長鏈有八個碳原子，因此主鏈的名稱皆稱之為辛烷。

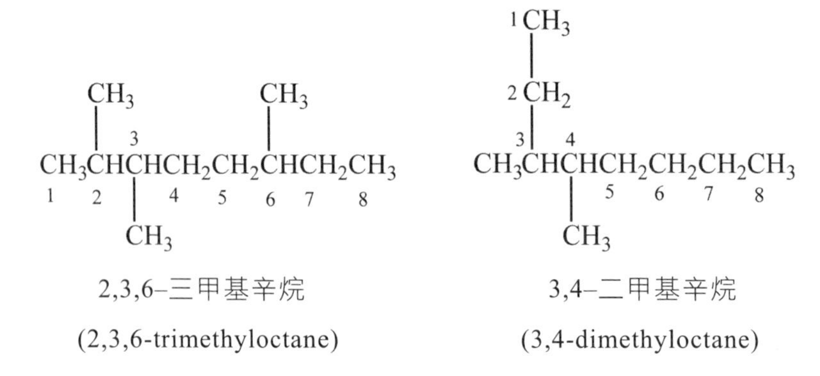

2,3,6–三甲基辛烷　　　3,4–二甲基辛烷

(2,3,6-trimethyloctane)　　　(3,4-dimethyloctane)

2. 當最長鏈之主鏈上有取代基時，從最接近取代基的一端，開始給予主鏈以阿拉伯數字編碼（以一端為開頭數其碳數至取代基上的碳，數出的數字最少，就是這個烷類主鏈的開始端）。如下面的例子，前式之主鏈編碼是錯誤的，因為不是從最接近取代基的一端開始計算，而後式的主鏈編碼才是正確的，您感覺得出來它們的差異嗎？（下列這個烷類的主鏈由左開始數至出現取代基的碳，共有 3 個碳；由右開始數

至出現取代基的碳，則是有 2 個碳，因此由右方開始數才是比較早出現取代基的一端，才是這個烷類命名時的起始端。）

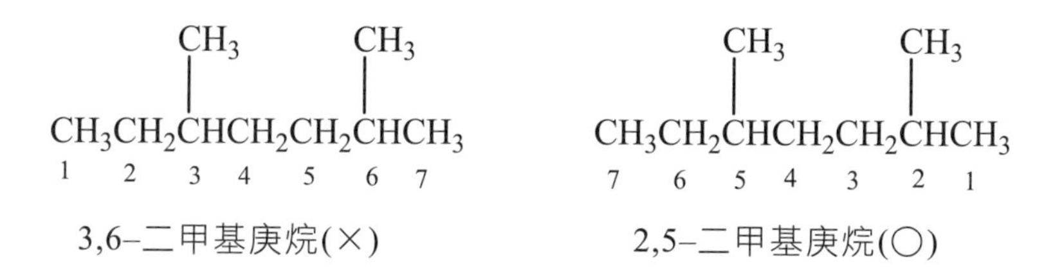

3. 用規則(2)所得的主鏈上碳之編碼，標示所有取代基之位置，先寫出主鏈上每一取代基之名稱，並分別於取代基前書寫取代基所連接之直鏈碳的編號後，並在阿拉伯數字編號與取代基名稱之間加上“–”作為連接，最後再將主鏈的名稱置於最後，即完成此一烷類的命名；例如 2–甲基己烷(2-methylhexane)和 3–甲基庚烷(3-methylheptane)。

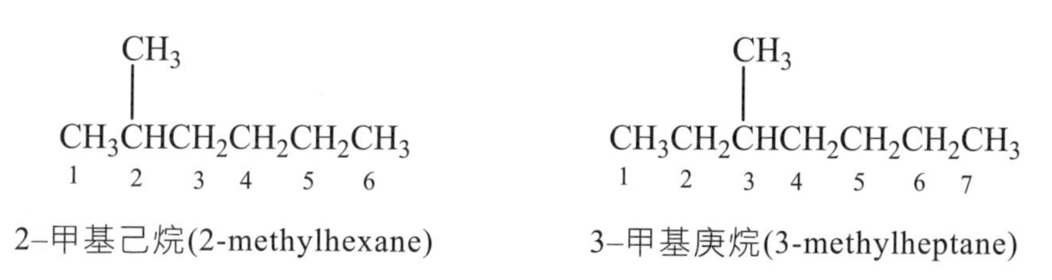

4. 但是，當主鏈上有兩個或兩個以上的取代基存在時，每一個取代基分別給予符合其在其主鏈上所在位置之編號。書寫時，哪一個取代基先寫？原則是以取代基的英文字母第一字的排列順序決定優先順序，例如，我們標示下面化合物為 4–乙基–2–甲基己烷(4-ethyl-2-methylhexane)，取代基應按其英文字母次序排列〔即乙基(ethyl)在甲基(methyl)之前〕。在決定字母次序時，忽略多重字首如二(di)和三(tri)等，以及忽略用斜體寫的描述構造之字首如*第二*(*sec*–)和*第三*(*tert*–)等，只以取代基名稱的起始字母為排序依據（此一規則同學易於誤判，要小心留意）。

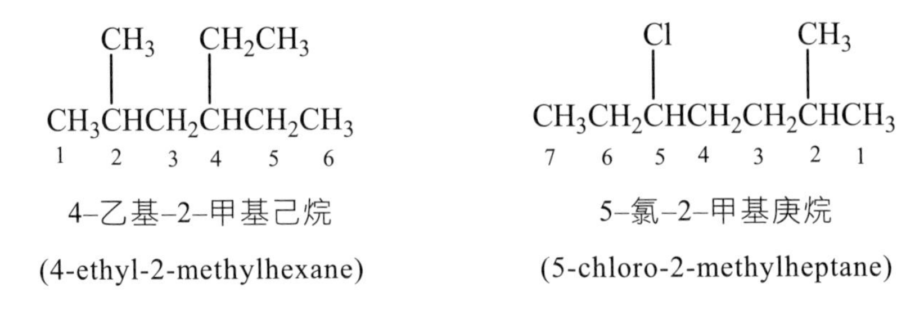

4–乙基–2–甲基己烷
(4-ethyl-2-methylhexane)

5–氯–2–甲基庚烷
(5-chloro-2-methylheptane)

5. 兩個或更多取代基在同一原子上時，應使用該號碼兩次，並以取代基的英文字母順序，依順序書寫（如 ethyl 要寫在 methyl 之前）。

3–乙基–3–甲基己烷(3-ethyl-3-methylhexane)

6. 兩個或更多相同取代基時，合併一起寫出，而在取代基名稱前使用字首二(di–)、三(tri–)、四(tetra–)等表示同一種取代基之數量，並使每個取代基分別皆有一個取代所在位置的號碼標示於前，並用逗點將各號碼分開。

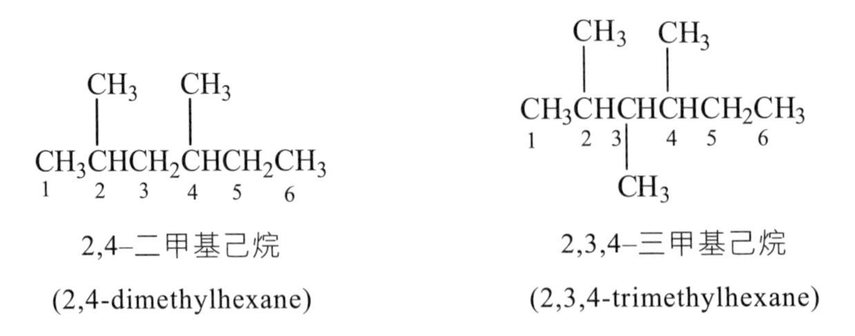

2,4–二甲基己烷
(2,4-dimethylhexane)

2,3,4–三甲基己烷
(2,3,4-trimethylhexane)

7. 當兩個等長（一樣的碳數）的連續碳鏈競爭當主鏈時，則選擇取代基數較多的鏈作為主鏈。

3–乙基–2,5–二甲基庚烷(3-ethyl-2,5-dimethylheptane)　(○)

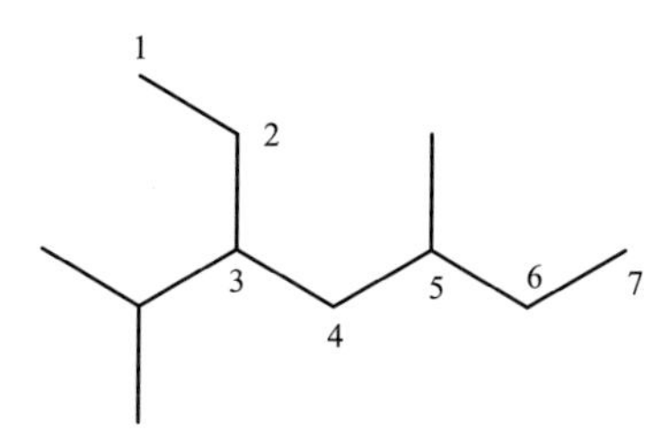

3–異丙基庚烷–5–甲基(3-isopropyl-5-methylheptane)　(×)

8. 主鏈上有多個不同位置的取代基時，由可得各取代基之編碼數字總和最小之一端編起（主鏈的起始端）。

2,3,6–三甲基庚烷(2,3,6-trimethylheptane)　(○)

2,5,6–三甲基庚烷(2,5,6-trimethylheptane)　(×)

2.4 環烷類

除了前面提到的烷類均是直鏈加上取代基的烷類，稱之開鏈狀(open-chain)結構，但是碳化合物也可形成環形的結構，而無首尾之分（無主鏈的起始端之分），這種結構稱為環狀化合物(cyclic compounds)，而其組成中為烷類之環狀化合物稱為環烷類(cycloalkanes)，其通式為 C_nH_{2n}。

環烷類一般而言，3~4 環為小環，5~7 環為中環，大於 8 個碳之環稱為大環。環烷類其物理性質與烷類相似；其化學性質除了小環外，其餘也與烷類相似，其原因是由於烷類碳之結構為 sp^3 鍵結，鍵角為 109.5°，而小環內之鍵角遠小於此，使得其張力大，容易進行開環反應(ring-open reactions)，以求達標準之鍵角之結構。因此，除環丙烷、環丁烷之化性活潑（不穩定），其餘環烷類之物性、化性與烷類相似。3~4 環為小環化合物，張力大，較不穩定；5~7 環為中環化合物，穩定性佳且易形成；>8 者為大環化合物，穩定但不易形成。

2.5 環烷類之命名

環烷類命名為其環型結構上的碳數為基本名稱，但需要在此名稱前加「環」字，英文加上“cyclo”，其餘與烷類同，但環上若只有單一取代基時，取代基前可不用阿拉伯數字標示其取代基位置；環上若有兩個或多個取代基時，則需以阿拉伯數字分別標示其取代基所取代之位置。另一種命名方法以環烷為取代基，長鏈烷為主命名，將此取代基前加「環」，英文加“cyclo”字頭，並於取代基前用阿拉伯數字標示其取代基在主鏈烷所在之位置，其餘與烷類同。如：

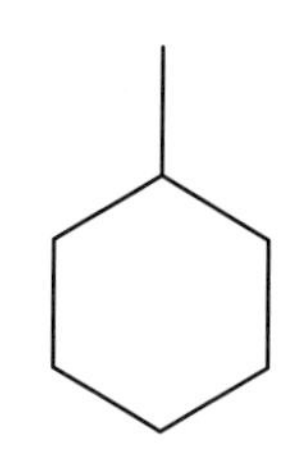

甲基環己烷
(methylcyclohexane)

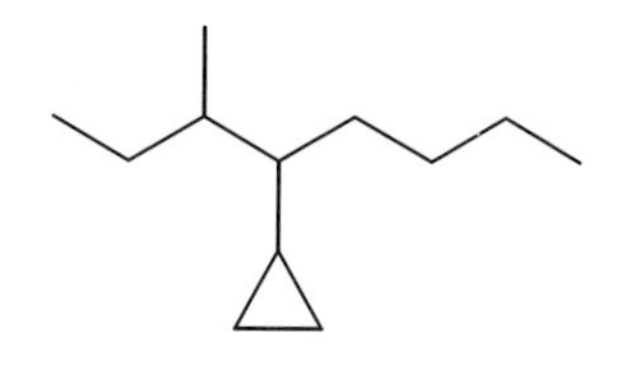

4–環丙基–3–甲基辛烷
(4-cyclopropyl-3-methyloctane)

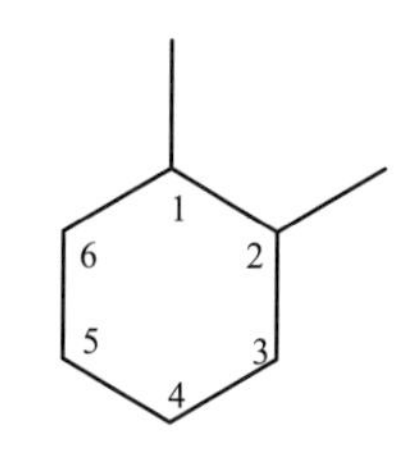

1,2–二甲基環己烷
(1,2-dimethylcyclohexane)

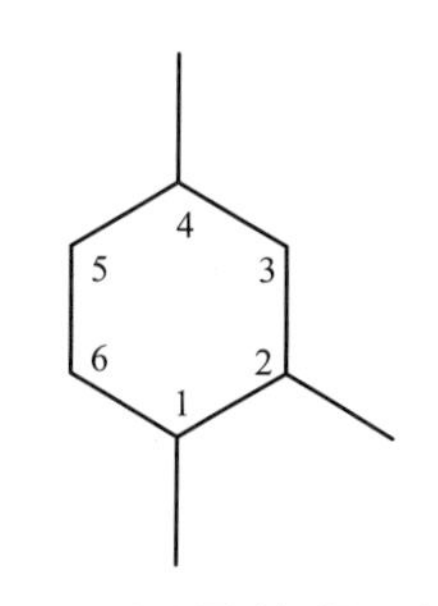

1,2,4–三甲基環己烷
(1,2,4-trimethylcyclohexane)

2.6 烷類的來源

烷類的主要來源是石油。石油是一種有機化合物之複雜混合物，大部分是烷類和芳香烴(aromatic hydrocarbons)及少量含有氧、氮和硫之化合物。

精煉石油的第一步驟是蒸餾，利用石油中各成分之沸點的差異或沸點相近之混合物來分離，在沸點 200°C 以下的石油蒸餾物中，含有 500 種以上不同的化合物，而且很多幾乎都具有相同的沸點，因此各分餾層所得的蒸餾物中，含有許多相近沸點的烷類混合物。很幸運地，烷類混合物當其沸點相近之混合物其性質也相似，依其沸點不同可區分做為燃料、溶劑和潤滑油之用，這些是石油的主要用途。

2.7 烷類之物理特性

烷類和環烷類屬於非極性分子（親油性），無法與極性的水分子間形成氫鍵，因此烷類化合物不溶於水，但可溶於低極性之溶劑；烷類分子間作用力只有凡得瓦力(van der Waals attractions)，彼此間相互吸引力極微弱，使烷類沸點(boiling point, bp)較其他同碳數的有機化合物低，而其沸點會隨烷類鏈的長度增加而升高，以無支鏈的烷類為例，C_1~C_4 為氣體，C_5~C_{17} 為液體，C_{18} 以上為固體；但會隨著支鏈的形成及其形狀越接近球形而降低。同分異構之烷類：支鏈數越多，沸點越低，若應用在化粧品原料上塗抹時也越清爽，這主要是因為分子間作用力與分子質量成正比，但與距離平方成反比，另外，烷類之比重也因相同因素隨其分子增大而增大，支鏈越多而減小，但皆比水輕；如表 2.3 所示。

■ 表 2.3　常見烷類之物理性質

分子式	中文名	英文名	熔點 mp (°C)	沸點 bp (°C)
C_4H_{10}	丁烷	Butane	–138	–0.5
	2–甲基丙烷（異丁烷）	2-Methylpropane (Isobutane)	–159	–12
C_5H_{12}	戊烷	Pentane	–130	36
	2–甲基丁烷（異戊烷）	2-Methylbutane (Isopentane)	–160	28
	2,2–二甲基丙烷（新戊烷）	2, 2-Dimethylpropane (Neopentane)	–20	10

■ 表 2.3　常見烷類之物理性質（續）

分子式	中文名	英文名	熔點 mp (°C)	沸點 bp (°C)
C_6H_{14}	己烷	Hexane	–95	68
	2–甲基戊烷	2-Methylpentane	–154	60
	3–甲基戊烷	3-Methylpentane	–118	63
	2,3–二甲基丁烷	2,3-Dimethylbutane	–129	58
	2,2–二甲基丁烷	2,2-Dimethylbutane	–98	50

2.8 烷類的化學性質與其應用

2.8.1 烷類的化學性質

烷類化學性質很穩定，不與一般氧化劑、還原劑、酸或鹼發生反應。除了可燃之外，在紫外光照射或高溫加熱下，和鹵素可進行取代反應生成鹵烷(alkyl halides)。

$$R\text{-}H + X_2 \xrightarrow{h\nu \text{ or } \Delta} R\text{-}X + HX \quad X=Cl, Br \qquad \text{式 2-1}$$

2.8.2 烷類的應用

烷類通常當作燃料與潤滑劑在日常生活中使用，汽油(gasoline)是最常見的石油分餾產品之一，為當今重要之燃料之一，沸點範圍約在30~200°C，目前汽油的品級均以異辛烷(isooctane)作為抗震性質比較標準，這一標準，就是所謂的辛烷值(octane number)。辛烷值的訂定是以含100%*正*–庚烷(*n*-heptane)的汽油作為零，而以含 100%異辛烷的汽油作為一百。根據此一標準，油品的抗震性質若與含 95%異辛烷與 5%*正*–庚烷的汽油相似，則稱作 95 汽油；同樣地，如果與含 92%異辛烷與 8%*正*–庚烷汽油相似，則稱為 92 汽油。

燃燒反應通式如下：

$$2C_nH_{2n+2}+(3n+1)O_2 \rightarrow 2nCO_2+2(n+1)H_2O$$

$$CH_4+2O_2 \rightarrow CO_2+2H_2O \quad \Delta H=210.8\ kcal/mol \qquad 式\ 2\text{-}2$$

由於烷類與水不相溶之特性，在許多植物上常被利用，如樹葉或果實的表面上常有一層蠟質成分($C_{27}H_{56}$~$C_{31}H_{64}$)，以保護水分之散失。另外，由於烷類化合物具有非極性油性物質的性質，沒有皂化價及碘價，又不具活潑性、較安定及不易腐敗特性，常為油性溶劑或添加在化粧品中可以加強皮膚的障壁功能，可延遲表皮水分之散失，且其來源豐富，精製較易，所以對化粧品而言，為價廉物美之原料。礦物性油、脂、蠟係由原油分餾氫化後，依沸點不同所得的烴類混合物。通常依其碳數之不同來區分，含碳數 15~21 者為礦物油，碳數 22~30 者為礦物脂，碳數大於 30 者稱為蠟。化粧品使用其碳數一般在 15 個以上，且為飽和直鏈之碳氫化合物。化粧品常用之礦物性油脂蠟依其碳數含量者有：礦物油(mineral oil)、凡士林(petrolatum)、微晶蠟(microcrystalline wax)、地蠟(ozokerite)、純地蠟(ceresin)、石蠟(paraffin)等。至於使用在化粧品中具碳數較多的烷類，當作化粧品中的油性成分；其中較常使用於化粧品中的烷類為鮫鯊烷或鮫肝油(squalane)，分子式 $C_{30}H_{62}$；市售鮫肝油標榜具有保濕及防止水分流失的功效，並且為人體皮膚表皮的油脂成分之一。鮫肝油是從魚類油脂中之不飽和碳氫化合物鮫鯊烯(squalene)，分子式 $C_{30}H_{50}$，再氫化而成之飽和烴類化合物，比重 0.808~0.810，凝固點–55°C，黏度 22.85CS。其浸透性、潤滑性較羊毛脂、豬脂為優，供乳化製品（如營養霜、乳液等）之油相原料。

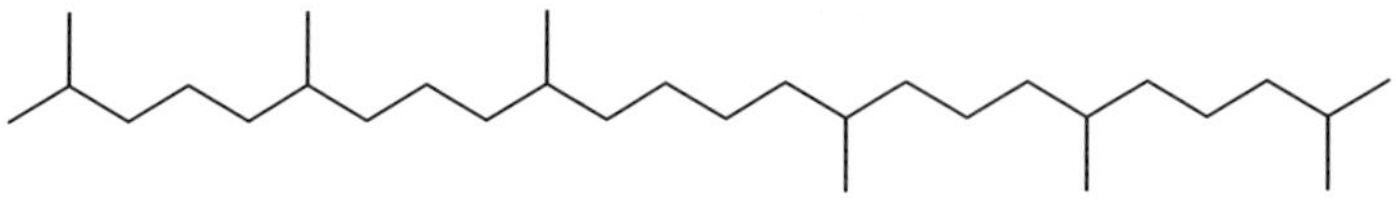

鮫肝油(squalane)

當碳數多於 30 個碳以上的烷類化合物，呈現固態狀，稱為礦物性蠟，在化粧品中可以當為油相基劑，作為乳化製品之原料，調節產品之黏度，並可在皮膚表面形成疏水性膜，另外，於口紅中可調節口紅之硬度。市面常見的凡士林(vaseline)即為一種長鏈烷烴的混合物，它的主要原料是從原油經過常壓和減壓蒸餾後留下的渣油中脫出的蠟膏，使用時還需按照產品需求而摻和不同量的高、中黏度潤滑油。可作潤滑劑、絕緣劑、化粧品、藥用油膏、防銹和防水劑。

還有少數之動物體所分泌之費洛蒙(pheromones)，以傳遞訊息之用，也屬於烷類結構之化合物，如十一烷(undecane)為蟑螂之聚集費洛蒙及 2－甲基十七烷(2-methylheptadecane)為雌性老虎蛾之性費洛蒙。

習題 EXERCISE

1. 請說明 95 無鉛汽油與 92 無鉛汽油的差異是什麼？何謂辛烷值？

2. 請以 IUPAC 命名下列之有機化合物：

(1) $CH_3CH_2CH_2CH_2CH_2CH_2CH_3$

(2) $CH_3CH_2CH_2CH_2CHCH_3$ （CH 上接 CH_2CH_3）

(3) $CH_3CHCH_2CHCH_2CH_3$ （第 2 個碳上接 CH_3，第 4 個碳上接 CH_2CH_3）

(4) $CH_3CHCHCHCH_3$ （第 2、3、4 個碳上各接 CH_3）

(5) $(CH_3CH_2)_2CHCH(CH_3)CH_2CH_3$

(6)

(7)

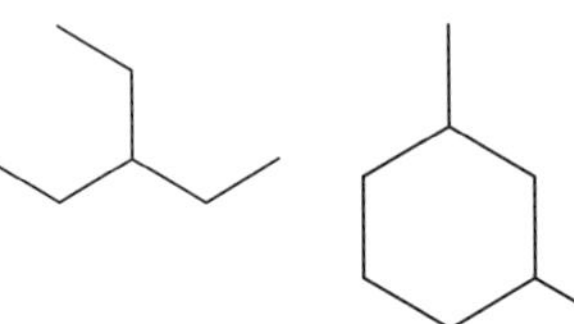

(8)

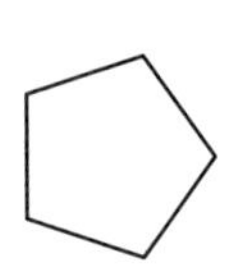

3. 請將下列有機化合物依其名稱畫出其正確的結構式：

(1) Hexane

(2) Cyclopentane

(3) 4-Ethyl-2-methylhexane

(4) Isopentane

(5) 1,1-Dimethylcyclobutane

(6) 3-Ethylhexane

(7) 3-Ethyl-2-methylpentane

(8) 2,2,3,3-Tetramethylpentane

(9) 4-Isopropylheptane

(10) 2,2,3-Trimethylbutane

4. 烷類支鏈越多對烷類熔點有何影響？

5. 請舉例說明烷類在化粧品的應用。

6. 畫出 C_6H_{14} 所有異構物之結構式，並以 IUPAC 法寫出中英文名稱。

7. 畫出 C_5H_{10} 所有環烷類異構物之結構式，並以 IUPAC 法寫出中英文名稱。

附錄 有關烷類之小故事

億萬年前的禮物

現今社會進步發達，端賴人類發現的石油等燃料，致使科技快速的進展。但我們穿越時空回到恐龍時代，赫然發現我們之所以有今天的成就，全靠恐龍時代留給我們一份寶貴的禮物，這份禮物便是化石燃料(fossil fuel)。當今我們所使用的石油(petroleum)、天然氣(natural gas)和煤(coal)等，都是在遠古時代時，當時存在的動物或植物長期埋於高溫的地下，並受到相當高的壓力所孕育形成的。枯萎了的植物被埋於地下數百萬年，受到壓力和高溫，便會轉化成煤。而海中的浮游生物，也是在壓力和高溫下，轉化成石油與天然氣，因此現今人類所享用的石油和煤，是需要很長時間與特定的環境下才能形成，所以這些由恐龍時代，地球自我形成的自然資源是相當有限的，為了避免能源危機，人類必須珍惜現有的能源，並開發新的能源，重視環保，留給後代子孫一個乾淨永續發展的地球。

鮫鯊烷(Squalane)

所謂深海魚油為多種不飽和脂肪的混和物，其中的主要成分為一種具有 30 個碳鏈連結的長鏈脂肪，稱之為鮫鯊烯(squalene, $C_{30}H_{50}$)，含有六個不飽和雙鍵，屬於三萜類化合物(triterpene)，常溫下呈液態，是膽固醇的前趨物。自然界生物當中，深海鯊魚的肝臟裡含有豐富的鮫鯊烯，而我們人體皮膚表皮皮脂腺所分泌油脂成分中含有約 12~14%之鮫鯊烯，具有柔潤及防止水分流失的作用。隨著年齡的增加，鮫鯊烯的分泌也隨之衰減，造成表皮的水分流失，油分不足，皮膚易產生乾燥而形成皺紋。但由於其化性較烷類不穩定，因此常氫化形成鮫鯊烷(squalane, $C_{30}H_{62}$)後，再添加於化粧品中使用；鮫鯊烷之物性與鮫鯊烯相似，具有無色、無味、無毒害、殺菌、軟化角質層、易乳化等作用，且穩定性高之特色。現今歐美的化粧品公司由於動物保護概念的興起，為樹立對人類生存環境責任的健康的形象，現今普遍利用植物油脂合成鮫鯊烷。

MEMO

CHAPTER

03

烯類與炔類
(Alkenes and Alkynes)

3.1 烯類的定義

前章烷類的組成只含有碳及氫兩種元素，而本章所謂的烯類在其組成中也只含有碳及氫兩種元素，但結構中至少含有一個碳－碳雙鍵(carbon-carbon double bond)的分子，其通式為 C_nH_{2n}，最簡單的烯類為乙烯(ethylene, C_2H_4)，是一種植物的荷爾蒙，可用來調整農作物的生長期或誘使水果熟成；因烯類碳鏈上所鍵結之氫原子數目較烷類為少，因此又被稱為不飽和碳氫化合物(unsaturated hydrocarbons)，許多天然物中含有不飽和的烯烴結構。

3.2 烯類的命名

烯類的命名與烷類相似，最大的不同在於主鏈的選擇上，烯類必須選擇含有雙鍵的最長碳鏈為作為主鏈，這條主鏈的命名寫法的基本上與烷類一樣，但是必須以烯取代烷來命名，即是將原本烷字尾 ane 改為 ene 即可。其次，在主鏈最接近雙鍵的一端用阿拉伯數字編號，並使用較小的號碼標示雙鍵所在的位置。其命名步驟如下：

1. 找出一條含碳碳雙鍵之最長鏈為主命名，再將～烷改為～烯（～ane改為～ene）。

2. 在主命名之前以阿拉伯數字表示雙鍵所在位置，其餘與烷類命名相似。

$CH_3CH_2CH_2CH{=}CH_2$ (5 4 3 2 1)

1-pentene
1–戊烯

$H_2C{=}C(CH_2CH_3)CH_2CH_2CH_2CH_3$ (1 2 3 4 5 6)

2-ethyl-1-hexene
2–乙基–1–己烯

$H_2C{=}CHCH_2CH(CH_3)CH_3$ (1 2 3 4 5)

4-methyl-1-pentene
4–甲基–1–戊烯

3. 若主鏈上含有兩個以上之雙鍵，依其所含的直鏈鍵結碳數依序遵守對應之碳數字首及烯類字尾(ene)之間，加上主鏈雙鍵數二(adi)、三(atri)、四(atetra)等表示主鏈上之雙鍵數目，並分別在主命名之前以阿拉伯數字表示各雙鍵所在位置；如 2*E*,4*E*–己二烯(2*E*,4*E*-hexadiene)，不要錯誤將其命名為 2*E*,4*E*–二己烯(2*E*,4*E*-dihexene)，（命名中的 2*E*, 4*E* 之表示請閱讀下段說明）。

$CH_3CH{=}CH{-}CH{=}CHCH_3$

2*E*,4*E*–己二烯(2*E*,4*E*-hexadiene)　(○)
2*E*,4*E*–二己烯(2*E*,4*E*-dihexene)　(×)

烯類的原子空間排列與烷類不同，雙鍵上碳以 sp^2 混成軌域鍵結，所以乙烯的六個原子共平面。乙烷的 C－C 為單鍵，在室溫下可自由旋轉（只需 2.8 kcal/mole）；而乙烯的 C＝C 雙鍵不能旋轉（需要高達 63 kcal/mole 來破壞 π 鍵），因此會因雙鍵上取代基的位向不同，而產生具有不同物理與化學性質的幾何異構物(geometric isomers)。有*順*(*cis*, *Z*)－*反*(*trans*, *E*)的命名系統，來區分烯類幾何異構物之不同，當雙鍵兩的碳上分別接兩個相同的取代基時，通常英文命名為 *cis* 或 *trans*，若雙鍵兩的碳上都接不同取代基時，英文名稱只能用 *Z*、*E* 來命名之。而順反異構物其物理性質不同，一般而言，烯類的順反異構物的沸點相差不大，但熔點則有顯著差異，*反*式高於*順*式；以 2–丁烯為例，*順*式異構物較*反*式異構物的沸點只高約 3.4°C，而其熔點差高達 33°C，其理由為*反*式的烯類其結構較為對稱，易於排列，因此有較高的熔點。對化學性質而言，則是*反*式較*順*式穩定（比較下圖*反*式與*順*式 2–丁烯的結構差異），而天然物中大部分以*順*式結構較多。

$$\begin{matrix} H_3C & & CH_3 \\ & C=C & \\ H & & H \end{matrix} \qquad\qquad \begin{matrix} H & & CH_3 \\ & C=C & \\ H_3C & & H \end{matrix}$$

順–2–丁烯(*cis*-2-butene)
沸點 3.7°C；熔點–139°C

反–2–丁烯(*trans*-2-butene)
沸點 0.3°C；熔點–106°C

當有機分子中存在兩個或兩個以上的雙鍵時，依據雙鍵在分子中的相對位置可將其區分為累積(cumulated)、共軛(conjugated)與隔離(isolated)等類型。雙鍵結構相鄰稱為累積，而雙鍵之間相隔一個單鍵稱為共軛，若雙鍵相隔一個以上的單鍵則稱為隔離；其異構物中以共軛雙鍵最穩定，累積雙鍵最不穩定。

C=C=C	C=C–C=C	C=C–C–C=C
累積(cumulated)	共軛(conjugated)	隔離(isolated)

3.3 烯類的性質

烯類的物理性質與烷類非常類似，屬於非極性分子、不溶於水且比重較水為輕，可溶於非極性的有機溶劑中。烯類化合物的沸點隨著碳數增加而遞增，而熔點除分子大小的影響外並與其幾何形狀有關，一般而言，順反異構物中*反*式結構的熔點較*順*式為高。

烯類由於含有不飽和的碳碳雙鍵，因此其化學性質較烷類活潑許多；常見的化學反應如下所敘述：

3.3.1 進行氫化加成還原反應形成飽和的烷類化合物

烯類結構中較烷類少氫（每多一個雙鍵的烯類，即少兩個氫原子），可以在氫氣的環境下藉由金屬催化劑的作用進行氫化反應(hydrogenation)，得到飽和的烷類化合物，如式 3-1；一般化粧品中添加之植物油含有許多不飽和之烯類結構，為了使其穩定添加於化粧品中，常會將植物性油進行氫化反應，轉化成飽和狀態，此種經反應後之植物油，由於熔點變高，一般稱之為氫化油或硬化油(hardened oil)。如在化粧品原料中的鮫鯊烯(squalene, $C_{30}H_{50}$)，由於化性較烷類不穩定，因此常氫化形成鮫鯊烷(squalane, $C_{30}H_{62}$)後，再添加於化粧品中使用。

$$>C=C< \quad + \quad H_2 \xrightarrow[\text{（催化劑）}]{\text{Pt, Pd or Ni}} -\overset{|}{\underset{H}{C}}-\overset{|}{\underset{H}{C}}- \qquad \text{式 3-1}$$

3.3.2 與鹵素進行加成反應形成鹵烷類化合物

烯類化性活潑，極易與鹵素反應，形成鹵烷類化合物，由於鹵素中溴水為紅色、碘為棕色，反應後得到之鹵烷類化合物為無色，因此，很容易藉此來判斷烯類的存在。在油脂的不飽和度測試原理，即是利用碘(I_2)與油脂中的不飽和雙鍵進行加成反應，如式 3-2；而每百克油脂所吸收的克數則稱為此油脂的碘價(iodine value)，碘價越高其油脂中所含之不飽和度越高，每一種天然油脂有其固定的碘價範圍，因此可以測定碘價來辨別油脂的品質。

$$>C=C< \quad + \quad I_2 \longrightarrow -\overset{|}{\underset{I}{C}}-\overset{|}{\underset{I}{C}}- \qquad \text{式 3-2}$$

3.3.3 與水進行加成反應形成醇類化合物

一般情況下，烯類和水不相溶也不會發生加成反應，但是在酸的催化下，烯類可以加水形成醇類化合物，也可以由醇類經由酸催化下進行脫水反應，得到烯類化合物，如式 3-3。利用這個反應我們將乙烯與水進行加成反應即可得到乙醇，依此類推丙烯即可到丙醇等。

$$>C=C< \quad + \quad H_2O \quad \underset{}{\overset{H^+}{\rightleftharpoons}} \quad -\underset{H}{\overset{|}{C}}-\underset{OH}{\overset{|}{C}}- \qquad \text{式 3-3}$$

3.3.4 與過錳酸鉀等氧化劑進行反應可得到鄰二醇類化合物

由於雙鍵化性活潑，烯烴較烷烴易氧化，所用氧化劑不同，生成之產物也各異，如在中性或鹼性之稀冷高錳酸鉀($KMnO_4$)紫色溶液下，烯烴很容易被氧化成無色之鄰二醇化合物，如式 3-4，此法也是簡易判斷烷類與烯類方法之一。

$$>C=C< \quad + \quad KMnO_4 \longrightarrow -\underset{OH}{\overset{|}{C}}-\underset{OH}{\overset{|}{C}}- \quad + \quad MnO_2 \qquad \text{式 3-4}$$

3.3.5 在催化作用下進行高分子聚合反應

聚合物是由許多稱之為單體(monomer)的簡單分子，經反應後所形成的高分子量化合物〔如聚乙烯(PE)〕；烯類單體為石化工業之基本原料，經不同催化作用下可形成各種聚合物，如與自由基聚合反應後，得到不同分子量之聚合物，如式 3-5。另外，由於天然產物中含有許多不飽和之烯類化合物，容易受自由基攻擊而變質，造成老化現象產生。

$$R\bullet + n\,\mathrm{C{=}C} \longrightarrow \mathrm{R}\!-\!\left[\mathrm{C}\!-\!\mathrm{C}\right]_m\!-\!\mathrm{H}$$

式 3-5

3.3.6　烯類光反應

烯類的雙鍵在光的照射下可吸收特定波長之光的能量，由基態(ground state)而形成雙自由基的激發態(exciting state)，而當這些激發態之自由基再度結合形成雙鍵時，會將能量以熱的形式釋放出來，如式 3-6。若物質的結構中若含有適當的共軛雙鍵，由於共振產生之穩定能因素下，可使得共軛烯能吸收較低之能量，也就是往長波長範圍吸收太陽能，因此，許多有機防曬劑中含有共軛的雙鍵結構物質。由於烯烴經照光後形成雙自由基的激發態極不穩定，雖然其大部分皆可藉由釋放熱能回到原來的烯烴化合物，但也可能與不飽和雙鍵進行加成或自行環合的光反應發生，這就是使用有機防曬劑容易造成皮膚過敏現象因素之一。

$$\underset{\text{基態}}{\mathrm{C{=}C{-}C{=}C{-}C{=}C}} \underset{\text{heat}}{\overset{h\nu}{\rightleftharpoons}} \underset{\text{激發態}}{\mathrm{\dot{C}{-}\dot{C}{-}C{=}C{-}C{=}C}} \overset{\text{共振}}{\longleftrightarrow} \underset{\text{激發態}}{\mathrm{\dot{C}{-}C{=}C{-}\dot{C}{-}C{=}C}}$$

式 3-6

3.3.7　共 振 (Resonance)

當一個分子的結構可被寫出兩個或兩個以上具有相同原子排列，但其電子具有不同排列的方式時，這些的結構被稱為共振結構(resonance structure)，我們在結構間以雙箭頭($\longleftrightarrow$)來表示共振，此物質的真正結構為這些貢獻共振結構的混合體(hybrids)，如式 3-7。在共振理論中指出，一個物質具有越多可能的共振形式，則此分子就越安定。

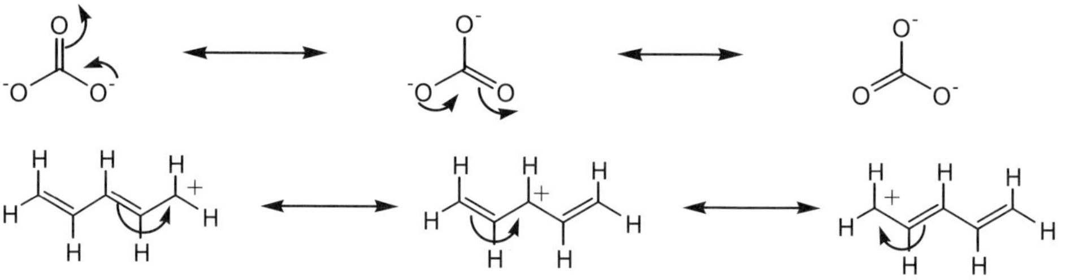

式 3-7

3.4 烯類來源與製備

工業上，小分子烯類是由石油及天然氣中的烷類，經由裂解(cracking)而來，而實驗室中可由醇類脫水或鹵烷脫去鹵化氫等反應製得；而在自然界中的烯類大部經由醇類脫水而得，如式 3-8。

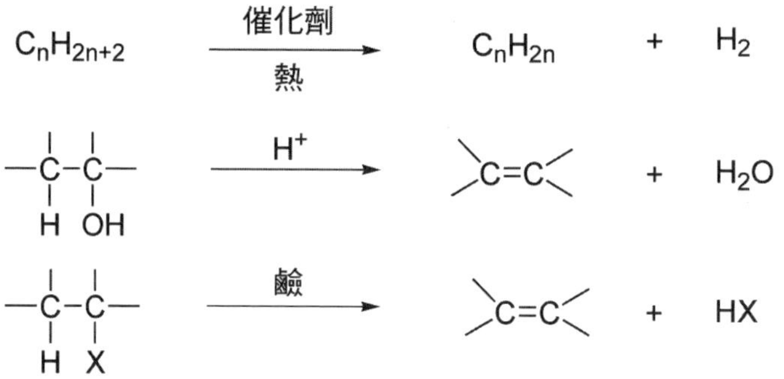

$$C_nH_{2n+2} \xrightarrow[\text{熱}]{\text{催化劑}} C_nH_{2n} + H_2$$

$$-\underset{H}{C}-\underset{OH}{C}- \xrightarrow{H^+} >C=C< + H_2O$$

$$-\underset{H}{C}-\underset{X}{C}- \xrightarrow{\text{鹼}} >C=C< + HX$$

式 3-8

3.5 烯類的用途

烯類在工業上除了當作燃料外，另外其最主要工業用途是製造各種民生用品如聚乙烯(polyethylene, PE)可製成容器、水管、包裝材料等，另外PE 粉具有極佳的觸感和延展性，為當今流行之高分子粉劑，已經廣泛應用於化粧品中；聚丙烯(polypropylene, PP)可製成衣服、地毯等；聚苯乙烯(polystyrene, PS)可製成容器、絕緣材料等，如表 3.1 所示（相關高分子類的說明請詳閱第 13 章）。

在深海魚之魚肝中含有鮫鯊烯(squalene)，屬於三萜類化合物(triterpene)，常溫下呈液態，是膽固醇的前趨物，可作為美容保養品之原料。此外，在生物體內有些果樹可合成乙烯以刺激水果的成熟；而在黃色或橙色的蔬果中亦含有烯類物質，如具有抗氧化作用的 β–胡蘿蔔素(β-carotene)。另外，在許多花卉及香料中也有烯類化合物的存在，可以直接或間接作為香料來源，如檸檬中的檸檬烯(limomene)，芹菜中的 β–瑟林烯(β-selinene)，月桂樹葉的氣味中的月桂烯及松葉中所含的 α–蒎烯(α-pinene)

■ 表 3.1　常見以烯類化合物為單體所製造的聚合物及其應用

聚合物	單體	用途例舉
聚乙烯 (Polyethylene, PE)	乙烯 $CH_2=CH_2$	塑膠瓶、保鮮膜、高分子粉劑
聚丙烯 (Polypropylene, PP)	丙烯 $CH_3CH=CH_2$	地毯、工作服、漁網
聚氯乙烯 (Polyvinyl chloride, PVC)	氯乙烯 $ClCH=CH_2$	水管、塑膠管、塑膠地板
聚苯乙烯 (Polystyrene, PS)	苯乙烯 $C_6H_5CH=CH_2$	塑膠杯、保麗龍容器
聚四氟乙烯／鐵氟龍 (Polytetrafluoroethene, PTFE / Teflon)	四氟乙烯 $CF_2=CF_2$	不沾鍋塗料、耐腐蝕容器

β–胡蘿蔔素

鮫鯊烯

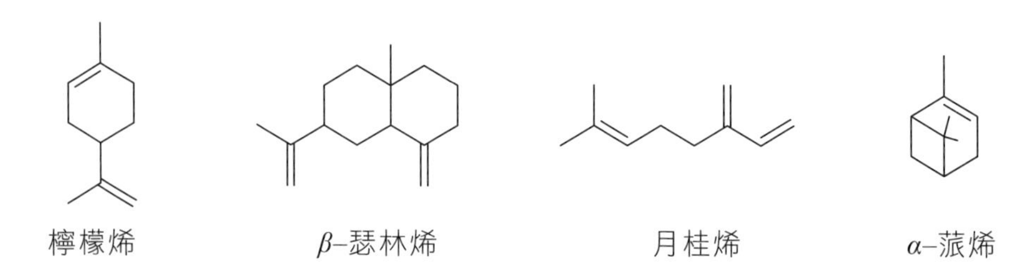

檸檬烯　β–瑟林烯　月桂烯　α–蒎烯

3.6 炔類的定義

碳氫化合物結構中，碳—碳間含有至少一個參鍵者稱為炔類(alkynes)，其通式為 C_nH_{2n-2}，為不飽和碳氫化合物；參鍵上碳以 sp 混成軌域鍵結，所以乙炔的四個原子為直線型。因其所含氫之數目比烷、烯類都少，故化性更為活潑，易起各種加成、氧化、還原等反應。

3.7 炔類的命名

炔類的命名規則與烷、烯類相似，唯一的差別在於選用含參鍵之最長碳鏈為主鏈，以炔代替烷命名，英文字尾為“yne”；其次，在主鏈最接近參鍵的一端用阿拉伯數字編號，並使用較小的號碼標示參鍵所在的位置，結構最簡單的炔類為乙炔(ethyne)。

$$HC \equiv C\underset{CH_3}{CH}\overset{CH_3}{CH}CH_3$$

3,4-dimethyl-1-pentyne

3,4–二甲基–1–戊炔

$$H_3CC \equiv CCH_3$$

2-butyne

2–丁炔

3.8 炔類的用途

工業上常用乙炔在氧氣中點火，可以產生 3,000°C 的高溫火燄，可作為焊接工作，此外，炔類也可以作為橡膠、塑膠、人造纖維或其他多種有機化合物的間接或直接的原料。化粧品中很少使用含有炔類化合物，因為炔類的反應性強且不穩定，不容易保存並對皮膚有刺激性或毒性。一種含炔類官能基的化合物 IPBC (3-iodo-2-propynyl butylcarbamate)是強效的抗菌劑。

IPBC

習題 EXERCISE

1. 畫出下列分子之結構及中文名稱：

   (1) 2-Methyl-1-butene

   (2) 2,3-Dimethyl-2-butene

   (3) *trans*-4-Methyl-2-pentene

   (4) *cis*-4,4-Dimethyl-2-hexene

   (5) 4-Butylcyclopentene

   (6) 2,3-Dimethyl-1,4-hexadiene

   (7) 1,4-Cyclohexadiene

   (8) 1,3-Cyclopentadiene

   (9) 3-Methyl-1-butyne

   (10) 3,4-Dimethyl-1-pentyne

   (11) 4-Ethyl-5-methyl-2-hexyne

   (12) 5-Methylhex-3-en-1-yne

2. 以 IUPAC 命名下列分子之中英文名稱：

   (1)

   (2)

   (3)

   (4)

   Cl

   (5)

   (6)

   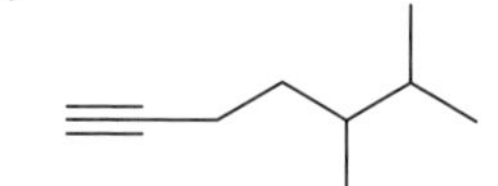

   (7)

   (8)

   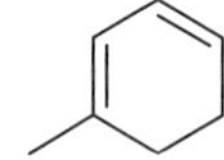

   (9)

3. α–金合歡烯(α-farnesene)為蘋果表皮臘質倍半萜成分，具青蘋果香味，其幾何結構式如下圖所示：

試問：

(1) α–金合歡烯分子中具有幾個雙鍵？

(2) 其分子式為何？

(3) 將這些雙鍵以累積、共軛與隔離的類型進行區分。

(4) 寫出其 IUPAC 之中英文名稱。

4. 鮫鯊烯分子結構式如下圖所示，試問：

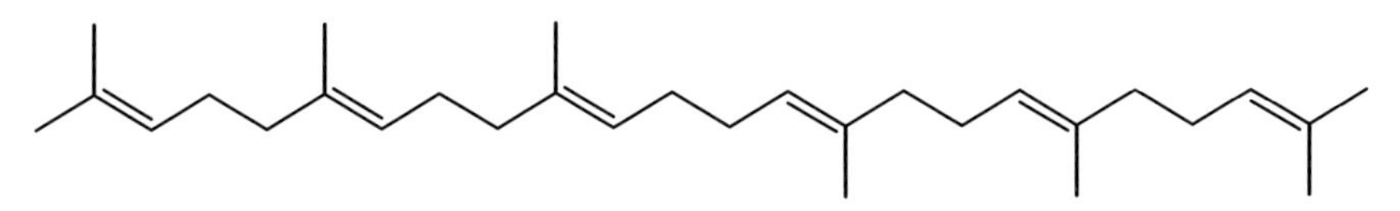

(1) 鮫鯊烯分子式為何？

(2) 說明鮫鯊烯為何是疏水性之分子？

(3) 寫出將鮫鯊烯轉換成鮫鯊烷的化學合成方程式。

5. 畫出 C_5H_{10} 所有烯類異構物之結構式，並以 IUPAC 法寫出中英文名稱。

6. 丁香烴(caryophyllene)為具有環狀及雙鍵結構的化合物，是丁香油氣味的主要來源，它的分子式為 $C_{15}H_{24}$。將丁香烴氫化後可得到飽和烴 $C_{15}H_{28}$。

試問：

(1) 丁香烴結構中有多少個環？

(2) 丁香烴結構中雙鍵的數目為何？

7. 寫出 1–己烯與下列試劑反應的產物

(1) 溴分子。

(2) 氫（Pt 催化劑）。

附錄 有關烯類之小故事

費洛蒙

生物個體彼此之間除了使用聽覺、視覺、觸覺等方法進行傳遞訊息之外，也會利用某些特殊的化學物質來進行溝通，這些由生物體所分泌的特殊化學物質被稱為費洛蒙(pheromones)。按照費洛蒙所引發的反應可將費洛蒙分為四種類型：(1)性費洛蒙(sex pheromone)：其目的是為了達到有效交配與生殖以繁衍後代；(2)警戒費洛蒙(alarm pheromone)：其目的是為了達到防禦或逃避敵害；(3)聚集費洛蒙(aggregating pheromone)：其目的是為了群聚生活在一起；(4)招募或蹤跡費洛蒙(recruiting or trail following pheromone)：其目的是為了增加搜尋食物的機會。

在 1959 年，德國慕尼黑大學的生化學家 A. Butenandt 為尋找吸引雄性家蠶的物質，自五十萬隻雌性家蠶體內，分離出第一個費洛蒙，並鑑定出其化學結構 10*E*,12*Z*-hexadecadien-1-ol（簡稱家蠶醇，bombykol）。費洛蒙通常為烯類、醇類、酯類、醚類等小分子的有機化合物，其具有揮發性與擴散快的特色；此外這些費洛蒙分子的立體結構必須有特殊的專一性，使其能被同類察覺而不會吸引到其他的物種，而烯類分子的*順*、*反*結構則是形成此專一性的方法之一。

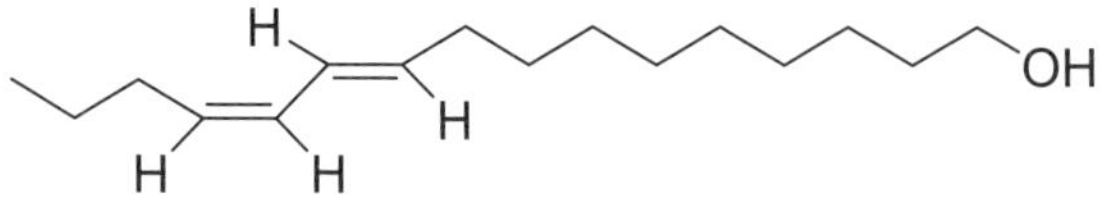

家蠶醇

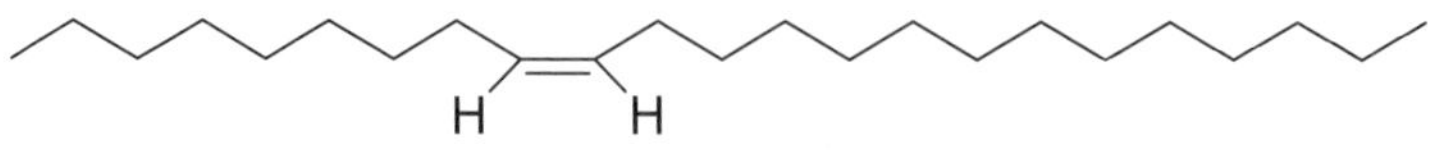

蠅蕈烯

你可以嘗試進行一個試驗：取兩張捕蠅紙，並將其中一張塗上蠅蕈烯(muscalure)，經過一段時間後比較兩張捕蠅紙上家蠅的數量，你會發現塗有蠅蕈烯的捕蠅紙上黏著數量較多的家蠅。與傳統的殺蟲劑比較，利用性費洛蒙作為害蟲的性引誘劑，具有用量少、毒性低、高安全性、高生物活性與高專一性等優點。

MEMO

CHAPTER

04

有機鹵化物 (Organic Halides)

4.1 有機鹵化物之定義

有機化合物中部分氫原子被鹵素原子所取代，稱為有機鹵化物。當烷類中含鹵素結構稱為鹵烷類(alkyl halides)、烯類化合物中含有鹵素，稱為鹵烯類(halo alkenes)，通式為 R-X (X = F, Cl, Br, I)，芳香族類中含有鹵素，稱為芳香族鹵化物(aromatic halides)等，通式為 Ar-X。自然界中含氯及溴的有機化合物已經從各種海洋的物種中被分離出來，如珊瑚、海綿、海鞘等軟體海洋生物，它們藉由代謝無機鹵化物合成有機鹵化物來適應所處之環境。除此之外，天然物中很少發現有此類化合物，有機鹵化物大部分皆由人工從實驗室製備而得到。

有機鹵化物依鹵素所連接碳的環境可區為為三級：

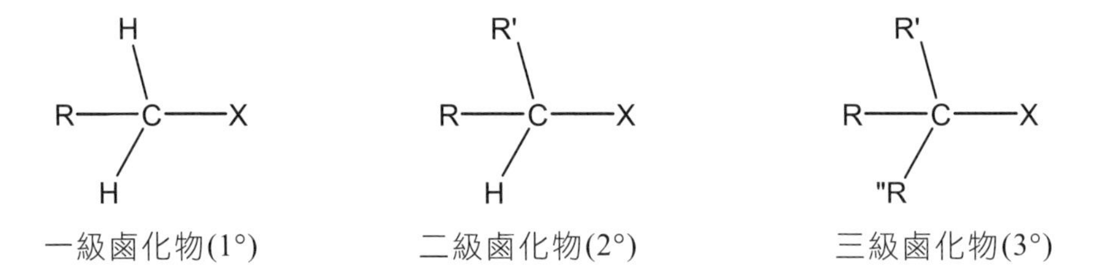

一級鹵化物(1°)　二級鹵化物(2°)　三級鹵化物(3°)

4.2 有機鹵化物的命名

依據 IUPAC 命名法，鹵化烴為烴類的鹵素衍生物，命名時將鹵素視為取代基（氟：fluoro；氯：chloro；溴：bromo；碘：iodo），只須把鹵原子的數量及其所在之位置標示出來，其餘如同烴類命名。另外，有些較簡單之烴類鹵化物常將烴類為取代基，而將鹵素為主命名（氟：fluoride；氯：chloride；溴：bromide；碘：iodide），例如：

CH_3-Br	CH_3-I	CH_3CH_2-Cl
溴甲烷	碘甲烷	氯乙烷
（甲基溴）	（甲基碘）	（乙基氯）
bromomethane	iodomethane	chloroethane
(methyl bromide)	(methyl iodide)	(ethyl chloride)

$CH_3CH_2CH_2CH_2I$	$CH_3CHBrCH_2CH_2CHCl_2$
1–碘丁烷	4–溴–1,1–二氯戊烷
(1-iodobutane)	(4-bromo-1,1-dichloropentane)

一些多鹵化烴還常用俗名，例如：

$CHCl_3$	CCl_4
三氯甲烷	四氯甲烷
（氯仿）	（四氯化碳）
trichloromethane	tetrachloromethane
(chloroform)	(carbon tetrachloride)

4.3 有機鹵化物之性質

4.3.1 有機鹵化物之物理性質

由於鹵素具有較強之陰電性，因此，有機鹵化物較烴類化合物之極性高，但較醇類低，屬中等極性化合物。在相同烴基之鹵化物，其沸點隨鹵素原子序或數量增加而增高，如常溫下甲基氯、甲基溴及甲基碘為氣體，其它碳數小於 14 者為液體，純的鹵化物通常皆為無色，揮發性極強。有機鹵化物不溶於水，能溶於有機溶劑。而某些鹵烷類如氯仿(chloroform, $CHCl_3$)、二氯甲烷(dichloromethane, CH_2Cl_2)等本身即是良好的有機溶劑。有機鹵化物大部分比重大於 1，分子中鹵素取代數量越多，其比重越大，而且碘＞溴＞氯＞氟，如表 4.1 所示。有機鹵化物中鹵原子數目增加，可燃性降低，如四氯化碳(carbon tetrachloride, CCl_4)，可用於滅火器之滅火劑。

■ 表 4.1　常見有機鹵化物之物理特性

中文名稱	英文名稱	結構式	熔點°C	沸點°C	比重(20°C)
氯甲烷	chloromethane	CH_3Cl	–97.1	–24.2	0.92
溴甲烷	bromomethane	CH_3Br	–93.6	3.55	1.68
碘甲烷	iodomethane	CH_3I	–66.4	42.4	2.28
二氯甲烷	dichloromethane	CH_2Cl_2	–95.1	40.0	1.33
三氯甲烷	chloroform	$CHCl_3$	–63.5	61.7	1.48
四氯化碳	carbon tetrachloride	CCl_4	–23.0	76.5	1.59
四溴化碳	carbon tetrabromide	CBr_4	90.0	189.0	2.96
四碘化碳	carbon tetraiodide	CI_4	171.0	–	4.32

一般有機鹵化物具有毒性，如戴奧辛(dioxin)，多數的單鹵化烷類有不快之氣味，且其蒸氣有毒，尤其是含氯或碘之化合物，可穿透皮膚吸收，使用時一定要注意。

4.3.2　有機鹵化物之化學性質

有機鹵化物之化學反應涉及 C–X 鍵的斷裂，因此，反應性與鹵原子及其所連接碳原子之環境不同有關。通常反應性 X：I>Br>Cl>F；另外，通常二級鹵化物之反應性較慢。

一般鹵化烷類常進行親核性取代反應(nucleophilic substitution)與脫鹵化氫反應(dehydrohalogenation)；當鹵化烷類與陰電性較強且體積較小之親核基（nucleophile，如 HO^-、NH_3 等）作用時，常進行鹵素取代反應，得到醇類或胺類化合物，如式 4-1 所示。

$$CH_3CH_2-Br + OH^- \rightarrow CH_3CH_2-OH + Br^- \qquad \text{式 4-1}$$

另外，鹵化烷類若與陰電性強且體積大的鹼劑〔base，如$(CH_3)_3O^-$等〕作用時，則可進行脫去鹵化氫反應得到烯類化合物，如式 4-2 所示。一般情形，鹵化烷類進行親核性取代反應或脫鹵化氫反應為競爭型反應，往往得到混合產物，其結果與鹵原子、親核基及其所連接碳原子之環境不同有關。

$$C_6H_5-CH_2-CH_2Br + (CH_3)_3CO^-K^+ \longrightarrow C_6H_5-CH=CH_2 \qquad \text{式 4-2}$$

4.4 常見有機鹵化物的用途

4.4.1 有機合成之中間體

有機化物在自然界中存在量極少，絕大部分為人工合成物，鹵化烴分子中由於存在極性的碳鹵鍵(C−X)，其性質較烷類活潑，因此鹵化烴在有機合成中擔當橋樑作用，常為有機反應之中間體。

4.4.2 有機溶劑

有機鹵化物具有中等極性，沸點低且氯化烴穩定性較佳，因此，氯化烴為常見有機溶劑，如二氯甲烷、氯仿、四氯化碳等可為萃取溶劑及分析試劑；四氯乙烯(tetrachloroethylene)供作乾洗劑或樹脂溶劑；1,1,1–三氯乙烷(1,1,1-trichloroethane)為早期立可白的溶劑，另外，早期氟氯碳化物(CFC's)常為冷媒及化粧品的噴霧劑。近來由於氟氯化烴具有毒性及破壞臭氧層，已被列管為特用毒化物，有些被禁用。

4.4.3 冷 媒

含氟碳化物和氟氯碳化物的穩定性極佳，它們有些具有低沸點及優良的熱性質，可被用來當做冷卻劑，效果較氨、二氧化硫氣體及其他冷卻劑使用時優良，因此，早其大量廣泛被使用於冷凍、冰箱及空調等設備。但它們的穩定性卻造成全球環保大問題。由於 CFC's 在一般情形下狀態穩定，當它們被釋放到空氣中，與一般化學物質不同，它們不會在較低的大氣層被分解，當升至同溫層時，其碳氯鍵受到紫外線照射會被打斷，釋放出極活潑之氯原子，這些氯原子會和保護地球之臭氧層起連鎖反應，如式 4-3 及式 4-4，進而破壞臭氧層。因此，現今蒙特婁協議禁止使用氟氯碳化物為冷媒。

$$O_3 \xrightarrow{UVC} O_2 + O$$
$$O_2 + O \longrightarrow O_3 + \text{熱}$$
式 4-3

$$CF_2Cl_2 \xrightarrow{UVC} CF_2Cl\cdot + Cl\cdot$$

$$Cl\cdot + O_3 \longrightarrow O_2 + ClO\cdot \qquad \text{式 4-4}$$

$$ClO\cdot + O \longrightarrow Cl\cdot + O_2$$

4.4.4 殺菌與殺蟲劑

多氯化合物具有毒性，有殺菌、殺蟲效果，但由於其穩定性佳，無法被微生物分解，累積在動植物體內或環境中，成為累積性毒物而危及人類和生物的健康，如 DDT（雙對氯苯基三氯乙烷，dichlorodiphenyl-trichloroethane）、五氯酚(pentachlorophenol)已被禁用。另外，三氯沙(triclosan)具有殺菌功能且毒性較小，廣泛添加於清潔類化粧品中，如抗菌洗手乳及抗痘洗面皂等產品中。

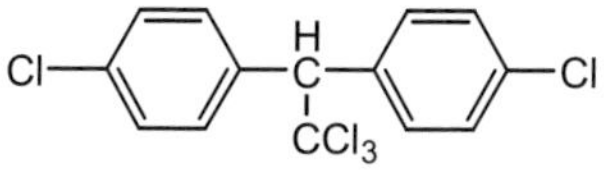

DDT 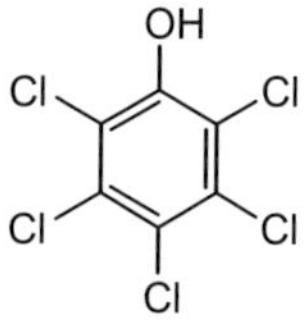　　五氯酚 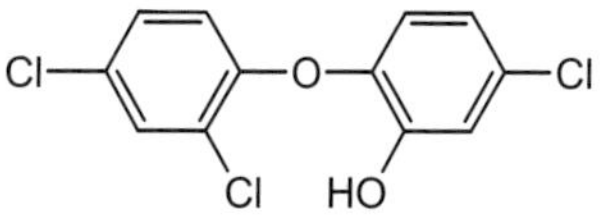　　三氯沙

還有許多芳香族鹵化物其穩定性佳，常為變壓器或電容器等之絕緣油，但不易被動植物或微生物所分解，累積在動植物體內或環境中，危及動植物及環境安全，例如於 70 年代發生之米糠油事件中之多氯聯苯(polychlorinated biphenyls, PCB)及臺南安順廠之戴奧辛(dioxin)事件，皆危害許多國人身體健康。

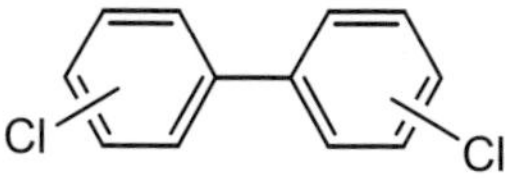

多氯聯苯 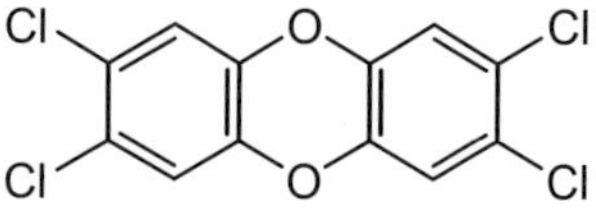　　戴奧辛

4.4.5 吸入性麻醉劑

乙醚為早期醫學中所使用的麻醉劑，不過由於其沸點低、易揮發且易著火燃燒，不適合在手術操作房中使用。為避免此缺點，合成化學家在分子結構中加入鹵素，以減少麻醉劑之揮發性及易燃性，下列為數種含鹵素原子之麻醉劑，現代較常用者為 desflurane 及 sevoflurane 兩種。

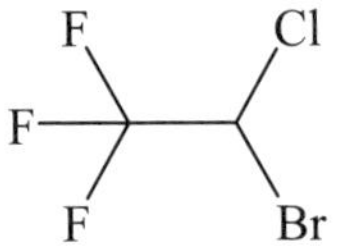

haloethane 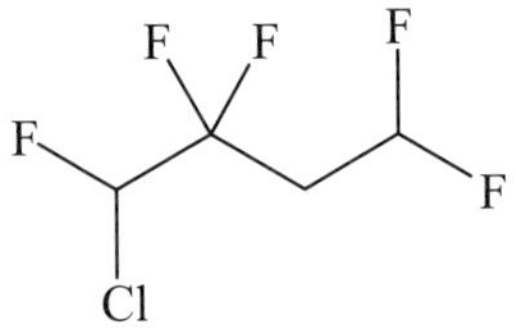　　enflurane 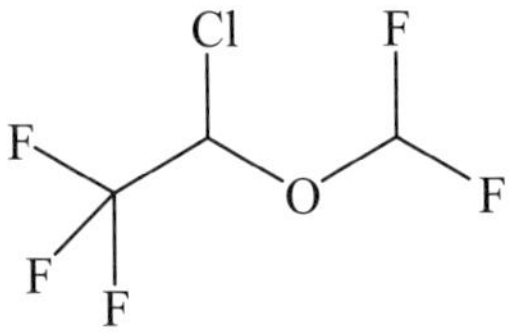　　isoflurane

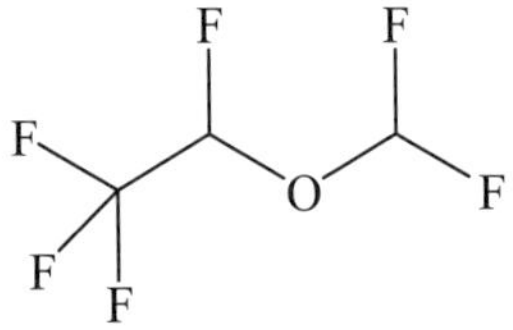

desflurane 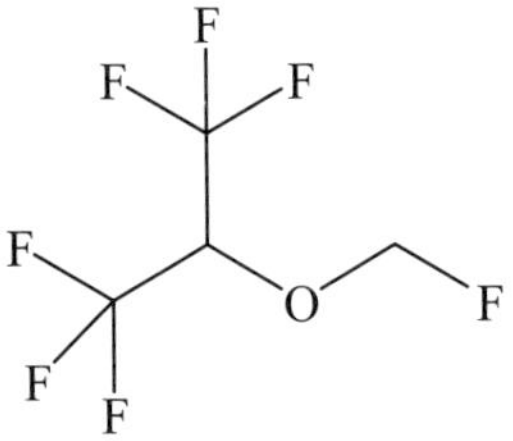　　sevoflurane

desflurane 與 sevoflurane 均屬於吸入性麻醉劑，desflurane 具刺鼻味道，常導致咳嗽和咽喉痙攣，因此不能用於麻醉誘導之用。對中樞的作用，可增加血壓和心跳。sevoflurane 略帶香味，無刺激性，麻醉效力強於 desflurane。sevoflurane 對呼吸道無刺激、麻醉效力強、起效和甦醒迅速，適宜用於麻醉誘導，特別是經面罩吸入進行之兒童麻醉的誘導。對長時間手術，desflurane 麻醉恢復較 sevoflurane 更迅速。因此，通常認為，時間較短之手術可選用 sevoflurane，而時間長的手術選用 desflurane，使其甦醒更快。

4.4.6 滅火劑

有機鹵化物中鹵原子數目增加，其可燃性降低，常被當作滅火器之原料，如表 4.2；其中由於海龍(Halon)屬於溫室氣體(greenhouse gas)逐漸被 PhostrEx 取代。

■ 表 4.2 滅火器常使用之原料

代號	商品代號	名稱	化學式
Halon 1011		Bromochloromethane	CH_2ClBr
Halon 1211	Freon 12B1	Bromochlorodifluoromethane	CF_2ClBr
Halon 1301	Freon 13BI	Bromotrifluoromethane	CF_3Br
	PhostrEx	Phosphorus tribromide	PBr_3

習題 EXERCISE

1. 請寫出下列有機鹵化物之英文名稱：
   (1) CH_3-Br
   (2) $CHCl_3$
   (3) $CH_3CHClCH_2CH_2CH_2CH_3$
   (4) CCl_4

2. 為何氟氯碳化物會破壞臭氧層？

3. 請舉出一例有機鹵化物在化粧品之應用，並寫出其結構、名稱及功用。

4. 依鹵素所連接碳的環境，判斷下列分子為一級二級或三級鹵化物
   (1)　(2) 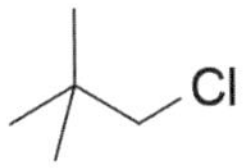　(3) 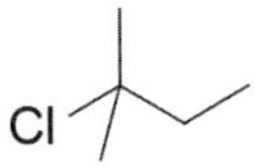　(4)

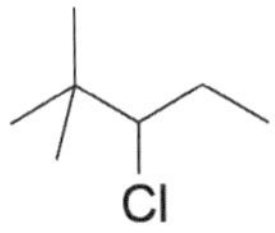

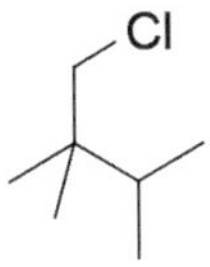

5. 下列各組化合物何者沸點較高？
   (1) CH_3Cl、CH_3Br、CH_3I
   (2) CH_2Cl_2、$CHCl_3$、CCl_4
   (3) CCl_4、CBr_4、CI_4

6. 四氟乙烯為製造不沾鍋塗料－鐵氟龍(Teflon)的原料，請寫出：
   (1) 四氟乙烯 IUPAC 命名之英文名稱。
   (2) 四氟乙烯分子之結構。

附錄 世紀之毒－戴奧辛的祕密

戴奧辛(dioxin)是無色、無味而且毒性相當強的脂溶性，具有氯化芳香族之化學物質，因此很容易溶於脂肪並累積在生物體的組織中；戴奧辛中毒的臨床表徵可分為急性曝露及慢性曝露。急性曝露在動物實驗中只要每公斤不到一微克即可致命，若未致命也會造成胸腺萎縮、骨髓抑制及肝毒性；在人類則會造成皮膚、眼睛及呼吸道的刺激、頭痛、頭暈、噁心等症狀。慢性曝露在動物方面會造成畸胎或腫瘤。在人類方面會產生氯痤瘡、肝腫大及神經肌肉損傷。戴奧辛包括 75 種化合物，其中 2,3,7,8–四氯戴奧辛(TCDD)因其毒性最強，俗稱世紀之毒。

戴奧辛進入人體的途徑為吸入、皮膚接觸及攝食等三種。其中經由食物鏈途徑吃入含戴奧辛的魚類、肉品及乳製品等畜產品，為戴奧辛進入人體的主要途徑（約占九成以上）。

1983 年在臺南灣裡地區露天焚燒廢電線電纜，產生戴奧辛汙染事件。當時行政院在該年 7 月 14 日的院會中核定六項解決戴奧辛汙染的措施。而當時的衛生署署長許子秋（衛生署已於 2013 年升格為衛生福利部）在院會中指出，檢驗臺南灣裡燃燒廢電線電纜所產生的飛灰與燃燒之殘渣，發現飛灰裡含有戴奧辛中毒性最毒的 TCDD，每立方米空氣中含量平均達 0.013 微克；在殘渣中平均達 0.31 ppm；又殘渣中之四氯對二氧聯苯，將使附近土壤、水源造成永久之汙染。

破解戴奧辛以熱處理為最可行的方法，處理溫度至少需達到 850°C 以上，含量高的需達 1,000°C 以上，才能將戴奧辛破壞。依據有害事業廢棄物處理規定，焚化處理設施，燃燒室出口中心溫度應保持 1,000°C 以上，燃燒氣體滯留時間在 2 秒以上，破壞去除效率 99.999%以上。

2,3,7,8–四氯戴奧辛(TCDD)

CHAPTER

05

芳香族 (Aromatic Compounds)

5.1 芳香族的定義

碳氫化合物除鏈狀或環狀的烷烴、烯烴和炔烴外，尚有一類其結構、反應性相當特殊的芳香族烴(aromatic hydrocarbons)，因此，通常把有機化合物區分為兩大類，脂肪族化合物(aliphatic compounds)和芳香族化合物(aromatic compounds)。而前述的烷、烯和炔類就是屬於脂肪族化合物；而什麼是芳香族化合物？顧名思義芳香族化合物大都有種氣味，但是否芳香則見仁見智，不過芳香族化合物在化學的定義上必須滿足克庫勒規則(Kekulé rule)才能稱之，其中結構最簡單的是苯(benzene)。1825 年，Michael Faraday 從用做照明的一種油氣中，分離出一種物質，即是為現今所稱的苯(benzene)，苯是芳香族化合物中典型的例子，其構造通常以下列方式之一表示。

苯為工業上廣被使用的有機溶劑，但是經常接觸苯的工作者，有可能引起白血病(leukemia)，因此，現今苯溶劑則需在嚴格環保控管下才能使用。

5.2 芳香族烴的來源

早期的芳香族化合物，大多得自膠質、樹脂、精油等，其中苯甲醛(benzaldehyde)即來自苦杏仁油；苯甲酸(benzoic acid)和苯甲醇(benzyl alcohol)則來自安息膠(benzoin resin)；甲苯(toluene)來自妥盧香膠(tolu balsam)。現今芳香族烴的主要來源有下列幾種：(1)石油分餾獲取；(2)煤炭乾餾（1,000°C 隔絕空氣）產生之煤焦油(coal tar)；(3)石油煉製之重組（refining，500°C 高壓）；(4)烷類脫氫環化。

5.3 苯的構造與共振

苯分子式 C_6H_6 與飽和之己烷(C_6H_{14})少了 8 個氫，其結構中必須具備有四個不飽和鍵結或環狀化合物，但是發現苯的一些反應性質與烯或炔類不相同，如其化學性質穩定、不易使溴水或高錳酸鉀褪色，一直到 1865 年，德國克庫勒(F. Kekulé, 1829-1896)才提出正確又合理的結構：苯的分子是一種雙鍵單鍵交替成環的共振結構。

I ⟷ II

共振理論的基本假定是指無論何時，當有兩個或兩個以上的結構式可以用來表示同一個分子，這些結構式之間的不同只在於電子的位置，依據這種化合物的化學性質，這些結構式中任何一種都不能完整的代表此物。苯兩種 Kekulé 結構（I 和 II），不同處只在電子的位置，而非平衡狀態下的兩個各別分子。仔細的觀察結構式 I 中的所有單鍵，在結構式 II 中是雙鍵；如果將 I 和 II 混合，也就是形成它們的混成體，則苯內的碳－碳鍵，既非單鍵亦非雙鍵，而是介於單鍵與雙鍵間的一種鍵級(bond order)，也就是碳與碳之間形成 1.5 鍵結。共振結構是以在六角形內畫一圓環表示的，也就是化學式 III，這是現在最常用以代表苯的結構式。

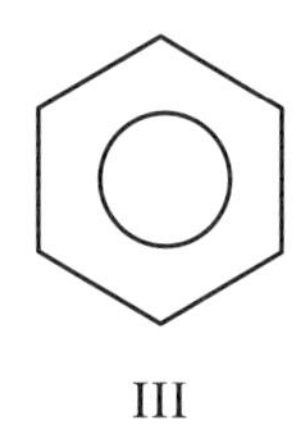

III

共振理論也告訴我們，當同等性的共振結構 I 與 II 代表苯分子時，苯分子因共振結構將更為安定，因此苯額外的安定性就來自於共振狀態之穩定能，從實驗結果顯示苯之位能遠較烯類低 36 kcal/mol，非常安定，如式 5-1。

$$C_6H_6 + 3H_2 \rightarrow C_6H_{12} + 49.8\ \text{kcal/mol}$$

（環己烷）

$$3C_6H_{10} + 3H_2 \rightarrow 3C_6H_{12} + 85.8\ \text{kcal/mol} \qquad \text{式 5-1}$$

（環己烯）　　（環己烷）

另外，如常見之碳酸根離子(carbonate ion, CO_3^{2-})，也有此共振因素所形成之穩定的結構。

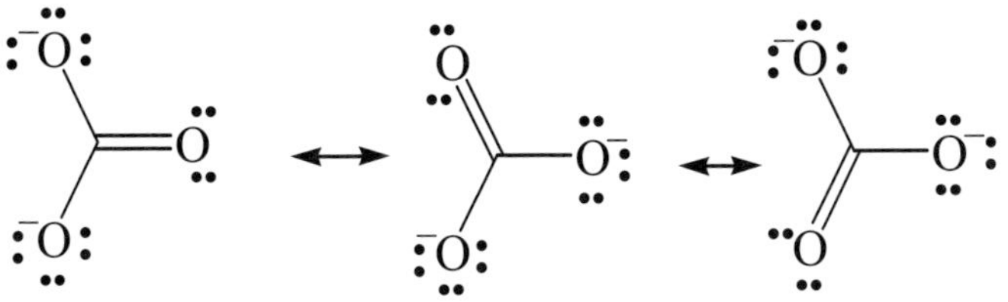

碳酸根離子中每一個結構有一個 C＝O 鍵及兩個 C－O 鍵，三個結構均有相同的原子排列方式，唯一不同之處僅在於電子的排列上；這三種結構式均無法完全真正表現出真實的碳酸根離子。經由實驗發現，這三個共振結構碳氧鍵的鍵長均相等為 1.31Å，這個距離是介於正常的 C＝O (1.20Å)及 C－O (1.41Å)的鍵長之間。為解釋這項事實，真正的碳酸根離子為一種共振構造，因此產生的等長的碳－氧鍵長。

克庫勒於 1865 年並提出芳香族化合物之克庫勒規則(Kekulé rule)，化合物結構中若完全符合克庫勒規則者，為芳香族化合物，若非則為脂肪族化合物；具有芳香族結構之化合物其化學性質與脂肪族不同。

克庫勒規則(Kekulé rule)：

1. 化合物必須為環狀結構且為共平面。
2. 環內不飽和電子或未共用電子間彼此互為共軛。
3. 環內不飽和電子或未共用電子之總電子數符合 4n+2 個電子，其中 n 必須為整數。

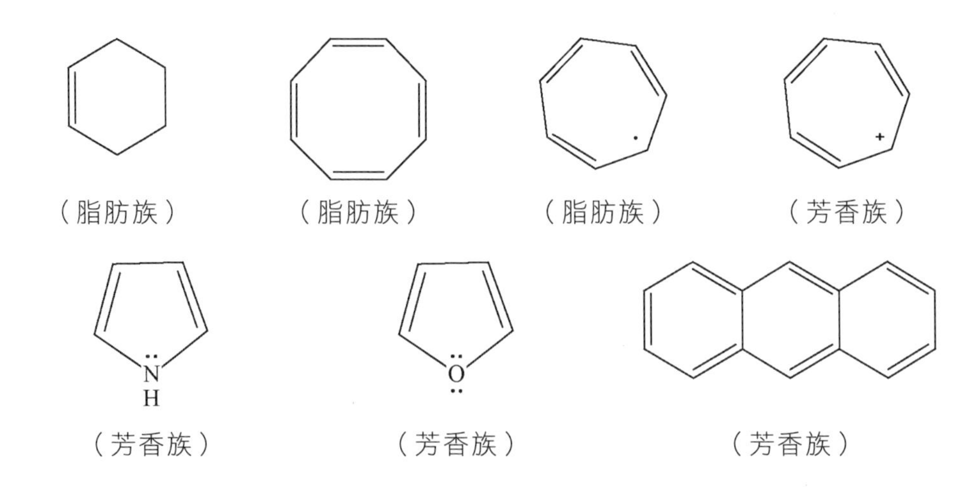

5.4 芳香族的性質

芳香族化合物中雖然含有許多未飽和雙鍵，但化性較烯類穩定很多，主要原因即是芳香族類均具有能穩定構造 π 電子的共振結構，因此無法與溴（Br_2/CCl_4，紅色）或過錳酸鉀（$KMnO_4$，暗紫色）反應而迅速褪色。

大部分芳香族化合物所進行之有機反應，主要為親電子基取代反應，而非烯類之加成反應，如式 5-2。

Br_2

H H → H H Br Br

H

$Br_2/AlCl_3$

Br + HBr

式 5-2

芳香烴化合物為低極性化合物，不溶於水，但易溶於非極性之油性溶劑，比重較水輕，大都具有毒性；由於味道較脂肪族強，所以稱為芳香族化合物。另外，由於苯環結構中含有三個共軛雙鍵，使得許多苯的衍生物能夠吸收紫外光能量，因此，許多有機防曬劑的化學構造中均可見苯的部分結構，如*對*–胺基苯甲酸(*p*-amino benzoic acids, PABA)系列化合物。

5.5 芳香族衍生物的命名

單取代苯類的命名有兩個系統，其中一類化合物以苯(benzene)為主名，而在字首加上取代基名稱（環狀化合物單取代基不必於取代基前用阿拉伯數字來標示取代基位置）。例如：

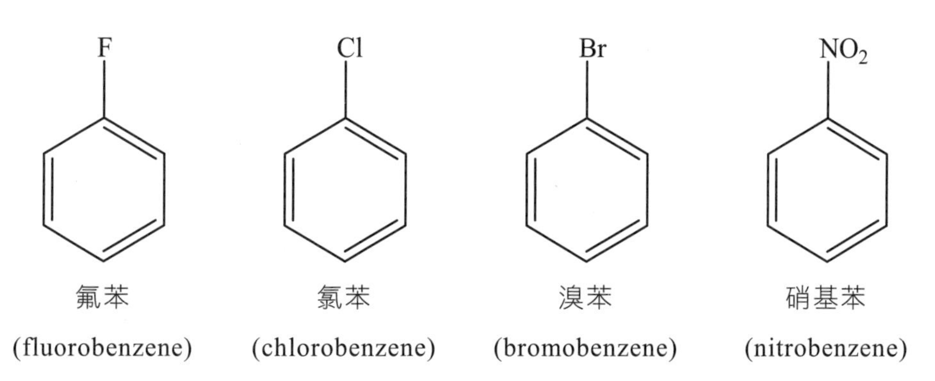

而另一類命名方式則是取代基和苯環一起形成一個名稱或俗名。例如：甲基苯(methylbenzene)通常稱作甲苯(toluene)，氫氧基苯(hydroxybenzene)常稱作酚(phenol)，胺基苯(aminobenzene)常稱作苯胺(aniline)，苯甲酮(methyl phenyl ketone)常稱作苯乙酮(acetophenone)，苯甲醚(methyl phenyl ether)常稱作茴香醚(anisole)，苯乙烯(phenyl ethylene)常稱作苯乙烯(styrene)。

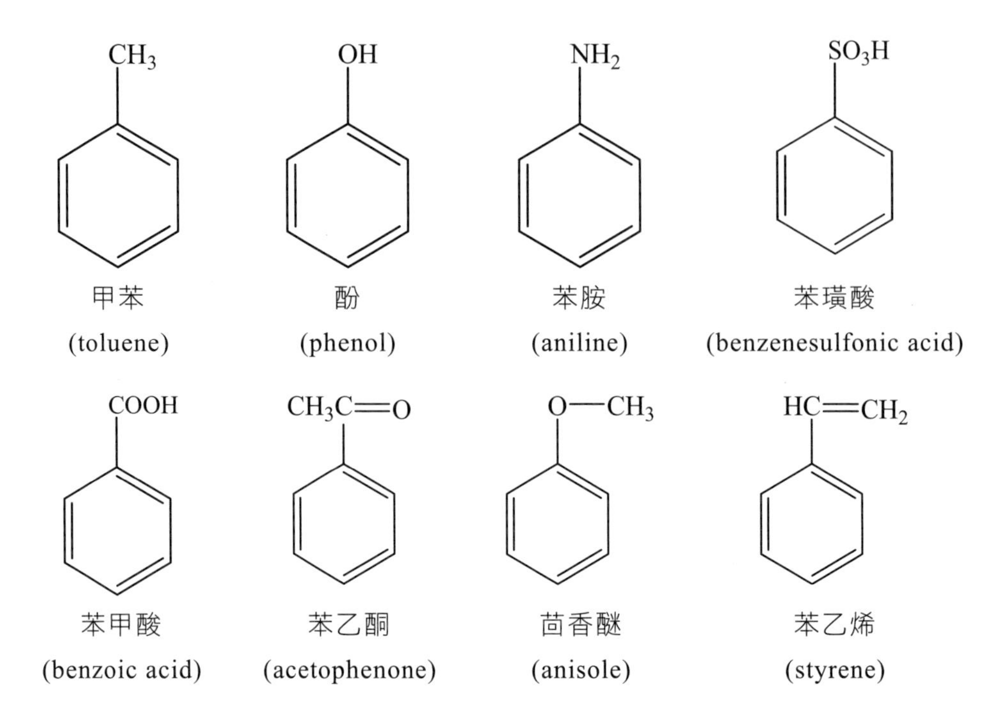

當苯環上存在兩個取代基時，除了可以與環烷類命相同名方式，分別於取代基前加阿拉伯數字來標示其取代基之位置外，也可依兩個取代基的相對位置用*鄰*位（*ortho*–或 1,2–），*間*位（*meta*–或 1,3–），和*對*位（*para*–或 1,4–），分別可簡寫為（*o*–、*m*–和 *p*–）來表示，如圖 5.1。〔注意：這裡的*鄰*位(*ortho*–)，*間*位(*meta*–)，和*對*位(*para*–)打字印刷時必須斜體。〕

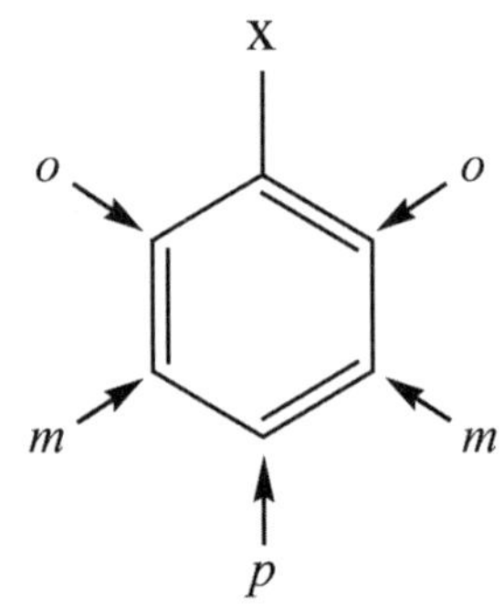

◆ 圖 5.1　苯環雙取代基之相互位置

例如二甲基苯(dimethylbenzenes)俗稱為二甲苯(xylenes)之異構物名稱，分別為*鄰*–二甲苯、*間*–二甲苯、*對*–二甲苯。即使當兩個取代基不同時，字首*鄰*位–、*間*位–和*對*位–仍可被使用。

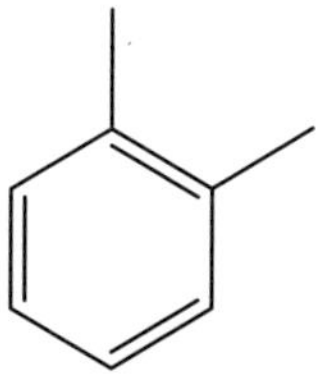

1,2-dimethylbenzene
(*o*-xylene)
鄰–二甲苯

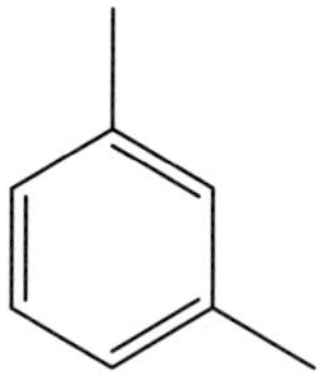

1,3-dimethylbenzene
(*m*-xylene)
間–二甲苯

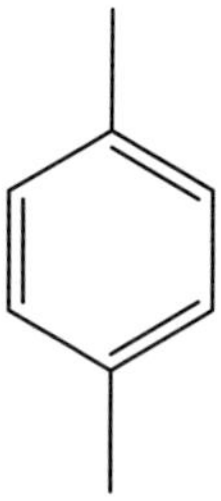

1,4-dimethylbenzene
(*p*-xylene)
對–二甲苯

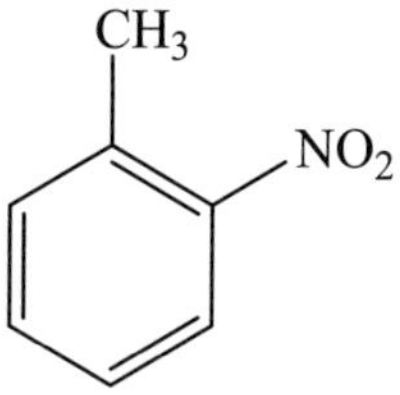

CH_3 NO_2
鄰–硝基甲苯
o-nitrotoluene

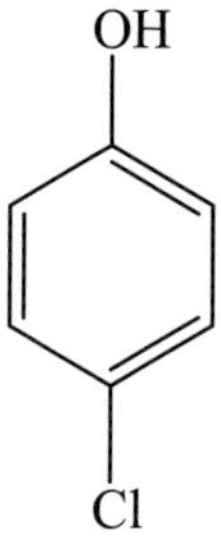

OH Cl
對–氯酚
p-chlorophenol

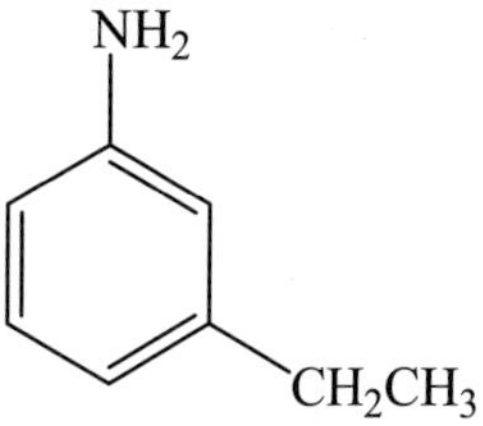

NH_2 CH_2CH_3
間–乙基苯胺
m-ethylaniline

如果苯環上出現有兩個以上的取代基時，則它們的相對位置必須以環上的數字編號之阿拉伯數字分別來標示其取代基之位置；下面舉兩個化合物為例：當兩個以上的取代基出現，而取代基又不相同時，通常依取代基字母順序列出。

1,2,3-trichlorobenzene
1,2,3–三氯苯

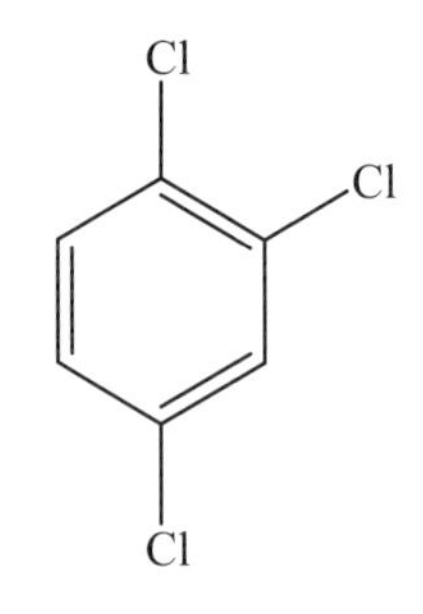

1,2,4-trichlorobenzene
1,2,4–三氯苯

當烷鏈的碳數多於苯環或烷鏈取代基複雜時，將苯環視為碳鏈上一個取代基，苯被稱為苯基(phenyl group)，通常在書寫苯基可簡寫為 C_6H_5–或 Ph–來標示。

2–苯基庚烷(2-phenylheptane)

另外，一種常見之苯甲基俗稱為苄基(benzyl)，通常在書寫苄基可簡寫為 $C_6H_5CH_2$–或 $PhCH_2$–來表示。

苄基(benzyl)

苄基氯(benzyl chloride)

5.6 其他芳香族化合物

除了上述所見的那些苯環分子外，芳香族分子中有另一類稱為多環苯型芳香族(polycyclic benzenoid aromatic hydrocarbons)，所有這些分子都單純的由兩個或多個的苯環融合在一起所形成的。

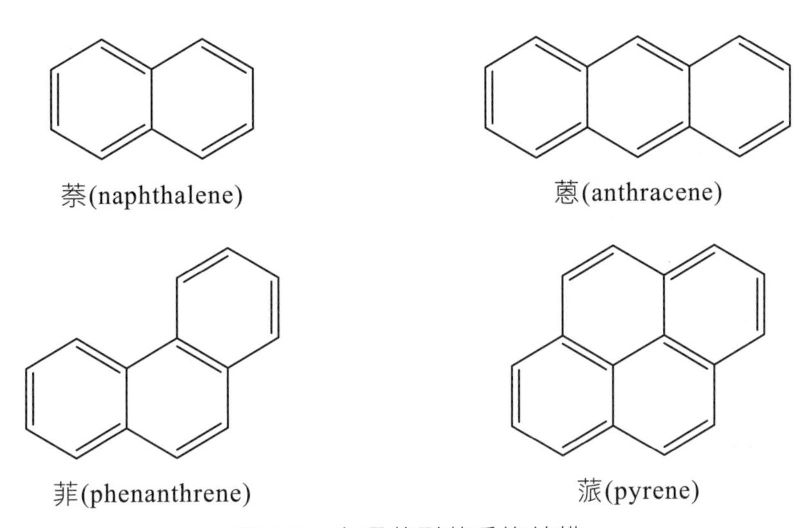

◆ 圖 5.2　多環苯型芳香族結構

5.7 芳香族化合物之應用

分子結構中具有芳香族之構造的有機化合物難以勝數，應用非常廣泛，本節僅說明常使用於化粧品中的成分。

類黃酮為含 15 個碳之芳香族類化合物，普遍存在植物體中的一種多酚類物質，其基本母核為 2–苯基色原酮(2-phenyl-chromone)的結構，此外，依據 C 環的飽和度及 B 環的連接位置又可將類黃酮分為黃酮(flavones)、黃酮醇(flavonols)、黃烷酮(flavanones)、兒茶素(catechins)、花青素

(anthocyanins)、異黃酮(isoflavones)、二氫黃酮醇(dihydroflavonols)與查耳酮類(chalcones)等八大類。類黃酮的衍生物常具有各種藥理作用，如抗氧化、抗發炎、抗過敏、抗病毒、抗菌、抗血栓、抗腫瘤、護肝以及血管擴張等藥理活性。

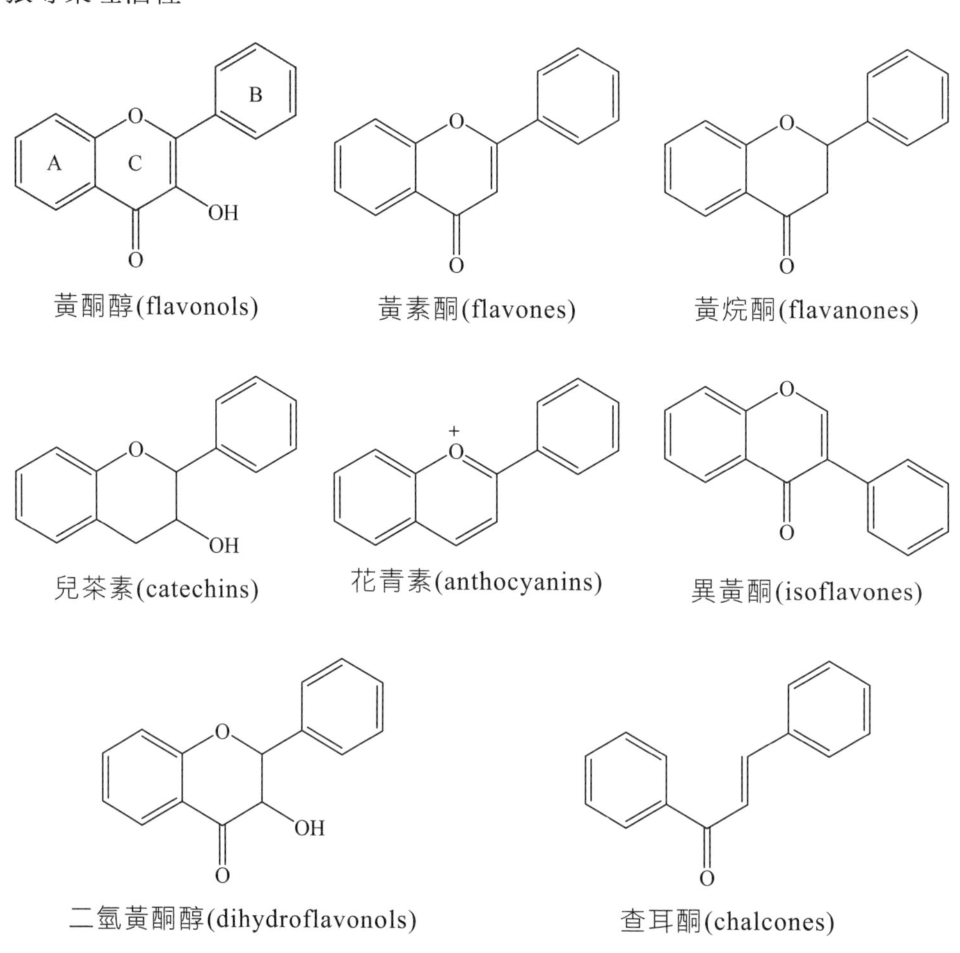

◆ 圖 5.3　類黃酮之結構

類黃酮化合物(flavonoids)廣泛存在於植物界，尤其在雙子葉植物中更為常見，但低等植物中卻少見。含類黃酮化合物的植物很多，它們分布在植物的各部分，如花、果、葉、籽、心材中；它們由植物中葡萄糖類成分轉化而來，是植物自身形成的保護性物質。類黃酮化合物其結構具有共軛性的苯環構造，對紫外線和可見光均顯示強烈的吸收，並且在紫外和可見區域內高度穩定；與一般使用的合成防曬劑如水楊酸類衍生物、肉桂酸類衍生物等相比較，類黃酮化合物有較寬的吸收範圍，由於類黃酮化合物吸收紫外線能力強，因此在防曬化粧品中，常添加類黃酮化合物以加強其防曬效果。另外類黃酮化合物具有抗氧化之能力，特別適用防止脂質、不飽和酸等物質的氧化，目前文獻報導黃酮與異黃酮化合物具有抗菌、抗光敏、解毒、增白等作用。

對-羥基苯甲酸酯類(parabens)添加化粧品中用來防腐抗菌，一般而言含有*對*-苯甲酸基的化學結構即具有抗菌作用。

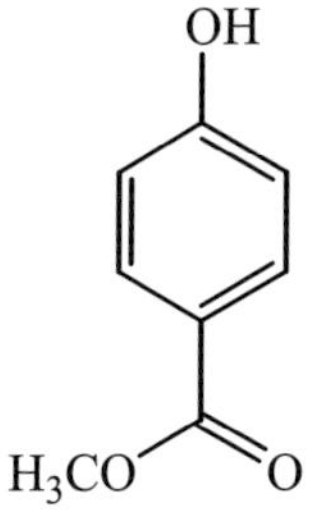

OH

H_3CO O

對-羥基苯甲酸甲酯(methyl paraben, MP)

苯甲酸(benzoic acid)也是常用於抗菌防腐的有機芳香族，苯甲酸及其鈉鹽常添加於食品中當防腐劑用。

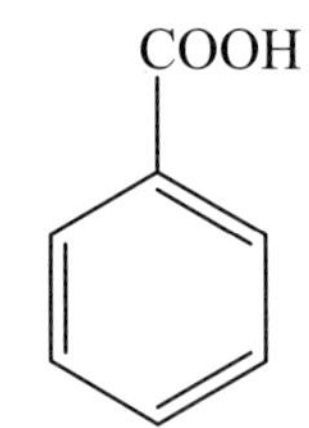

苯甲酸(benzoic acid)

芳香族類有機化合物常使用於化學性的防曬劑，現今所有應用在化粧品的防曬劑用以吸收紫外線的產品，均為具有芳香族性的化合物，PABA (*p*-amino benzoic acid)即是常用為 UVB 的吸收劑。

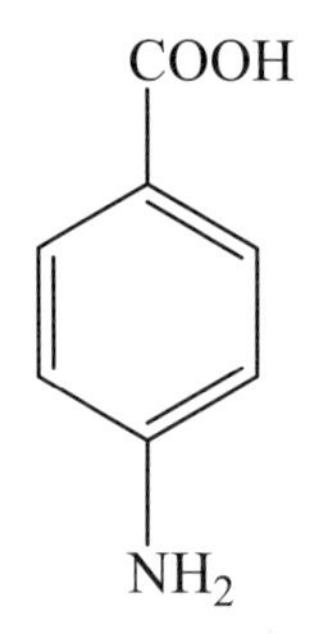

對–胺基苯甲酸(PABA)

習題 EXERCISE

1. 畫出下列化合物之結構式：

   (1) Benzene

   (2) Phenol

   (3) *o*-Hydroxy benzoic acid

   (4) Toluene

   (5) 2,5-Dichlorotoluene

   (6) *p*-Bromonitrobenzene

   (7) 3-Methyl-1-phenylbutane

   (8) 1-Chloro-3,5-dimethylbenzene

2. 請畫出 NO_3^-所有的共振結構。

3. 請以 IUPAC 命名法命名下芳香族化合物之名稱：

   (1)

   (2)

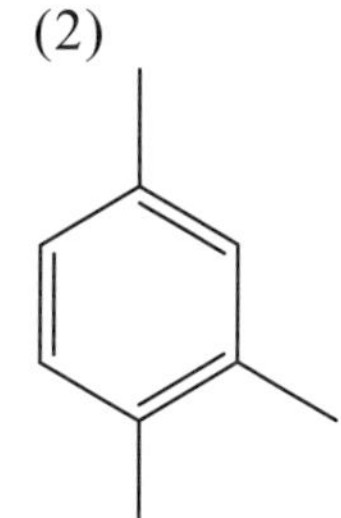

   (3)

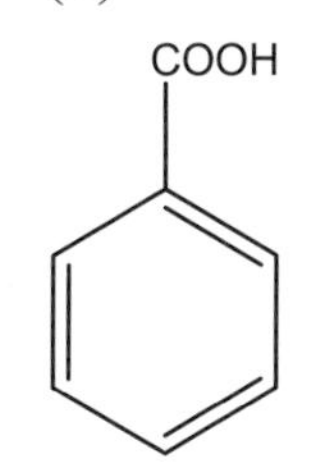

   (4)

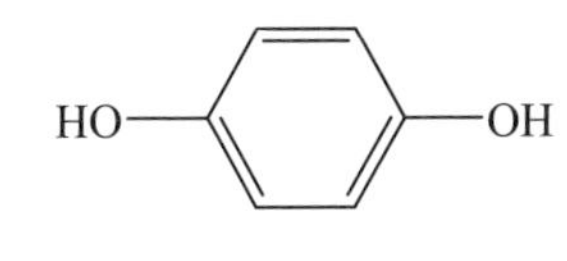

   (5)

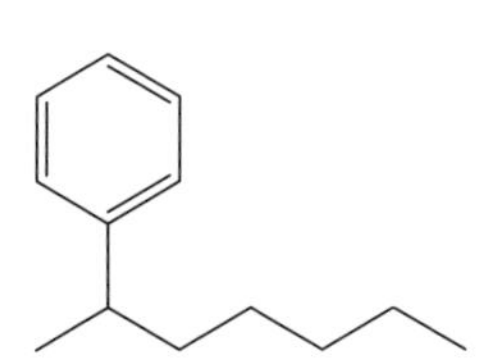

   (6)

4. 下列化合物，哪些具有芳香族性(aromaticity)？

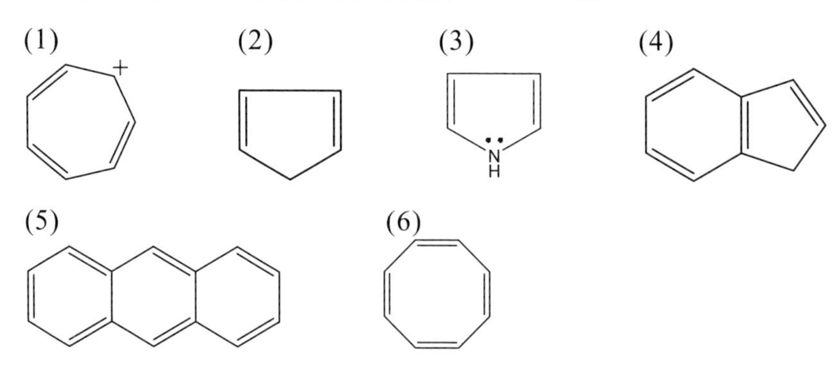

5. 請敘述有關類黃酮在化粧品的應用上有哪些用處？

6. 芳香族化合物常常具有優異的抗氧化與美白效能，您能舉例說明針對抗氧化與美白有效的芳香族化合物嗎？

附錄 芳香族的小故事

認識紫外光

大家都知道防曬的主要目標是防止紫外線，但究竟陽光中的紫外線對於皮膚會有多大的殺傷力呢？太陽是靠近地球最近的一顆恆星，它會散發出大量的輻射線到地球，這些輻射線依據波長及特性不同被分為好幾類，其中波長介於 280~400 nm 的紫外線（約占地表太陽輻射線的 5%），就是傷害肌膚的光波範圍。

紫外線依波長的不同可分為 UVA (320~400 nm)與 UVB (280~320 nm)以及 UVC (100~280 nm)。UVC 會被臭氧層阻擋掉，因此若臭氧層不產生破洞，UVC 在地表就不存在，也不會對皮膚造成傷害。UVB 的能量略低於 UVC，但仍會傷害皮膚，造成皮膚角質增厚、曬紅與曬傷。UVA 波長較長能量較低，但 UVA 的穿透性較強，可以穿過雲層、玻璃，甚至穿透皮膚表皮層進入較深層的真皮層，導致膠原蛋白與彈性蛋白變性，而產生老化及黑色素增生現象。

長期曝曬在 UVA 紫外線下會讓肌膚產生暗沉及斑點，另外，由於照射過量的 UVA 紫外線並不會立即感受到發紅或疼痛，因此常讓人忽略，所以，UVA 是造成皮膚慢性傷害、老化、暗沉、斑點及光敏感的重要因素。在選用相關防曬產品時，我們常常在意的是防曬係數的高低，目前 SPF 值主要針對 UVB 提供保護，關於 UVA 的防護，美國方面尚未有嚴謹準確的測定法可供依據，目前產品上出現針對 UVA 之防護標示為 PFA (protection factor of UVA)或 PA (protection grade of UVA)，是 1996 年日本化粧品工業聯合會 JCIA (Japan Cosmetic Industry Association)所設立對產品防止 UVA 傷害皮膚的效能標示，其值為塗抹產品後之 MPPDD 與未塗抹產品之

MPPDD 比值。MPPDD 則是皮膚最小持續型即時黑化的 UVA 光劑量 (minimal persistent pigment darkening dose)，PA+表示可延長皮膚曬黑時間 2~4 倍，PA++為 4~8 倍，PA+++則為 8 倍以上，因此 PA 指標是重視美白、抗老化的亞洲女性選擇防曬產品之良好依據。而防曬化粧品之成效取決於產品中之防曬成分與配方設計，目前除了物理性防曬劑以無機原料外，大部分有機防曬劑皆選擇具有對 UVA 及 UVB 吸收之苯類衍生物，如針對 UVB 之 Parsol MCX (octyl methoxy cinnamate)、水楊酸辛酯(octyl salicylate)等，UVA 者有二苯甲酮類之 benzophenone-3、parsol 1789 (butyl methoxy benzoyl methane)等，因此選擇產品應具備全波段 UVA 及 UVB 防護的防曬產品，才能真正提供我們肌膚足夠的保護。

CHAPTER

06

醇類、酚類與醚類
(Alcohols, Phenols and Ethers)

6.1 醇類

6.1.1 醇類的定義

醇類(alcohols)是指有機化合物中含有一個或一個以上羥基(–OH, hydroxy group)連接在脂肪族的碳原子上，通常以 ROH 來表示。醇分子中若僅含有一個羥基取代者，稱為一元醇，如甲醇(methanol)；含有兩個羥基取代者，稱為二元醇，如乙二醇（ethanediol，俗稱為 ethylene glycol）；含有三個羥基取代者為三元醇，如丙三醇〔propanetriol 或 glycerol，俗稱為甘油(glycerin)〕。

CH_3OH	$HOCH_2CH_2OH$	$HOCH_2CH(OH)CH_2OH$
甲醇	乙二醇	丙三醇

由於羥基所連接碳的環境不同，會影響到醇類的化性與物性；為了研究其性質，我們依羥基所連接碳原子所鍵結之碳鏈數目分為一級醇(1° alcohol; primary alcohol)、二級醇(2° alcohol; secondary alcohol)、三級醇(3° alcohol; tertiary alcohol)。

$R-CH_2-OH$	R_2CH-OH	R_3C-OH
一級醇	二級醇	三級醇

6.1.2 醇類的命名

依 IUPAC 系統命名法其規則如下：

1. 選擇含有連接羥基的最長碳鏈為主鏈，將此代表主鏈碳數的字首再加上「醇」字即可；英文命名則將相同碳數的烷類名稱去掉字尾−e 改為−ol。
2. 必須由主鏈碳上最靠近羥基取代的一端開始編號，將羥基接主碳鏈的位置用阿拉伯數字標示之。
3. 含兩個羥基的化合物稱為二醇(diol)，含三個羥基的化合物稱為三醇(triol)，並將羥基所在位置分別用阿拉伯數字標示之。
4. 其餘取代基與烷類系統命名相同。

$CH_3CH_2CH_2CH_2OH$
1−丁醇
1-butanol

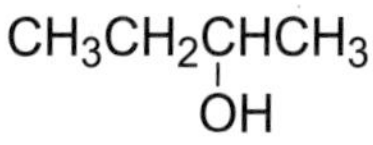

$CH_3CH_2CH(OH)CH_3$
2−丁醇
2-butanol

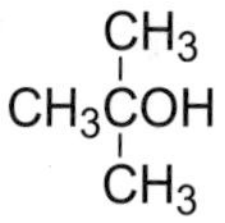

$CH_3C(CH_3)_2OH$
2−甲基−2−丙醇
2-methyl-2-propanol

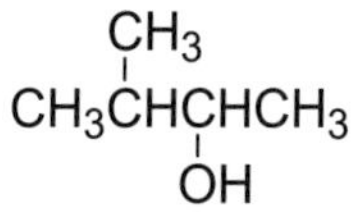

$CH_3CH(CH_3)CH(OH)CH_3$
3−甲基−2−丁醇
3-methyl-2-butanol

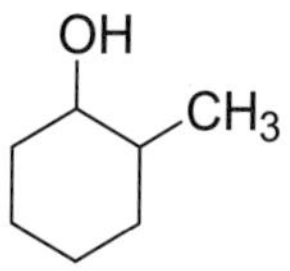

2−甲基環己醇
2-methylcyclohexanol

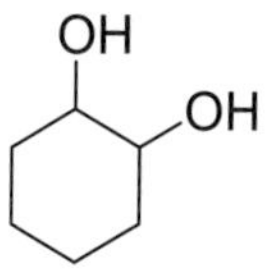

1,2−環己二醇
1,2-cyclohexanediol

有機化合物中在同一個碳上同時連接兩個羥基取代之結構極不穩定，會進行脫水反應得到羰基(carbonyl group)化合物，如式 6-1 所示。因此，乙二醇、甘油等其羥基與碳同數量時，不用以阿拉伯數字來標示羥基取代之位置。

$$\mathrm{>C(OH)_2} \rightleftharpoons \mathrm{>C{=}O} + H_2O \qquad \text{式 6-1}$$

脂肪醇廣泛應用於化粧品中，而國際化粧品成分命名法(International Nomenclature of Cosmetic Ingredients, INCI)為一種使用在化粧品原料的命名方法，其中有許多因習慣性用法而與 IUPAC 命名法產生少許不同，表 6.1 為脂肪醇(fatty alcohol)其 IUPAC 與 INCI 之名稱對照。

■ 表 6.1　脂肪醇其 IUPAC 與 INCI 之名稱對照

碳數	結構	IUPAC	INCI	INCI 中文名稱
6	$CH_3(CH_2)_5OH$	1-Hexanol	Hexyl alcohol	己醇
7	$CH_3(CH_2)_6OH$	1-Heptanol	Heptyl alcohol	庚醇
8	$CH_3(CH_2)_7OH$	1-Octanol	Caprylic alcohol	辛醇
9	$CH_3(CH_2)_8OH$	1-Nonanol	Nonyl alcohol	壬醇
10	$CH_3(CH_2)_9OH$	1-Decanol	Decyl alcohol	癸醇
11	$CH_3(CH_2)_{10}OH$	1-Undecanol	Undecyl alcohol	十一醇
12	$CH_3(CH_2)_{11}OH$	1-Dodecanol	Lauryl alcohol	月桂醇
14	$CH_3(CH_2)_{13}OH$	1-Tetradecanol	Myristyl alcohol	荳蔻醇
16	$CH_3(CH_2)_{15}OH$	1-Hexadecanol	Cetyl alcohol	鯨醇（鯨蠟醇）
18	$CH_3(CH_2)_{17}OH$	1-Octadecanol	Stearyl alcohol	硬脂醇（硬蠟醇）
22	$CH_3(CH_2)_{21}OH$	1-Eicosanol	Behenyl alcohol	山崙醇

6.1.3 醇類的性質

醇類化合物雖具有羥基，但不易解離成氧陰離子(RO^-)與氫陽離子(H^+)或氫氧陰離子(OH^-)，故成中性。又因醇類−OH 基具有極性，且分子間可形成氫鍵，故醇類之沸點通常遠較其對應之烷類為高。此外，由於醇類分子中的−OH 基可與水分子形成氫鍵，所以低分子量的醇類化合物極易溶於水中，並可依照任意的比例與水互溶，如甲醇或乙醇等可以與水互溶，但當醇類分子中非極性的烷基增大時，對水的溶解度會降低，如脂肪醇不溶於水，表 6.2 為部分烷、醇與醚類物理性質比較。

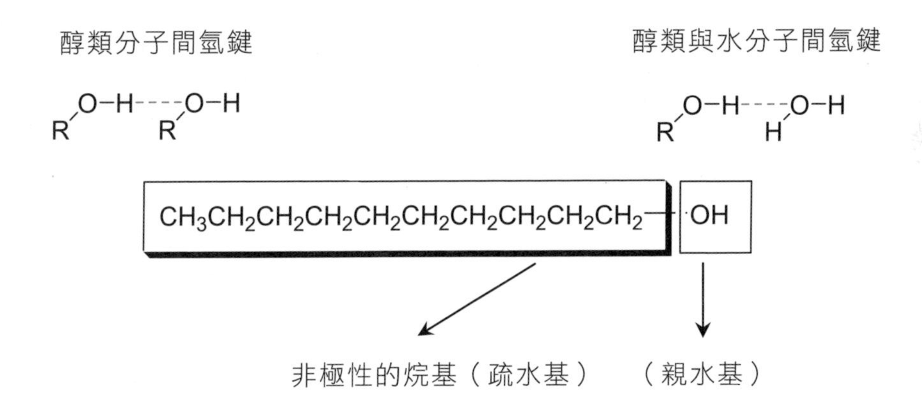

若醇類化合物中 OH 含量增多時則形成氫鍵的強度增加，並使得其在水中溶解度相對增加，其沸點也增加，因此，許多多元醇常做為化粧品之保濕劑，能使水分子停留於皮膚表面、減少皮膚表面水分的流失。

■ 表 6.2　部分烷類、醇類與醚類之沸點與水中溶解度的比較

名 稱	分子量(g/mole)	沸點(°C)	水中溶解度
甲烷	16	–161	不溶
乙烷	30	–88	不溶
甲醇	32	65	可溶
丙烷	44	–42	不溶
二甲醚	46	–23	可溶
乙醇	46	78	可溶
1–丙醇	60	97	可溶
乙基甲基醚	60	8	可溶
1–丁醇	74	118	微溶
二乙醚	74	34	微溶
1,3–丁二醇	90	208	可溶
1–癸醇	158	231	不溶

6.1.4　醇類來源與製備

醇類除了從大自然生物體中獲得外，也可從穀類或水果經發酵而得(如乙醇)或在實驗室中可將烯類加水、氧化或酯類水解等方式製得，如式 6-2 碳水化合物發酵及烯類加水反應製備醇類化合物。

$$\underset{\text{葡萄糖}}{C_6H_{12}O_6} \xrightarrow{\text{酵母}} C_2H_5OH$$

$$>C{=}C< \; + \; H_2O \xrightarrow{H^+} -\underset{H}{\overset{|}{\underset{|}{C}}}-\underset{OH}{\overset{|}{\underset{|}{C}}}- \qquad \text{式 6-2}$$

6.1.5 醇類的用途

醇類最具代表性之化合物為乙醇，俗稱酒精，為酒類中之主要成分，易燃，故常做燃料。75%的酒精為良好的殺菌劑，此外乙醇的凝固點低且膨脹均勻，可作為低溫溫度計，沸點較水低且揮發性強是香水中的主要溶劑，也可以作為剝離式面膜之薄膜助膜劑，添加於透明肥皂中之透明劑及化粧水之收斂劑。醇類具有羥基與水均為極性分子，兩者相溶性很高，一般而言有機化合物結構中含有越多的羥基其吸水與保水能力越優異，因此多元醇類常作為保濕劑。

1. 乙二醇與丙二醇：乙二醇(ethylene glycol)為最簡單之二元醇，和丙二醇(propylene glycol)常做為聚酯之高分子材料的原料，為石蠟、樹脂、染料等溶劑。另外乙二醇凝固點較低，常被作為抗凍劑，而丙二醇由於沸點高且吸濕性強故可作為化粧品之保濕劑與軟化劑，但有文獻報導指出丙二醇可能對皮膚有安全性之疑慮，現在市面上漸漸以 1,3–丁二醇(1,3-butylene glycol)代替使用。
2. 丙三醇：丙三醇(glycerol)中含有三個羥基的多元醇，俗稱甘油(glycerin)，為一種無色、具有黏稠性和甜味的之液體，不過有輕微之毒性，因此不可食用。由於甘油具有多個極性的羥基，因此易與水產生氫鍵，使其極易溶於水，具有良好之吸水性，為優良之保濕劑，廣用於化粧品中。
3. 聚乙二醇：聚乙二醇(polyethylene glycol, PEG)為乙二醇的高分子聚合物，其水溶液黏稠度相當高，常用於化粧品之增稠劑。
4. 己六醇：己六醇俗稱為山梨醇或山梨糖醇(sorbitol)，具有甜性可作為糖果或糖尿病的代糖。具有多個羥基，可與水分子產生良好的作用力，在化粧品中可作為保濕劑，並有增加角質彈性的功效。與不同的脂肪酸酯化後，亦可作為為 Span 與 Tween 等非離子界面活性劑中之極性基團的原料。

CH_3CH_2OH

乙醇

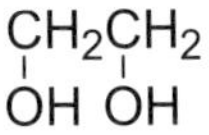

$CH_2(OH)CH_2(OH)$

乙二醇

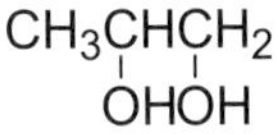

$CH_3CH(OH)CH_2(OH)$

1,2–丙二醇

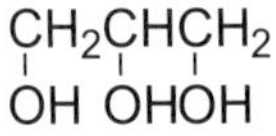

$CH_2(OH)CH(OH)CH_2(OH)$

丙三醇

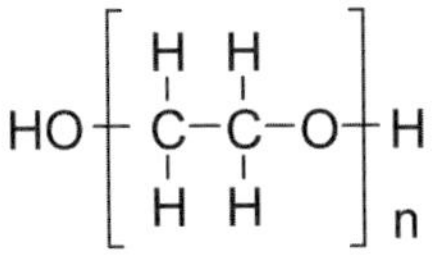

$HO-[CH_2-CH_2-O]_n-H$

聚乙二醇

$CH_2(OH)CH(OH)CH(OH)CH(OH)CH(OH)CH_2(OH)$

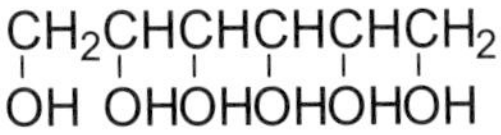

己六醇

另外，在香料中含有許多醇類的化合物，如薄荷醇(menthol)具有薄荷般清涼感之香氣，沉香醇(linalool)有君影草（鈴蘭）般香氣，橙花醇(nerol)具有新鮮甜玫瑰般香氣。

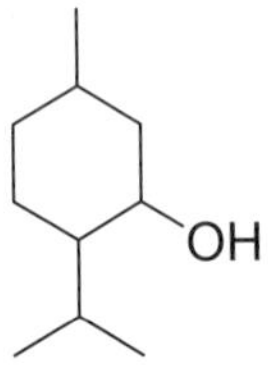

OH

薄荷醇

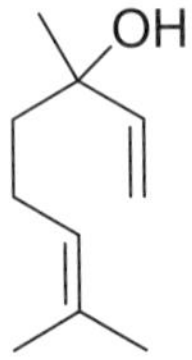

OH

沉香醇

OH

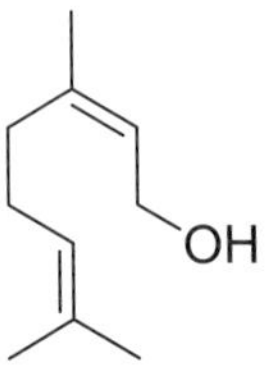

橙花醇

5. 脂肪醇：具有六個碳以上，含羥基(OH)的直鏈烴（通常羥基取代於第一個碳上），稱為高級脂肪醇，不溶於水，但在結構中具有親水性之羥基，可以增加油相成分對水的吸藏性，可抑制油膩感，降低含蠟類成分之化粧品的黏性，另外，添加於乳化製品中，可當乳化助劑，幫助乳化之安定性。化粧品常用之脂肪醇有月桂醇(lauryl alcohol, $CH_3(CH_2)_{10}CH_2OH$)、鯨蠟醇(cetyl alcohol, $CH_3(CH_2)_{14}CH_2OH$)、硬脂醇(stearyl alcohol, $CH_3(CH_2)_{16}CH_2OH$)等。

6.2 酚 類

6.2.1 酚類的定義

酚類(phenols)是芳香烴分子中的氫，被羥基(OH)所取代而成之衍生物，可用通式 ArOH 來表示，Ar 為芳香烴基，其中最簡單的結構為苯酚(phenol, C_6H_5OH)，又稱石碳酸。

6.2.2 酚類的命名

當苯環上有其他的取代基時，則與羥基連接的碳編號為 1。當苯環上有兩個取代基時，亦可使用*鄰位*– (*ortho*–)、*間位*– (*meta*–)或*對位*– (*para*–)等字首來標示取代基的相對位置，並以酚(phenol)為其主命名。

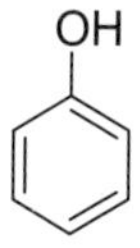

酚	2–溴酚（*鄰*–溴酚）	3–氯酚（*間*–氯酚）	2,4,6–三溴酚
phenol	2-bromophenol (*o*-bromophenol)	3-chlorophenol (*m*-chlorophenol)	2,4,6-tribromophenol

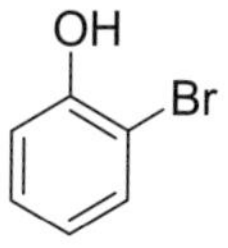

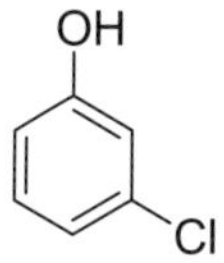

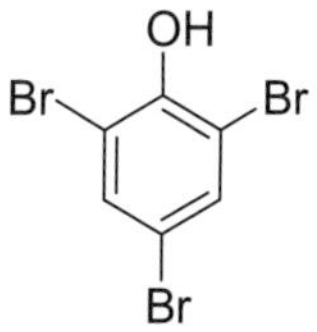

若羥基與醛、酮或羧酸等官能基同時出現在苯環上時，通常羥基(hydroxy)則被視為取代基來命名。

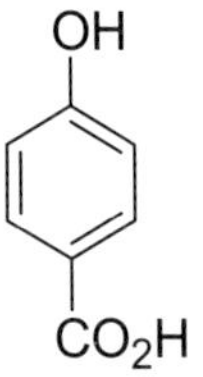

對–羥基苯甲酸

p-hydroxybenzoic acid

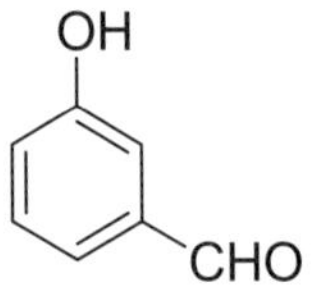

間–羥基苯甲醛

m-hydroxybenzaldehyde

6.2.3 酚類的性質

酚類分子雖然和醇類一樣具有羥基，但其性質與醇類並不相同，醇類中之羥基不容易被游離而成中性，但酚類中之羥基，由於苯環可以穩定氧陰離子，使其氫原子易被游離而成弱酸性，如式 6-3。

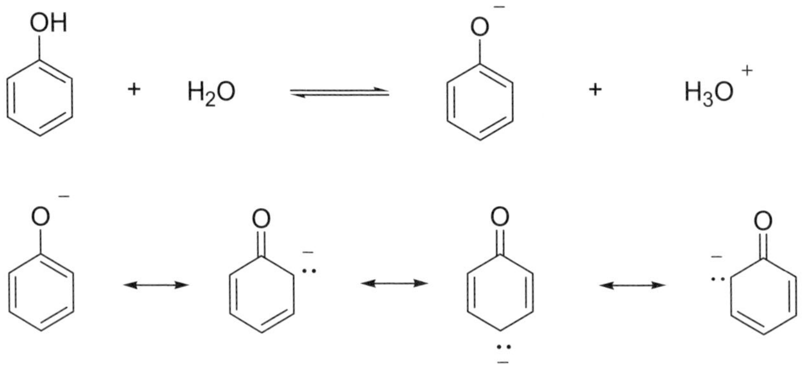

$$\text{C}_6\text{H}_5\text{OH} + H_2O \rightleftharpoons \text{C}_6\text{H}_5\text{O}^- + H_3O^+$$

式 6-3

此外酚類的物質也常做為抗氧化劑的用途，以避免油脂、塑化製品、食物、或身體組織受到高活性自由基的破壞。其抗氧化原理為酚可提供氫原子給高活性的自由基，而由於苯環共振結構的影響，酚則形成了較穩定的苯氧自由基，因而降低的自由基所造成的傷害。如式 6-4 為市售常用之抗氧化劑 BHT（butylated hydroxytoluene，二丁基羥基甲苯）與自由基反應之反應式：

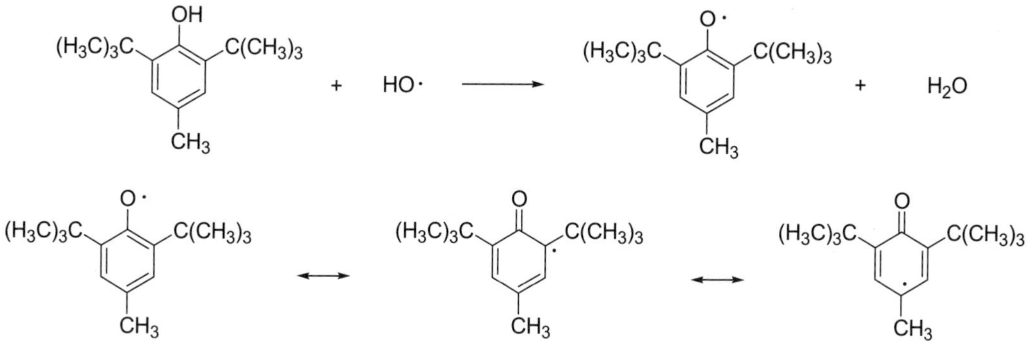

式 6-4

另外，具有與 BHT 相似結構之*第三*－丁基羥基茴香醚(*tert*-Butyl hydroxyanisole, BHA)與*第三*－丁基*對*－苯二酚(*tert*-Butylhydroquinone, TBHQ)兩種常用之抗氧化劑；BHA 是一種很好的脂溶性抗氧劑，對熱安定性，在有效濃度時沒有毒性；作食品抗氧劑，能抑制油脂食品的氧化作用，延緩食品開始敗壞的時間；作化粧品的抗氧化劑時，能對酸類、氫醌、甲硫胺基酸、卵磷脂等起抗氧化作用。

TBHQ 是一種高效的抗氧化劑，在食品中，用作植物油和多種食用動物油脂的防腐劑；可延長油脂類保存期限，它被廣泛用於食品中。在工業生產中，它可以用作抑制有機過氧化物自聚合的穩定劑；也可以作為抗腐蝕劑添加於生物燃油中。在香水中，TBHQ 可以用作固定劑，抑制揮發並提高穩定性。

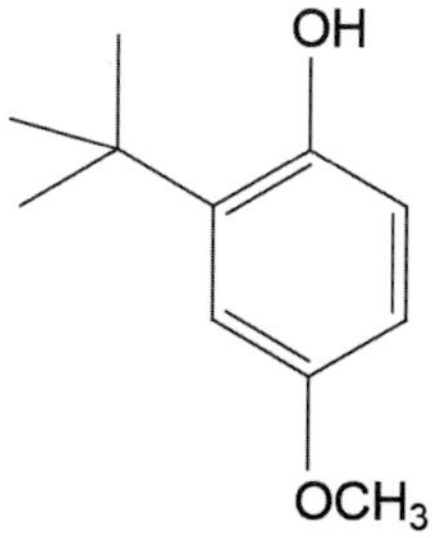

第三-丁基羥基茴香醚 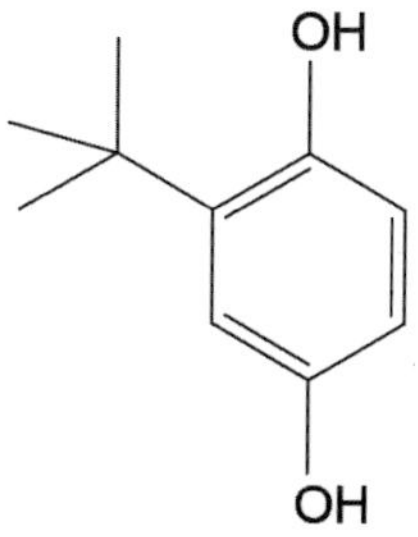　　*第三*-丁基對苯二酚

6.2.4 常見酚類及其功用

早期酚類可由煤塔中分餾而製得，現今已利用工業方法進行大規模的生產。酚是一種具有臭味的晶體，溶於水（1 克溶於 15 毫升的水中）、殺菌力強，是最早被廣泛應用的消毒劑與殺菌劑，早年應用在手術進行之消毒與殺菌使用，但酚之毒性強，會侵害人體皮膚，所以現今已不再當殺菌劑用。此外*對*-苯二酚(hydroquinone)是藥用之美白成分；但副作用強，我國法規禁止其添加在化粧品配方中；另外酚類化合物在天然間存在種類甚多，如丁香油酚(engenol)、異丁香油酚(isoengenol)為精油成分，而百里香酚(thymol)具有殺菌作用，為牙醫師常用之殺菌用漱口水，維生素 E、白藜蘆醇(resveratrol)等物質為天然之抗氧化劑。

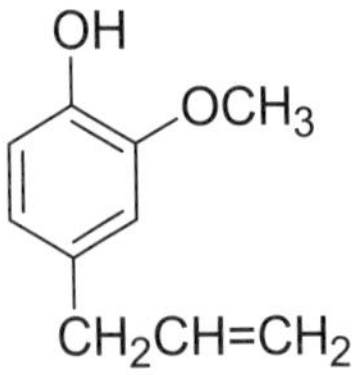

OH, OCH_3, $CH_2CH{=}CH_2$
丁香油酚

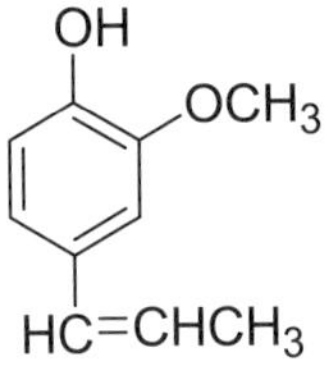

OH, OCH_3, $HC{=}CHCH_3$
異丁香油酚

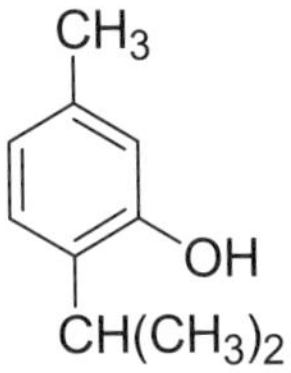

CH_3, OH, $CH(CH_3)_2$
百里香酚

維生素 E (*α*-tocopherol, $C_{29}H_{50}O_2$)為淡黃色稍帶黏稠性液體，不溶於水，但可溶於脂溶性溶劑，維生素 E 在小麥胚芽油、大豆油等植物油中約含 0.1~0.3%。維生素 E 具有很強的抗氧化能力，但由於在空氣中易被氧化而產生變質，一般先將其酯化成維生素 E 醋酸酯(tocopheryl acetate)再添加於化粧品中，以增加其在產品中之穩定性。

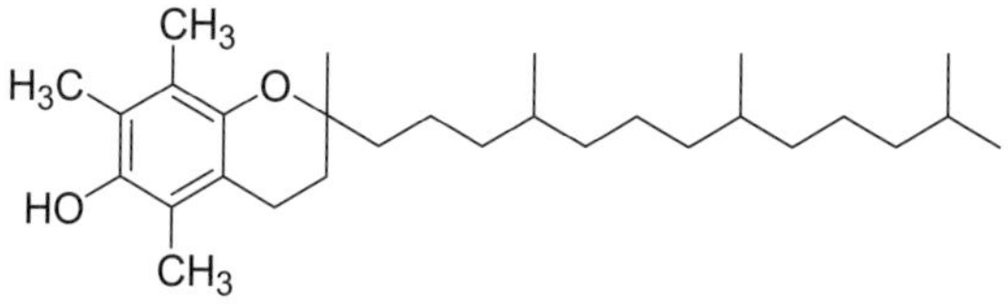

維生素 E

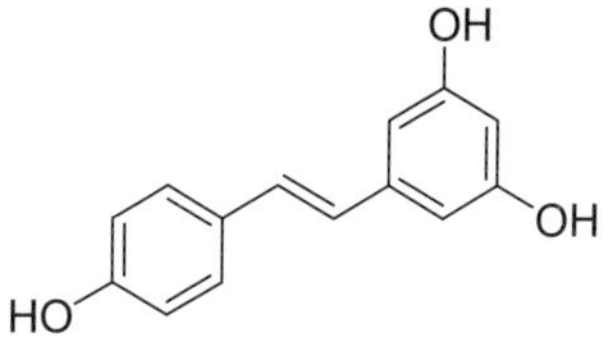

白藜蘆醇

白藜蘆醇(resveratrol)廣泛存在花生、葡萄、鳳梨與中草藥藜蘆中；白藜蘆醇是無色針狀結晶，熔點 256~257°C，在 366 nm 處有最大波長吸收，具有強的抗氧化效果，可清除體內自由基，預防新血管疾病發生。

1,4– 二羥基苯 (1,4-dihydroxybenzene)，又稱為*對*–苯二酚(hydroquinone)，為皮膚專科醫生應用於美白、退斑的處方用藥，具有淡化膚色的作用，作用機轉為藉由阻止酪胺酸酶將 DOPA (dihydroxy phenyalanine)轉化為麥拉寧(melanin)色素，但其副作用強，我國衛生法規禁止其添加於化粧品中。

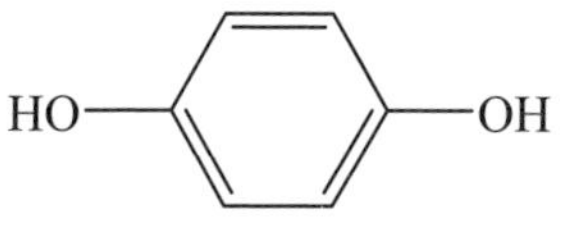

對–苯二酚(hydroquinone)

熊果素(arbutin)是杜鵑花科植物熊果葉中具美白功能的主要有效成分，熊果素經多種動物實驗證明毒性很低，能緩和及減少界面活性劑或染髮劑對皮膚的刺激，熊果素有抑制頭屑作用可能與此有關。目前證明熊果素能有效抑制酪胺酸酶在皮層中的活性，對皮膚有美白的作用，已被衛生福利部公告為一般化粧品之美白成分，添加上限為 7%。

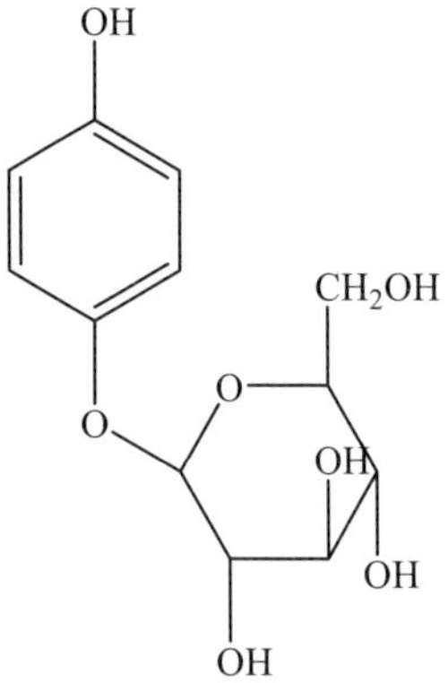

熊果素(arbutin)

杜鵑花醇(rhododendrol)存在杜鵑花科植物中，杜鵑花醇及其葡萄糖苷衍生物對酪胺酸酶和黑色素的生成有抑制作用，效果與麴酸(kojic acid)和熊果素相同，原為衛生福利部核定含藥化粧品的美白成分，不過在2013年發生杜鵑花醇致化學性白膚症事件之後，已被臺灣主管機關公告禁止添加於化粧品中。

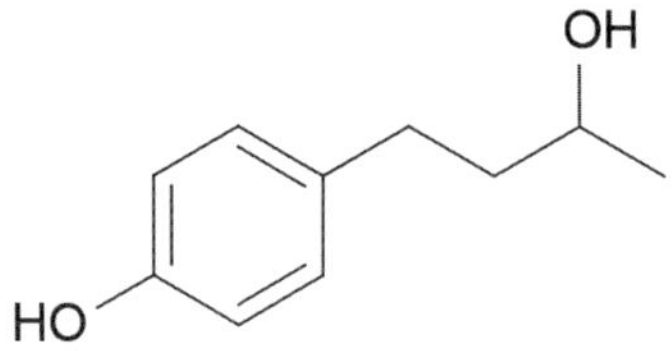

杜鵑花醇(rhododendrol)

鞣質類化合物一般分子比較大，可與蛋白質結合成不溶於水的沉澱之多元酚衍生物。沒食子酸(gallic acid)為水解鞣質的基本單元之一，廣泛存在於植物中，沒食子酸也是芳香族有機酸，可作為酸性劑代替檸檬酸用於化粧品和藥品中，具有抗菌作用。另外，一種與沒食子酸相似之鞣花酸(ellagic acid)，由兩個沒食子酸聚合後再酯化所形成，廣泛存在於草莓、蘋果等植物中，屬於多酚類化合物，具有螯合銅離子能力，使酪胺酸酶失去活性，經衛生福利部公告為一般化粧品美白成分，限制用量為 0.5%，目前已有市售美白化粧產品。

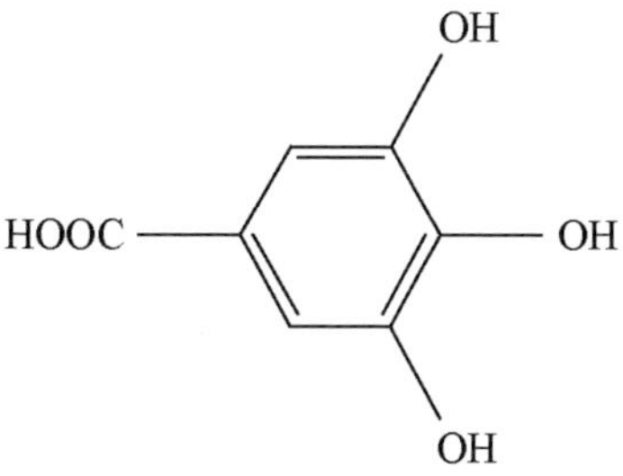

沒食子酸(gallic acid)

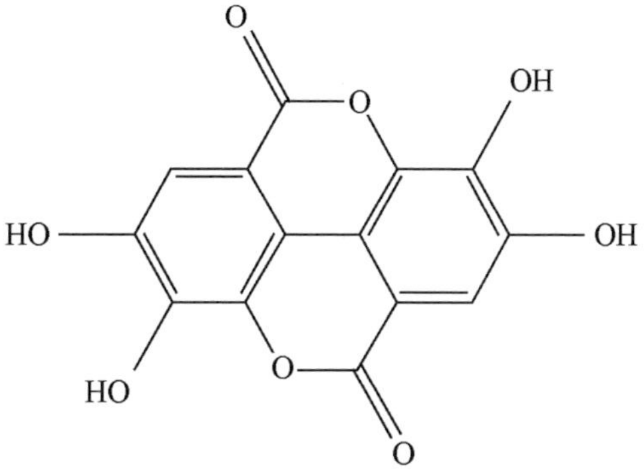

鞣花酸(ellagic acid)

6.3 醚 類

6.3.1 醚類的定義

當醇類羥基(OH)中之氫被烴基(R)所取代後之化合物，稱為醚類(ethers)，其通式為 ROR'，其中 R 或 R'可以為烷基或芳香基，當 R 與 R'相同時，稱為對稱醚或單醚，當 R 與 R'不同時稱為不對稱醚或混合醚。

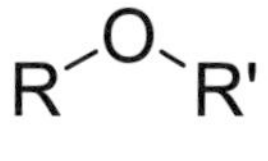

R-O-R'

6.3.2 醚類的命名

結構簡單的醚類命名，其原則為在二烴基之後加上「醚」字，英文為“ether”；對於結構較複雜的醚類，通常將分子較小的烴氧基(OR')當成取代基，而以 R 為主體，利用 IUPAC 命名系統命名之。如：

CH_3-O-CH_3
二甲基醚（甲醚）
dimethyl ether

$CH_3-O-CH_2CH_3$
乙基甲基醚
ethyl methyl ether

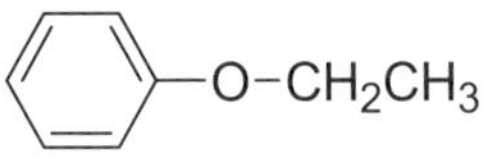

$C_6H_5-O-CH_2CH_3$
乙基苯基醚
ethyl phenyl ether

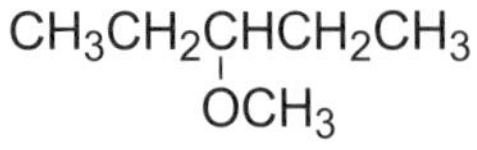

$CH_3CH_2CH(OCH_3)CH_2CH_3$
3–甲氧基戊烷
3-methoxypentane

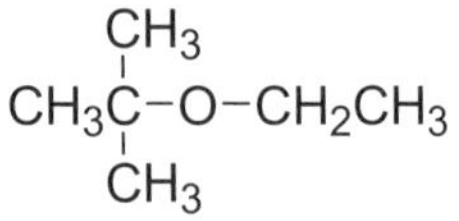

$(CH_3)_3C-O-CH_2CH_3$
2–乙氧基–2–甲基丙烷
2-ethoxy-2-methylpropane

利用高級酯肪醇與環氧乙烷進行反應，可製造出各種不同 HLB (Hydrophile Lipophile Balance)值的非離子界面活性劑。市售商品名以 INCI 之醇類名稱加上醚類(ether)的字首結合而成，並以數字代表在此非離子界面活性劑結構中所含聚乙二醇醚(ethylene glycol ether)的數目，如 laureth-5 代表由月桂醇(lauryl alcohol)與五個乙二醇醚為單元所組成的醚類化合物，而 ceteth-20 代表由鯨臘醇(cetyl alcohol)與二十個乙二醇醚為單元所組成的醚類化合物。圖 6.1 分別為非離子界面活性劑 laureth-5 鍵－線結構式 a 與縮合結構式 b。

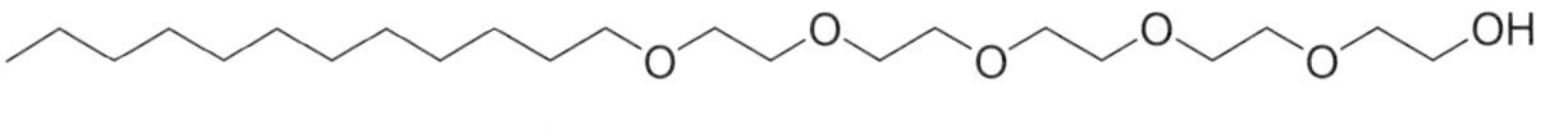

a

$CH_3(CH_2)_{10}CH_2(OCH_2CH_2)_5OH$

b

◆ 圖 6.1　為非離子界面活性劑 laureth-5 鍵－線結構式(a)與縮合結構式(b)

6.3.3 醚類的性質與用途

醇與醚為同分異構物，但醚類甚為安定，且具易燃性。雖然醚分子內具有陰電性大的氧原子，不過並沒有氫原子與氧相接連，因此醚分子間沒有氫鍵；但在水中仍可與水分子間產生氫鍵，因此醚類在水中的溶解度會較分子量相當的烷類為高，但較醇類為低。醚類可溶於有機溶劑中，而本身也是優良的有機溶劑，沸點低揮發性強，故可作為乾洗劑。

沒有分子間氫鍵

R–O–R　R–O–R

氫鍵

H–O–H- - - - -O–R（R）

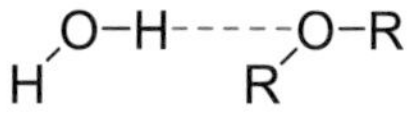

二甲醚為分子最小之醚類化合物，可溶於水，沸點低，常為化粧品之噴霧劑。乙醚是最為代表性的醚類，常用於各種化學反應之溶劑，也廣用於天然物之萃取溶劑；乙醚早期是一種醫師使用之吸入麻醉劑，抑制中樞神經系統，但會產生嘔吐之副作用。天然物中有許多醚類化合物的存在，如黃樟根中所含之黃樟素(safrole)，為早期沙士飲料中所含之香料，但有致癌之疑慮，已被禁用。茴香油中之茴香腦(anethole)，有甜茴香般之香氣，用於甜酒、肥皂等之香料。

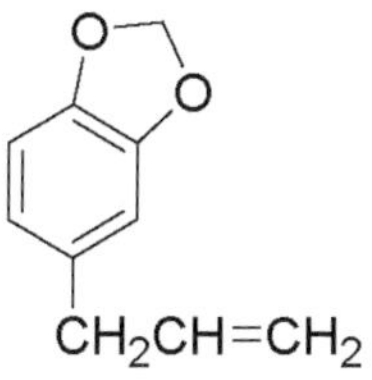

$CH_2CH{=}CH_2$

黃樟素

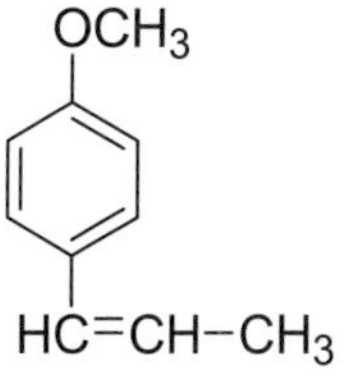

OCH_3

$HC{=}CH{-}CH_3$

茴香腦

苯氧基乙醇(phenoxyethanol)是一種經常用於護膚產品中防腐劑的有機化合物，可由乙二醇及酚進行醚化而成，常見於護膚霜和防曬霜。苯氧基乙醇是一種無色的油狀液體，有抗菌功效（一般與季銨鹽一起使用），因為 2–苯氧基乙醇的毒性較低，而且在化學上對銅及鉛並不活躍。在化粧品、疫苗及藥品中通常發揮著防腐劑的功用；依民國 106 年 4 月 1 日生效之我國「化粧品防腐劑成分使用及限量規定基準表」，苯氧基乙醇添加於化粧品限量為 1%。

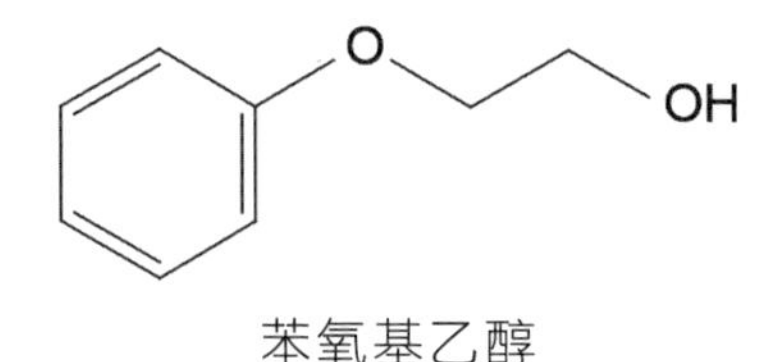

苯氧基乙醇

習題 EXERCISE

1. 寫出下列分子 IUPAC 之命名：

(1) (2) 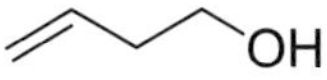 (3)

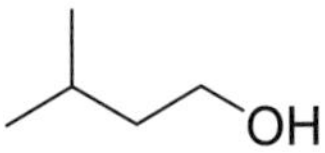

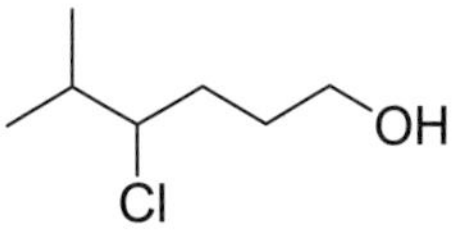

(4) 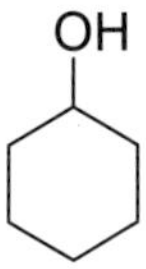 (5) 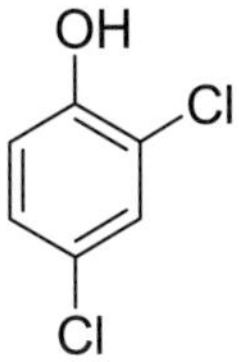 (6)

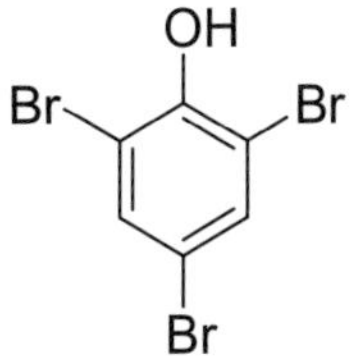

(7)  (8) 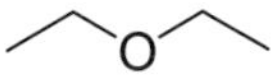 (9)

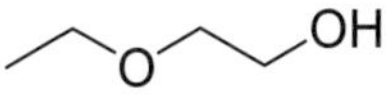

2. 畫出下列分子之結構式：

(1) 4-Penten-1-ol

(2) Cyclobutanol

(3) 2-Pentanol

(4) Phenol

(5) Pentachlorophenol

(6) Dimethyl ether

(7) Ethyl isopropyl ether

3. 試寫出 laureth-2、ceteth-10 與 steareth-20 之結構式。

4. 比較下列各組分子間沸點的高低：
   (1) 甲醇、乙醇、1–丙醇
   (2) 乙醇、丙烷、甲醚
   (3) 乙醇、乙二醇、甘油

5. 下列分子何者會溶於水？

   甲醚、甲苯、乙醇、己烷、1–庚醇

6. 判斷下列醇類為一級、二級或三級之醇？
   (1) OH
   (2) OH
   (3) OH
   (4) OH
   (5) OH
   (6) OH

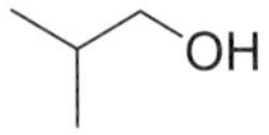

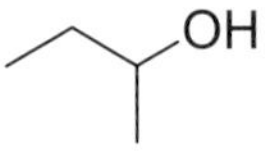

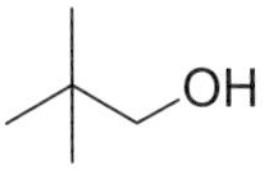

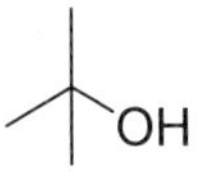

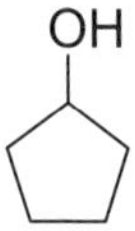

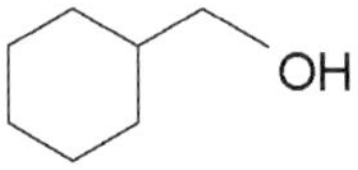

7. 試寫出酚與羥基自由基(HO‧)反應形成苯氧自由基之反應方程式與苯氧自由基之共振結構式。

8. 香葉醇(geraniol)存在於多種植物性精油中具玫瑰花香味，其化學結構如下所示：

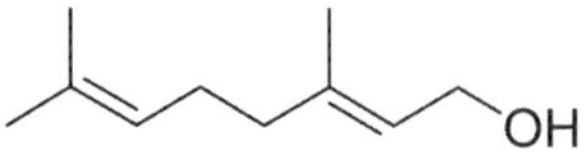

   OH

   (1) 香葉醇分子式為何？
   (2) 寫出其 IUPAC 之命名。

9. 畫出 $C_4H_{10}O$ 所有醇類與醚類異構物之結構式，並以 IUPAC 法寫出中英文名稱。

10. 寫出下列結構式之中英文名稱及其添加在化粧品時之功能：

(1)

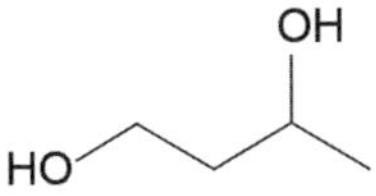

(2)

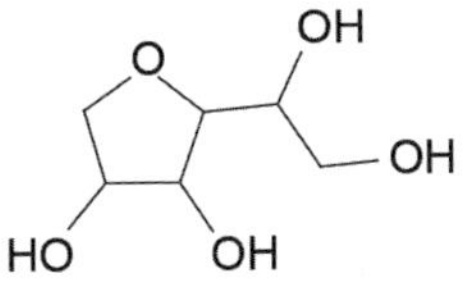

(3)

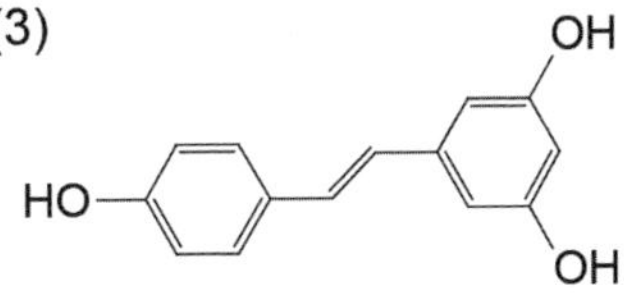

(4)

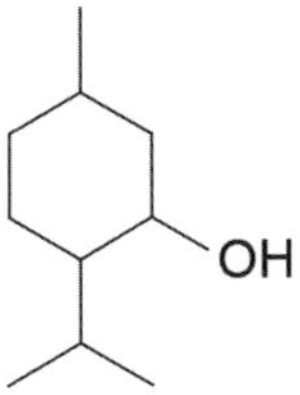

(5)

$CH_3(CH_2)_{10}CH_2OH$

與醇、醚相關之界面活性劑

十二烷基硫酸鈉，又稱為月桂基硫酸鈉(sodium lauryl sulfate, SLS)，具有發泡與清潔的效果，為洗髮精、沐浴乳、洗面乳等清潔用品中所經常使用的陰離子型界面活性劑。SLS 的製備可由月桂醇與硫酸反應形成月桂基硫酸後，再與氫氧化鈉進行中和反應即可獲得，如下式 6-5。

$$CH_3(CH_2)_{11}OH + H_2SO_4 \xrightarrow{-H_2O} CH_3(CH_2)_{11}O-SO_2-OH \xrightarrow{NaOH} CH_3(CH_2)_{11}O-SO_2-O^- \ Na^+ + H_2O$$

Laury　Sulfate　Sodium

疏水端　親水端

式 6-5

十二烷基醚硫酸鈉（sodium laury ether sulfate 或 sodium laureth sulfate，簡稱 SLES）亦為清潔劑中常使用之成分，名稱常與 SLS 混淆，主要是結構中含有聚乙二醚，製作時由月桂醇先與環氧乙烷(ethylene oxide)產生聚合反應後，再將其硫酸酯化並進一步以氫氧化鈉中和後即可得到，如式 6-6；SLES 之去脂力、起泡力、洗淨力佳，對眼睛黏膜的刺激性稍低於 SLS，且價格低廉，大量使用於洗髮精、沐浴乳及洗面皂等清潔用品之成分。

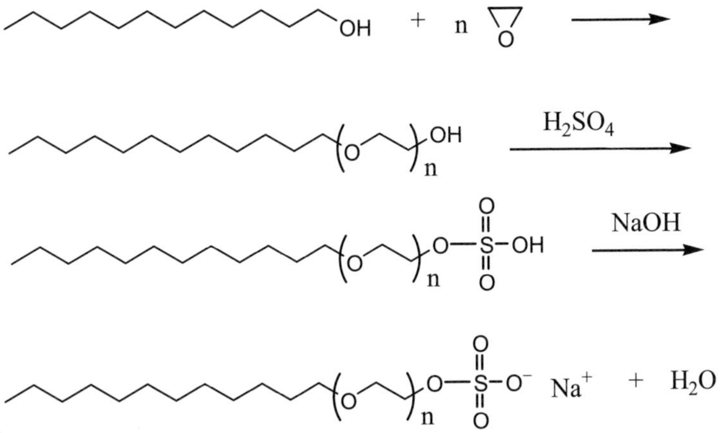

式 6-6

在化粧品中常使用到的 Span 系列的非離子型界面活性劑，則是利用不同碳鏈長度的脂肪酸與山梨醇進行酯化反應所獲得，其中脂肪酸可為月桂酸、棕櫚酸、硬脂酸或油酸等；並依山梨醇與脂肪酸酯化數量及脂肪酸的碳數，而有不同 HLB 值。例如 Span 20 為月桂酸與山梨醇反應後所形成的山梨醇脂肪酸酯（亦被稱為脫水山梨醇酯），其合成方程式如式 6-7 所示：

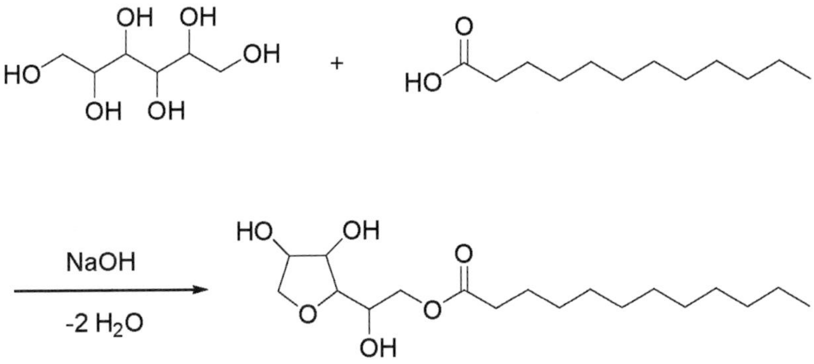

式 6-7

而 Tween 系列的非離子型界面活性劑，則是將原本 Span 系列親水基團結構中的羥基與環氧乙烷進一步反應形成聚氧乙烷(PEO)，由此製備出各種不同類型的 Tween 系列非離子型界面活性劑；而其化學組成中聚氧乙烷後面的數字所代表的是環氧乙烷接在該分子上的數目。由於 Tween 系列結構中含有 PEO 所以較親水，因此，具有較高之 HLB 值。

■ 表 6.3　數種 Span 與 Tween 界面活性劑之化學組成與其英文名稱

商品名	化學組成	英文名	HLB 值
Span 20	山梨醇單月桂酸酯	Sorbitan monolaurate	8.6
Span 40	山梨醇單棕櫚酸酯	Sorbitan monopalmitate	6.7
Span 60	山梨醇單硬脂酸酯	Sorbitan monostearate	4.7
Span 65	山梨醇三硬脂酸酯	Sorbitan tristearate	2.1
Span 80	山梨醇單油酸酯	Sorbitan monooleate	4.3
Tween 20	聚氧乙烷(20) 山梨醇單月桂酸酯	PEO 20 Sorbitan monolaurate	16.7
Tween 40	聚氧乙烷(20) 山梨醇單棕櫚酸酯	PEO 20 Sorbitan monopalmitate	15.6
Tween 60	聚氧乙烷(20) 山梨醇單硬脂酸酯	PEO 20 Sorbitan monostearate	14.9
Tween 65	聚氧乙烷(20) 山梨醇三硬脂酸酯	PEO 20 Sorbitan tristearate	10.5
Tween 80	聚氧乙烷(20) 山梨醇單油酸酯	PEO 20 Sorbitan monooleate	15.0
Tween 85	聚氧乙烷(20) 山梨醇三油酸酯	PEO 20 Sorbitan trioleate	11.0

CHAPTER

07

醛類和酮類 (Aldehydes and Ketones)

7.1 醛與酮的定義

醛類和酮類是我們日常生活中常見的有機化合物，在自然界存在非常廣泛，許多醛酮類有機化合物具有宜人的芳香氣味，常被用來製造香料或添加於其他產品中之賦香劑。由花朵、植物及動物腺體所收集或萃取到這些帶有芳香氣味的物質，價格都比較昂貴。1921 年 Chanel No.5（香奈兒 5 號）是第一個添加人工合成之有機香料的香水，今天大部分的香料皆是由人工合成的。

醛酮兩者最大的特色是都含有一個碳氧雙鍵鍵結的羰基(carbonyl group)，其飽和化合物的通式為 $C_nH_{2n}O$，醛酮互為同分異構物。醛類化合物是羰基的碳上至少與一個氫原子鍵結，最小的醛為甲醛(formaldehyde)。醛類常以 RCHO 來表示，其結構式如下：

甲醛(formaldehyde)　　　　醛類通式（R 為烴類取代基）

酮類則在碳氧雙鍵（羰基）上的碳原子鍵結兩個烴類取代基，最小的酮有機物為丙酮(acetone)。而酮類可以用 RR'CO 來表示，其結構式如下：

$$H_3C-\overset{\overset{\displaystyle O}{\|}}{C}-CH_3 \qquad\qquad R-\overset{\overset{\displaystyle O}{\|}}{C}-R'$$

丙酮(acetone)　　　　酮類通式

（其中 R 或 R'可以為烷基或芳香基）

醛類有機化合物中最著名也最大量的就是葡萄糖(glucose)，是人體中代謝產生能量的碳水化合物。葡萄糖大部分以半縮醛之環狀結構存在，如式 7-1。

開鏈結構　　　　半縮醛環狀結構（α–型）

式 7-1

以下我們列舉一些天然常見的醛類和酮類有機化合物：

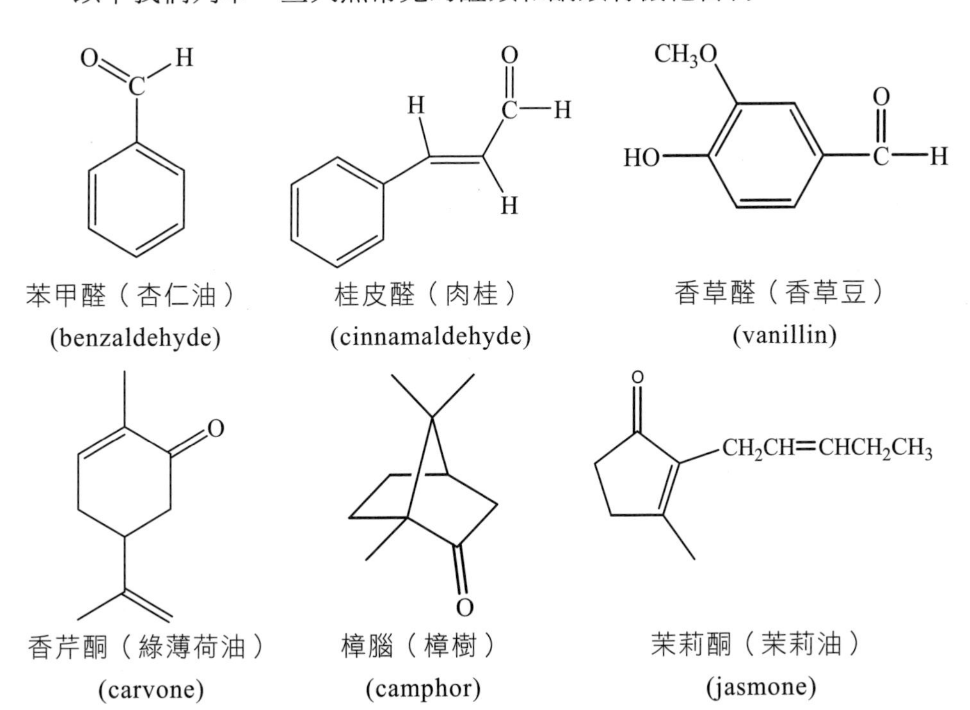

苯甲醛（杏仁油）(benzaldehyde)　　桂皮醛（肉桂）(cinnamaldehyde)　　香草醛（香草豆）(vanillin)

香芹酮（綠薄荷油）(carvone)　　樟腦（樟樹）(camphor)　　茉莉酮（茉莉油）(jasmone)

7.2 醛類的命名

依 IUPAC 的規則，以帶有醛基之最長鏈為主鏈，依其碳數所對應之烷類名稱改以醛代替，英文名稱則將烷類字尾“e”改成“al”，由於醛基永遠位於碳鏈之頭端，必定為主鏈的第 1 個位置，故可省略其標示位置之阿拉伯數字，其餘規則與烷類相同，由於醛酮常出現於自然界中，因此，也常以俗名呈現，如表 7.1。

■ 表 7.1　常見醛酮之 IUPAC 命名與俗名對照

結構式	IUPAC 命名		俗名	
HCHO	甲醛	methanal	蟻醛	formaldehyde
CH_3-CHO	乙醛	ethanal	醋醛	acetaldehyde
CH_3CH_2-CHO	丙醛	propanal		propionaldehyde
CH_3-CO-CH_3	丙酮	propanone		acetone
$CH_3(CH_2)_2CHO$	丁醛	butanal		butyraldehyde
$(CH_3)_2CHCHO$	2–甲基丙醛	2-methylpropanal	異丁醛	isobutyraldehyde
$CH_3COCH_2CH_3$	丁酮	butanone	甲乙酮	ethyl methyl ketone
O O	1,4–苯醌	1,4-benzoquinone Parabenzoquinone	醌	quinone
O O	1,4–萘醌	1,4-naphthoquinone	萘醌	naphthoquinone

■ 表 7.1　常見醛酮之 IUPAC 命名與俗名對照（續）

結構式	IUPAC 命名		俗名	
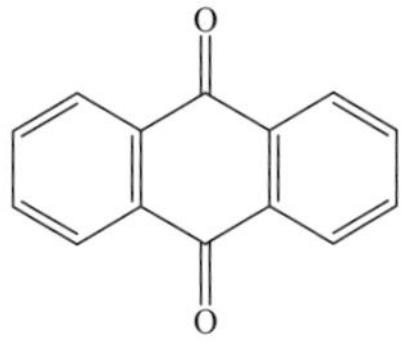	9,10–蒽二酮	9,10-anthracenedione 9,10-dioxoanthracene	蒽醌	anthraquinone
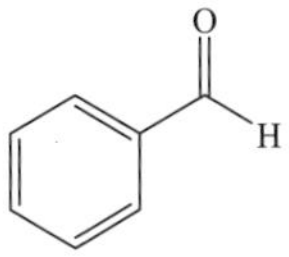	苯甲醛	phenyl cyclocarboxaldehyde	杏仁醛	benzaldehyde
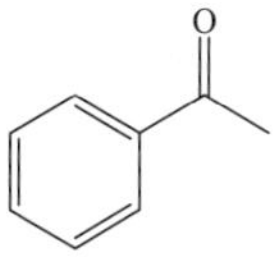	甲基苯酮	methyl phenyl ketone	苯乙酮	acetophenone
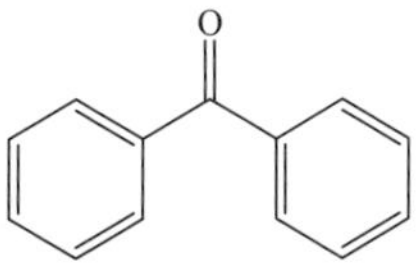	二苯酮	diphenyl ketone	二苯酮	benzophenone

7.3 醛類之來源與性質

大多數醛類化合物是由一級醇經氧化反應製得。而醛類之羰基為極性鍵結，會與水產生氫鍵，但較羥基(OH)為弱，仍可與水形成分子間氫鍵，所以碳數 4 以下之醛、酮可溶於水，但隨著碳數增加，對水溶解度下降。雖然醛酮類為極性化合物，但其分子間無法產生氫鍵，因此，醛酮類的沸點較同數目的烷類高，但又比同數目碳數的醇類低，如表 7.2 分子量相近之烷、醇、醛、酮沸點比較。

■ 表 7.2　分子量相近之烷、醇、醛、酮沸點比較

化合物	結構式	分子量	沸點(°C)
丁烷	$CH_3CH_2CH_2CH_3$	58	–0.5
丙醛	CH_3CH_2CHO	58	49
丙酮	CH_3COCH_3	58	56.1
丙醇	$CH_3CH_2CH_2OH$	60	97.2

醛類之化性活潑不穩定，可以進行氧化、還原及親核性加成反應(nucleophilic addition)，這也是許多化粧品添加香精產生過敏之原因，如式7-2，醛之氧化反應得到羧酸產物，所以醛常為許多化學反應之中間體。

$$\underset{\text{醛類}}{R-\overset{\overset{\displaystyle O}{\|}}{C}-H} \xrightarrow{\text{氧化劑}} \underset{\text{酸類}}{R-\overset{\overset{\displaystyle O}{\|}}{C}-OH} \qquad \text{式 7-2}$$

醛類若與多倫試劑(Tollen's solution)反應，可以使銀離子還原成銀而析出，並附著於試管壁上形成銀鏡，因此本反應又稱之為銀鏡反應(silver mirror reaction)，如式 7-3，但酮類則不會有相同反應進行，所以銀鏡反應可利用來檢驗醛基的存在，如糖尿病患者的檢驗。

$$RCHO+2Ag(NH_3)_2^{+}+3OH^{-}\rightarrow RCOO^{-}_{(aq)}+2Ag_{(s)}+4NH_{3(aq)}+2H_2O \qquad \text{式 7-3}$$

7.4 醛類之用途

甲醛(methanal)俗稱蟻醛(formaldehyde)，甲醛的全世界年產量超過 80 億磅，沸點–20°C，常溫下為無色氣體，具有刺激性，易溶於水；甲醛水溶液即是俗稱福馬林的液體，是一種具有強烈殺菌與防腐的溶液，常作為標本製作之防腐劑，大多數的甲醛都用於製造塑膠及建築的絕緣材料之粒片板及三合板等；但由於毒性太強，不允許添加於化粧品中。

生物體中醛類也扮演重要之角色，如葡萄糖、核酸醣類等。葡萄糖是生物體中能量的來源；核酸醣類則是 RNA 中之組成成分。

醛類化合物具有芳香性，在香料中占有很重要的比例，常作為芳香劑。如香茅醛(citronellal)，有類似檸檬、柑橘般的香味；檸檬醛(citral)為檸檬味的主要來源。

香茅醛(citronellal)

檸檬醛(citral)

7.5 酮類的命名

酮類的命名是以帶有酮基的最長鏈為主鏈，將酮基所在碳原子的位置以阿拉伯數字標示在系統名稱之前，將相對應的烷類名稱以「酮」代替之；英文名稱則將烷類字尾“e”去掉，改為“one”。另一種酮類命名是以羰基兩側的烷基或芳香基視為取代基之後，再加上「酮(ketone)」，下面例子說明這些命名方法。

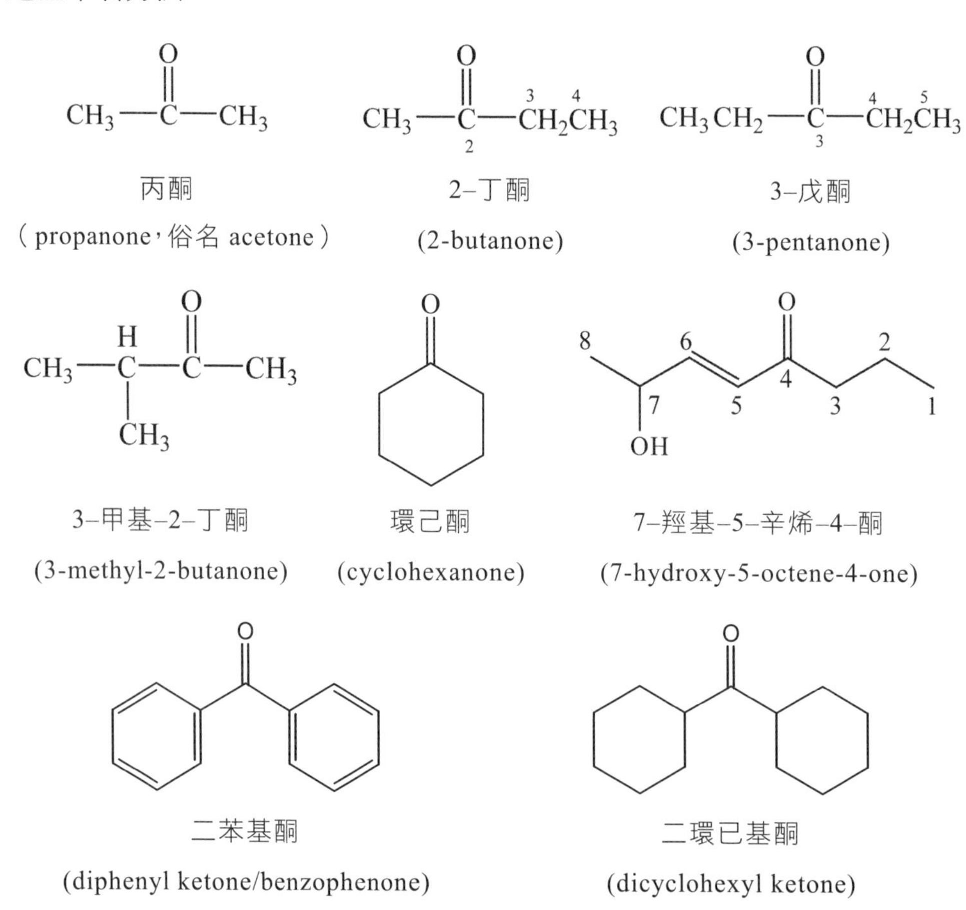

丙酮（propanone，俗名 acetone）

2–丁酮 (2-butanone)

3–戊酮 (3-pentanone)

3–甲基–2–丁酮 (3-methyl-2-butanone)

環己酮 (cyclohexanone)

7–羥基–5–辛烯–4–酮 (7-hydroxy-5-octene-4-one)

二苯基酮 (diphenyl ketone/benzophenone)

二環已基酮 (dicyclohexyl ketone)

7.6 酮類之來源與性質

酮類與醛類的性質相近，只是酮不具還原性，不與多倫試劑進行氧化反應，化性也較醛類穩定。大多數的酮類是由二級醇經氧化反應製備獲得。

7.7 酮類之用途

丙酮為最常見的酮類有機化合物，為無色但具芳香性之液體，沸點56°C，易揮發，可溶於水、乙醇、乙醚等有機溶劑中。丙酮為優良的有機溶劑，可用來溶解油脂、樹脂、壓克力等，如早期使用的去指甲油中之溶劑即是丙酮。

在人體中有許多重要類固醇荷爾蒙就是酮類，如性荷爾蒙中的睪固酮或稱睪丸素(testosterone)可以控制男性性特徵；黃體酮或稱黃體素(progesterone)則是控制女性排卵的重要荷爾蒙。

睪固酮　　黃體素

另外，許多具有酮類官能基有機化合物與醛類一樣具有令人愉悅的氣味，如：麝香酮(muscone)為具有強烈香味的動物性香料；樟腦(camphor)為人們熟知的驅蟲芳香劑，並有提神醒腦之作用；薄荷酮(menthone)具有薄荷般的清涼香氣。

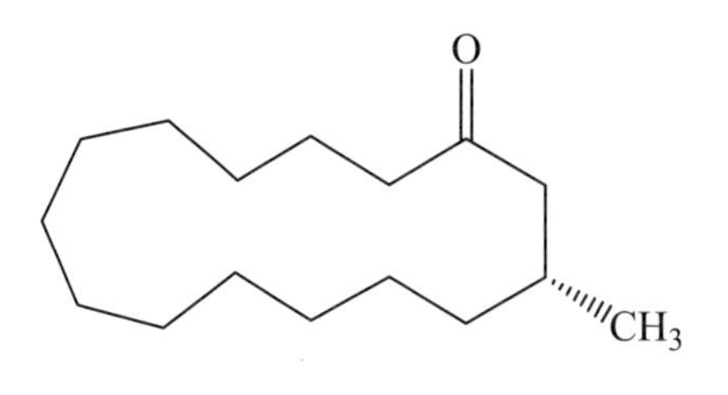

麝香酮(muscone)

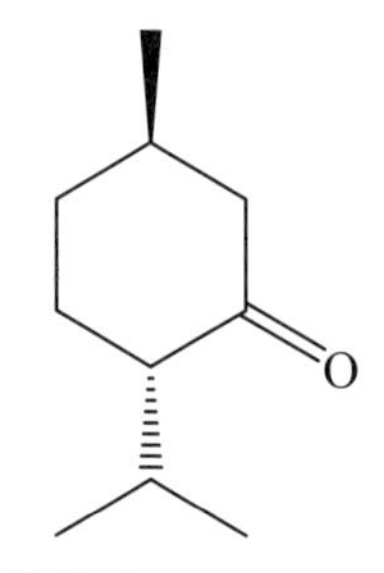

薄荷酮(menthone)

由於羰基可以吸收紫外線，許多不飽和之酮類具有良好之吸收紫外線的能力，常為有機性防曬劑，如二苯基酮系列，其中最常使用者有二苯基酮–3(benzophenone-3)具有良好之 UVA 防護能力；報導中指出其會造成海洋珊瑚礁白化，已被帛琉及夏威夷等地禁止使用。現今普遍公認最好的 UVA 防護的有機防曬劑為丁基甲氧基二苯甲醯甲烷（阿伏苯宗 Butyl Methoxydibenzoylmethane 或稱 Avobenzone 或 Parsol 1789），我國法規規定最高添加上限為 5%。另外，二羥基丙酮(dihydroxyacetone, DHA)具有助曬效果，為歐美國家許多愛好古銅色膚色之仿曬劑成分，二羥基丙酮只停留於角質層中，不會進入真皮層，可與皮膚蛋白的胺基酸結合，在數小時內使肌膚形成古銅色澤。

2–羥基–4–甲氧基二苯基酮
(2-hydroxy-4-methoxybenzophenone)
(benzophenone-3/oxybenzophenone)

二羥基丙酮
(dihydroxyacetone)
(DHA)

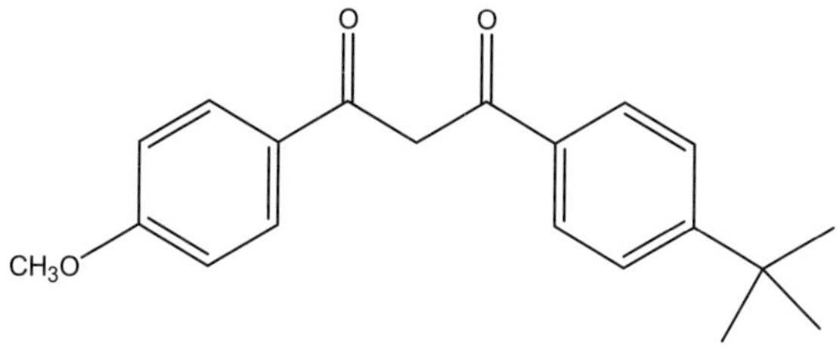

丁基甲氧基二苯甲醯甲烷（阿伏苯宗）

Butyl Methoxydibenzoylmethane(Parsol 1789)

7.8 醌

醌類(quinones)是羰基機化合物較獨特的一族，具有環狀共軛酮，最簡單的為 1,4–苯醌(1,4-quinone)，為 1,4–二酚的氧化產物，可以吸收太陽光，使得大部分的醌類都有顏色，通常為染料，如茜草色素(alizarin)是橘紅色。維生素 K (vitamin K)也是一種醌，是血液凝結的重要物質。另一抗老化化粧品常添加之輔酶 Q10（coenzyme Q10 或 ubiquinone），存在於每個細胞的粒線體中，為細胞呼吸、電子轉移、氧化作用控制的必要輔助酵素，是維持人體所有組織與器官健康不可或缺的重要物質。它有兩大主要功能：一是啟動並在細胞內運送能量，負責基本的細胞功能；另一項功能則為保護細胞不受自由基的傷害。而艾地苯(idebenone)，與 Q10 結構相似，但分子較小，為最新型的一種抗氧化劑，以往被用於神經退化性疾病的治療上，但看準其具有強大抗氧化性，經實驗證實，可防止肌膚老化徵兆，修復肌膚的光傷害，對粗糙、乾燥肌膚之改善及肌膚緊實與回復彈性有顯著功效；因此，Q10 及艾地苯為當今延遲老化產品的新寵兒。

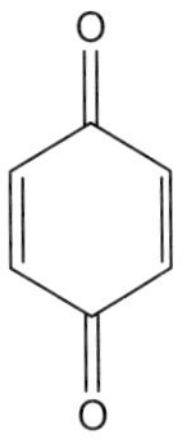

O
O

1,4–苯醌

(1,4-benzeoquinone)

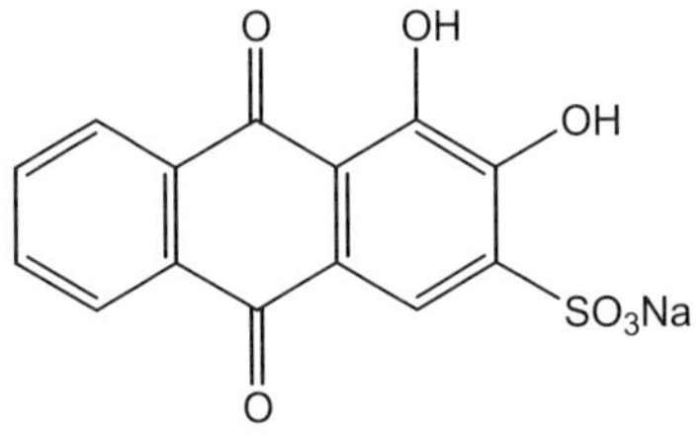

O OH
OH
SO_3Na
O

茜草色素

(alizarin red S)

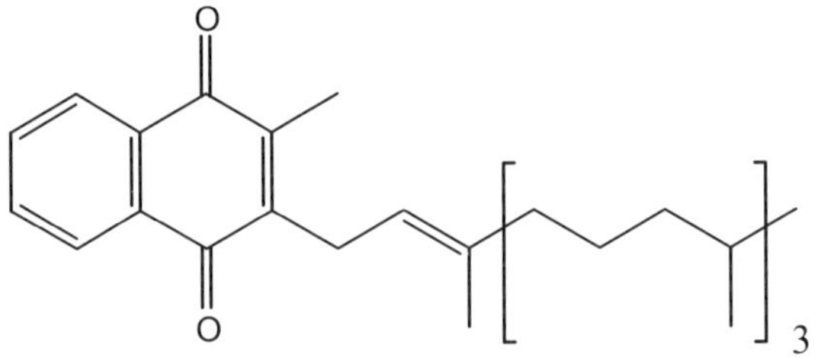

O
O
3

維生素 K (vitamin K)

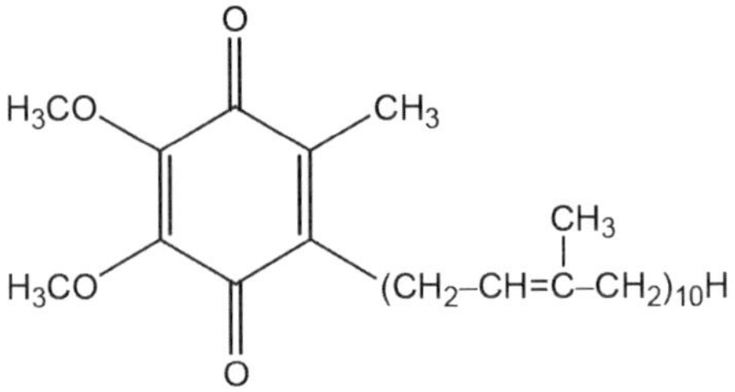

O
H_3CO CH_3
CH_3
H_3CO $(CH_2–CH=C–CH_2)_{10}H$
O

輔酶 Q-10（coenzyme Q-10 或 ubiquinone）

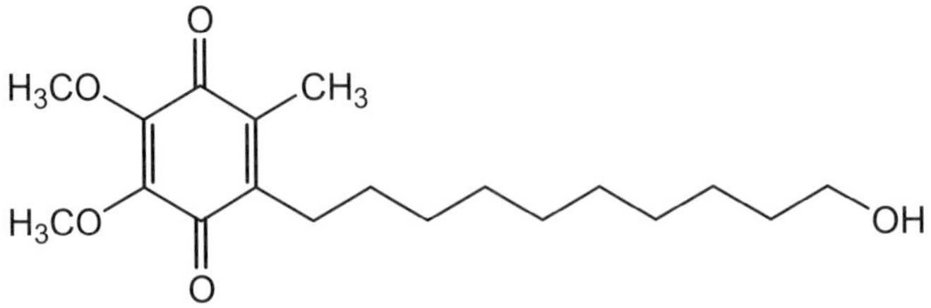

O
H_3CO CH_3
H_3CO OH
O

艾地苯(idebenone)

習題 EXERCISE

1. 以 IUPAC 法命名下列化合物：

(A) (1) CH_3CHO

(2)

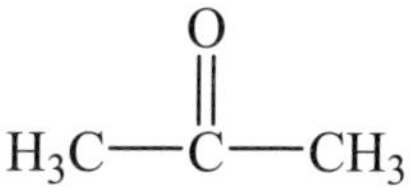

$$H_3C-\overset{\overset{\displaystyle O}{\|}}{C}-CH_3$$

(3) $(CH_3)_2CHCHO$

(4)

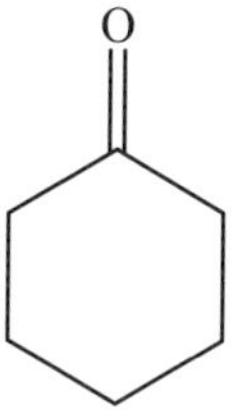

O

(B)

(5) O H OH

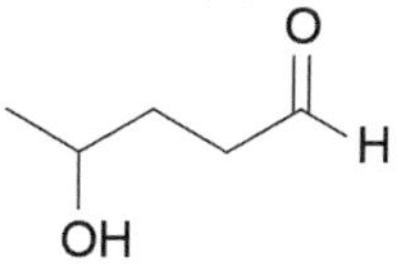

(6) O H

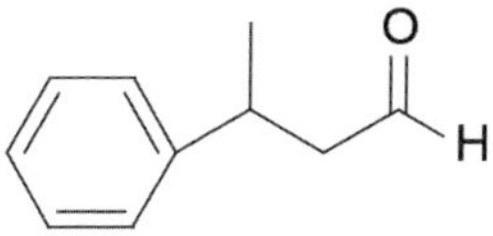

(7) O H

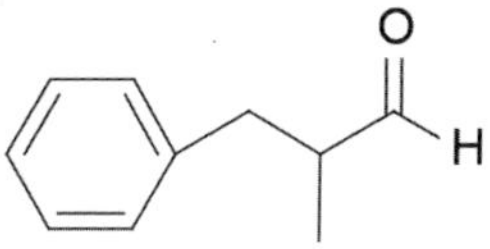

(8) O O H

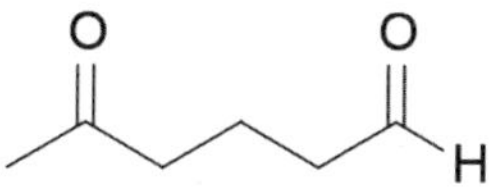

(9) O

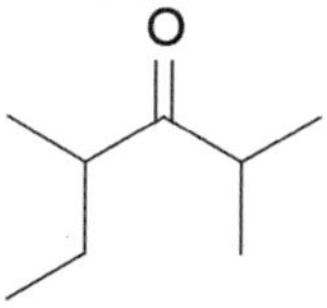

(10) O

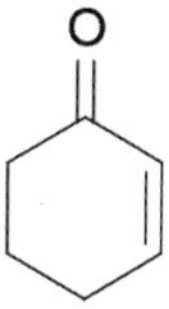

2. 比較同分子量的酮、醛與醇，醇的沸點比較高，其理由為何？

3. 請試著說明可以用什麼方法檢驗醛類化合物？

4. 嘗試解釋為何艾地苯(idebenone)能具備優異抗氧化能力的理由？
5. 畫出 C_4H_8O 所有醛類與酮類異構物之結構式，並以 IUPAC 法寫出中英文名稱。
6. 寫出下列結構式之中英文名稱及其添加在化粧品時之功能：

(1)

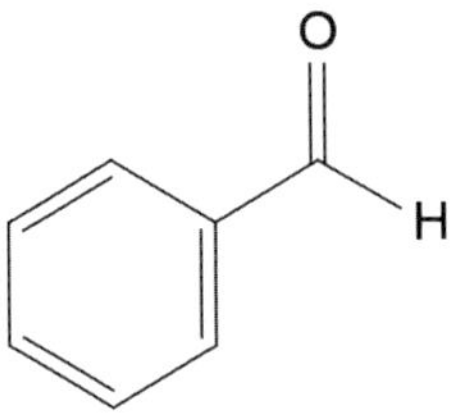

(2)

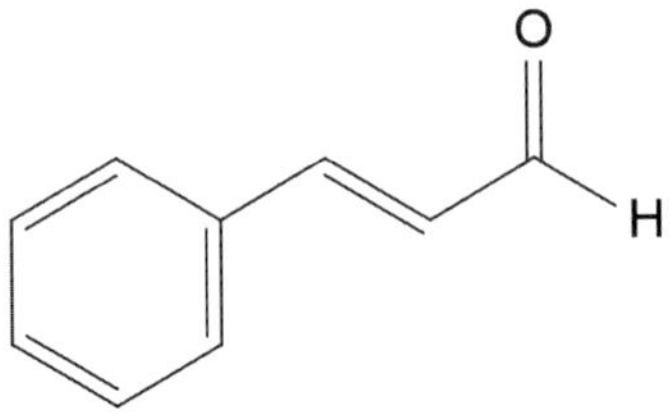

(3)

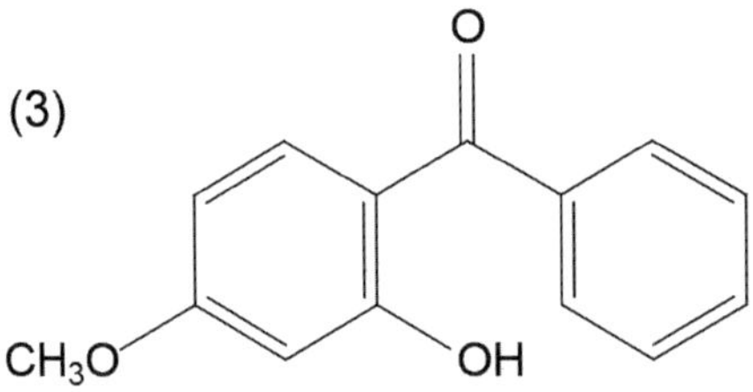

(4)

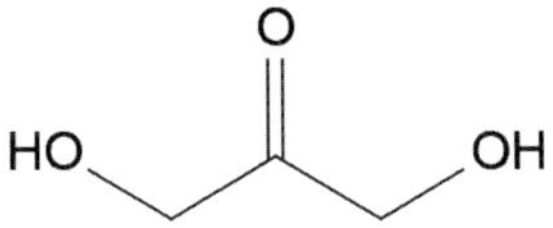

7. 請將下列有機化合物依其名稱畫出其正確的鍵線－結構式：
   (1) butanal
   (2) 2-chloropentanal
   (3) 2,2-dibromohexanal
   (4) 1-octene-3-one
   (5) 3-hexanone
   (6) 1-bromo-2-pentanone
   (7) 1-hydroxy-3-methyl-2-butanone

附錄 醛酮之小故事

麝香酮(Muscone)

麝香酮為中藥材麝香的主要成分，而麝香為鹿科動物麝的香囊中的分泌物。以往麝香採集自野生麝，以割取其香囊而得，現今由於保育的意識抬頭，現今以飼養的麝，利用手術法取得。因為麝香主成分為麝香酮，現今麝香酮已經可以人工合成，可以免除傷害保育動物之名。麝香酮具有中樞神經興奮作用對睡眠影響有雙向性，小劑量可引起興奮，大劑量則有抑制作用。麝香有明顯強心作用，可增加動物心臟收縮振幅。對子宮有興奮作用，因此孕婦忌用，因為會造成子宮的持續性痙攣狀態。下列是 Kamat, V. P.等人於 2000 年發表合成麝香酮的方法，如式 7-4。

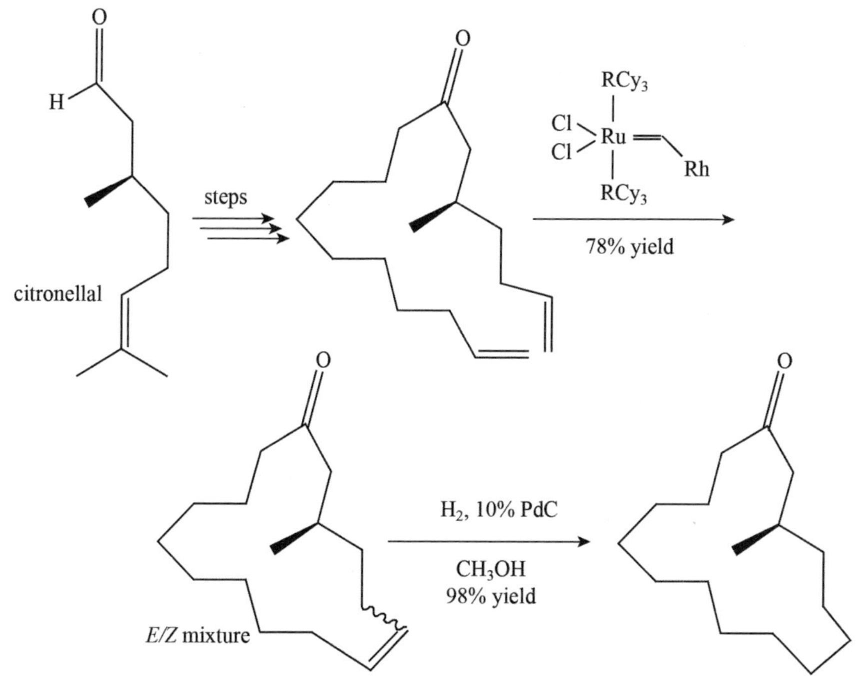

式 7-4　麝香酮人工合成反應式

醛酮之常見用途

■ 表 7.3　甲醛常見的用途

結構	用途
$H_2C(OH)_2$	甲醛溶在水中成為水合甲醛(formaldehyde hydrate)，飽和溶液(40%)稱為福馬林(formalin)，防腐
1,2,4-trioxane 環（O, O, O）	1,2,4–三聚甲醛(1,2,4-trioxane) 抗瘧疾
1,3,5-trioxane 環（O, O, O）	1,3,5–三聚甲醛(1,3,5-trioxane) 化學試劑、燃料
$-[CH_2-O]_n-$	短鏈聚甲醛(paraformaldehyde)、聚甲醛(polyoxymethylene, POM) 工程塑膠
$-[CH_2-NH-C(=O)-NH-CH_2]_n-$	尿醛樹脂(urea formaldehyde resin) 甲醛與尿素(urea)共聚合
$-[CH_2-NH-C_3N_3(NHCH_2CH_3)-NH-CH_2]_n-$	美耐皿樹脂(melamine resin) 甲醛與三聚氰胺(melamine)共聚合

■ 表 7.4 形成碳水化合物(醣)的醛、酮類代表性用途

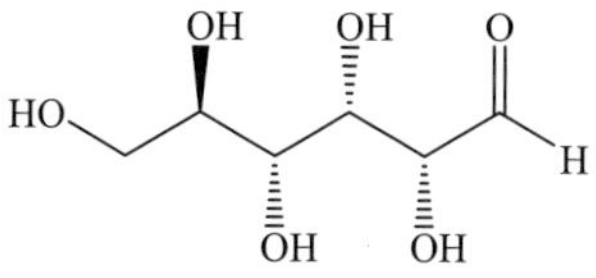	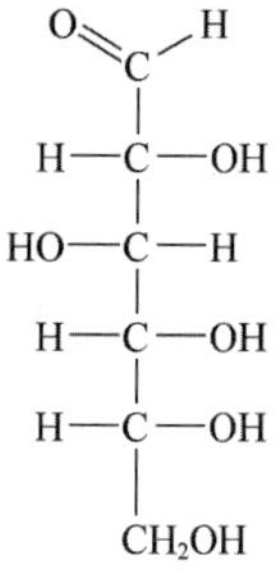	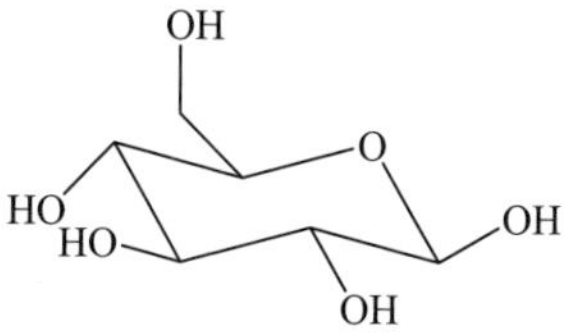	葡萄糖 (glucose)
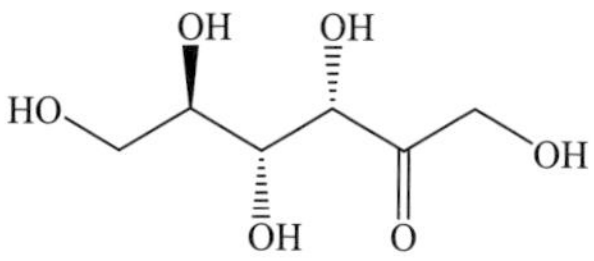	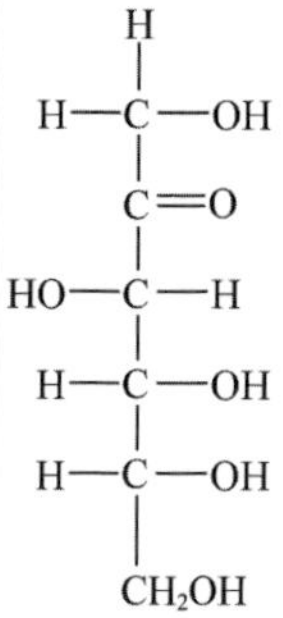	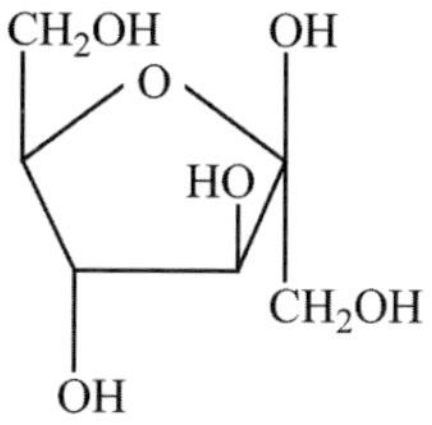	果糖 (fructose)
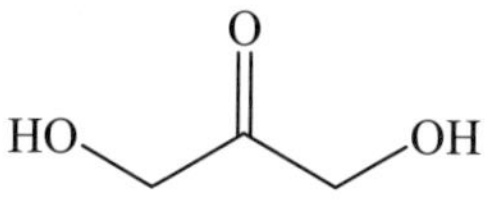	二羥基丙酮(dihydroxyacetone, DHA)、甘油酮(glycerone) 仿曬劑 (sunless tanning, self tanning, UV-free tanning):DHA 與胺基酸反應(maillard reaction)生成棕膚聚合物 melanoid		

■ 表 7.5　醛、酮類之天然香料與費洛蒙(pheromone)

$CH_3CO(CH_2)_4CH_3$	2–庚酮(2-heptanone) 工蜂的警戒費洛蒙
$CH_3(CH_2)_9CHO$	十一醛(undecanal) 臘蛾(galleria mellonella)的性費洛蒙
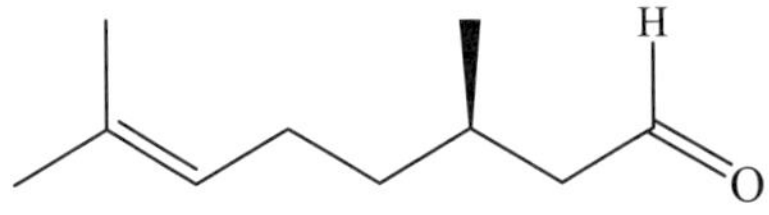	香茅醛(*R*)-(+)-citronellal 檸檬香，抗黴、驅蚊、工蟻的警戒費洛蒙
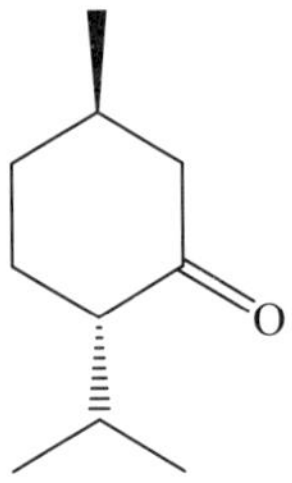	薄荷酮(2*S*,5*R*)-l-menthone 薄荷香
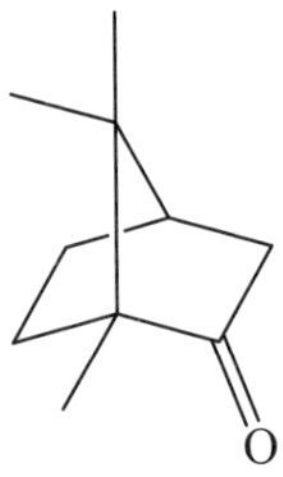	樟腦(camphor) 局部麻醉、止癢、止咳、抗微生物、驅蠹蟲，可用於合成奈米碳管
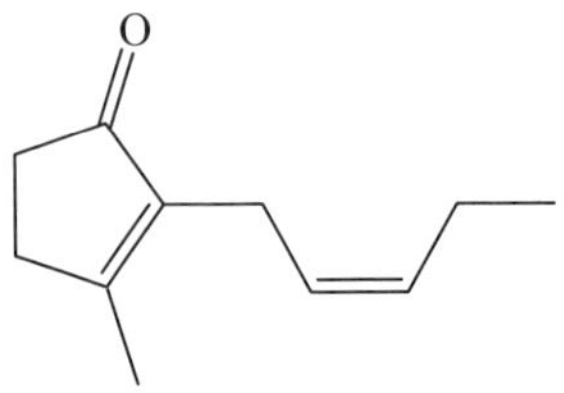	*順*–素馨酮(*cis*-jasmone) 茉莉花香，合成品包括*順*、*反*式（兩者香氣無異）
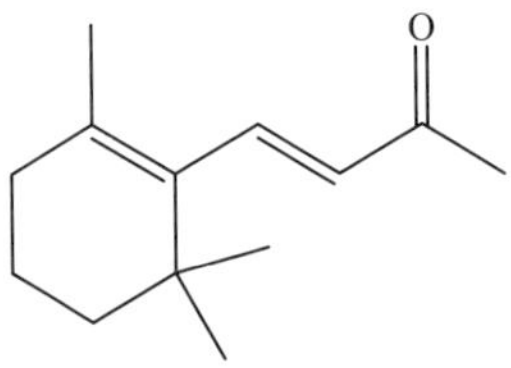	*β*–紫羅蘭酮(*β*-ionone) 玫瑰香

■ 表 7.5　醛、酮類之天然香料與費洛蒙(pheromone)（續）

結構	說明
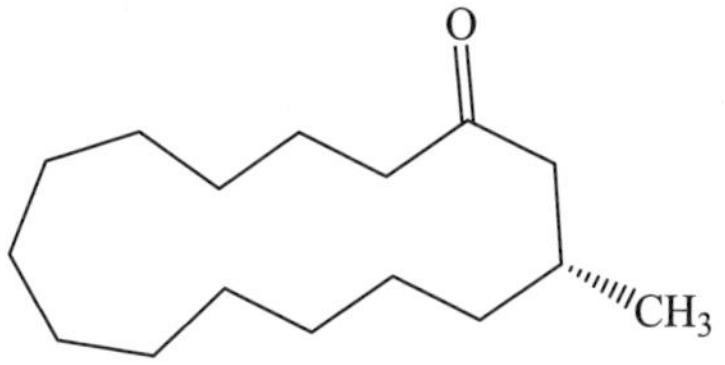 O CH_3	麝香酮(–)-muscone 天然品之獲取需宰殺瀕臨絕種的麝香鹿，目前使用者為合成品
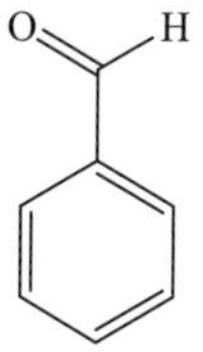 O H	杏仁醛(benzaldehyde)、 苯甲醛(phenyl cyclocarboxaldehyde) 杏仁香
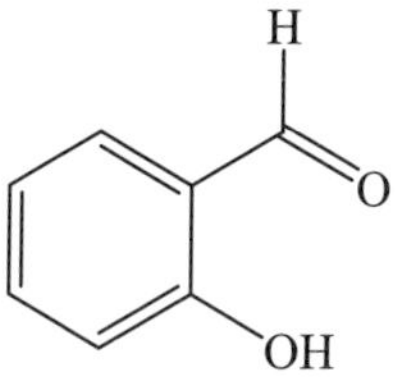 H O OH	水楊醛、柳醛(salicylaldehyde) 高濃度為杏仁香，低濃度為蕎麥香
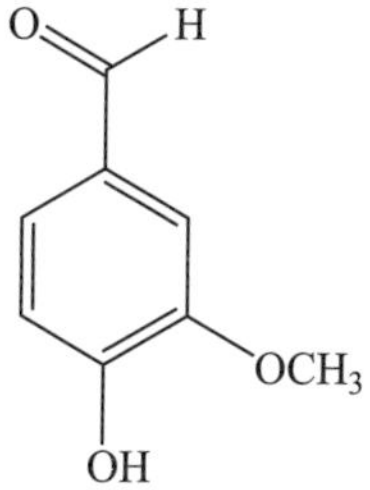 O H OCH_3 OH	香草精、香莢蘭醛(vanillin) 需求量龐大，主要由癒創木酚(guaiacol)或紙漿工廠的黑母液廢水（木質素，lignin）合成
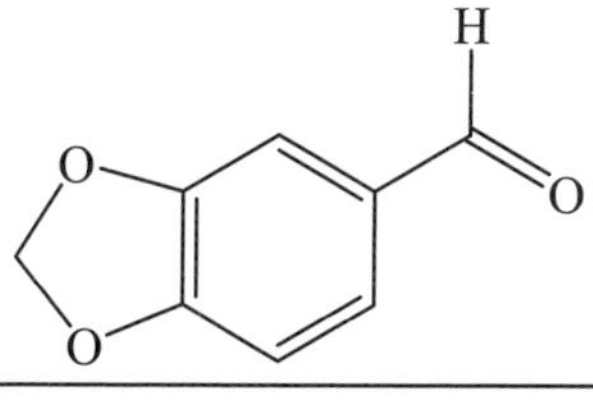 H O O O	胡椒醛、天芥菜精(piperonal, heliotropin) 胡椒香
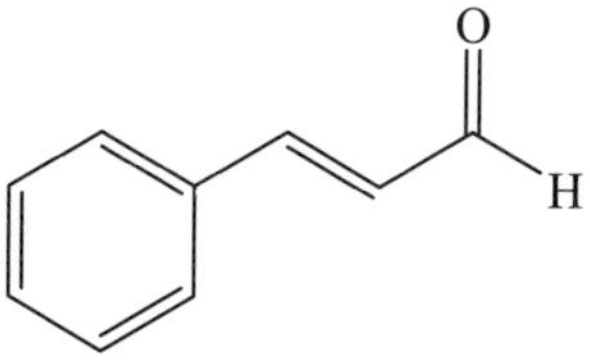 O H	桂皮醛(*trans*-cinnamaldehyde) 肉桂樹皮精油含 90%，肉桂香，用於食品香料、香水、抗黴、殺蟲劑（孑孓）

■ 表 7.5　醛、酮類之天然香料與費洛蒙(pheromone)（續）

結構	說明
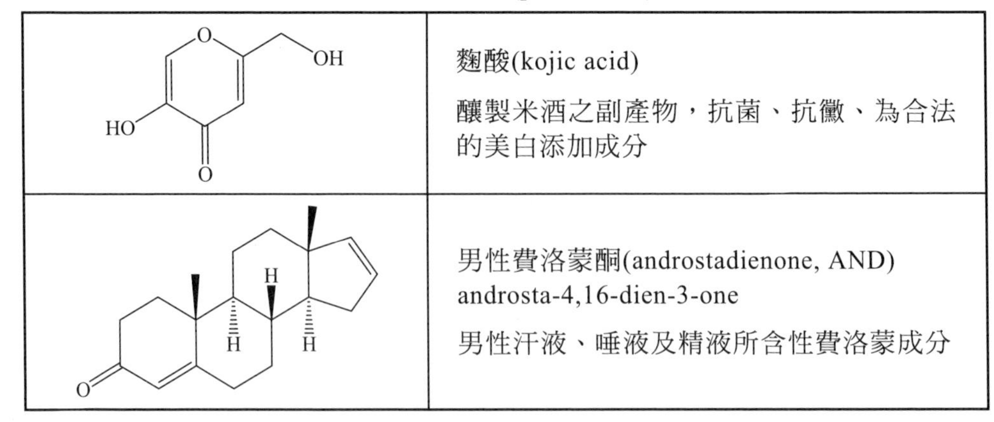	麴酸(kojic acid) 釀製米酒之副產物，抗菌、抗黴、為合法的美白添加成分
	男性費洛蒙酮(androstadienone, AND) androsta-4,16-dien-3-one 男性汗液、唾液及精液所含性費洛蒙成分

■ 表 7.6 醛酮衍生物之醌、萘醌、蒽醌類之代表性成分

	艾地苯(idebenone) 與 CoQ10 類似之合成抗氧化劑，除皺劑
	輔酶 Q10 (coenzyme Q10, ubiquinone, ubidecarenone) 油溶性維生素、抗氧化劑
	維生素 K_1 (vitamin K_1, phylloquinone)、phytomenadione 凝血因子
	茜素(alizarin)、 1,2-dihydroxyanthraquinone 染料
	大黃素(emodin)、 6-methyl-1,3,8-trihydroxyanthraquinone 瀉藥
	蘆薈大黃素(aloe emodin)、 1,8-dihydroxy-3-(hydroxymethyl)-9, 10-anthracenedione 抑菌、瀉藥

■ 表 7.7 常見具有吸收紫外線功能，用於防曬產品的羰基與苯環共軛(conjugation)成分

結構	成分
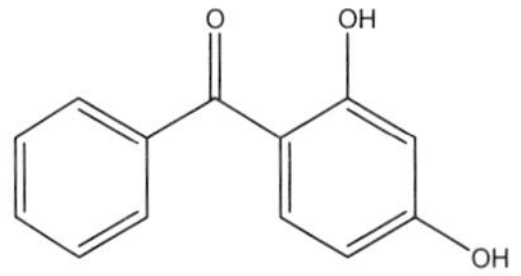 O, OH, OH	二苯酮–1 (benzophenone-1) (2,4-dihydroxybenzophenone) UV 吸收劑
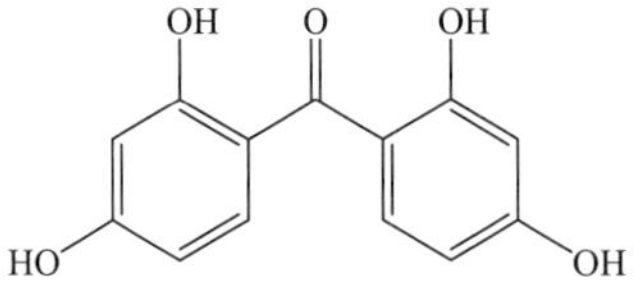 OH, O, OH, HO, OH	二苯酮–2 (benzophenone-2) (2,2',4,4'-tetrahydroxybenzophenone) UV 吸收劑
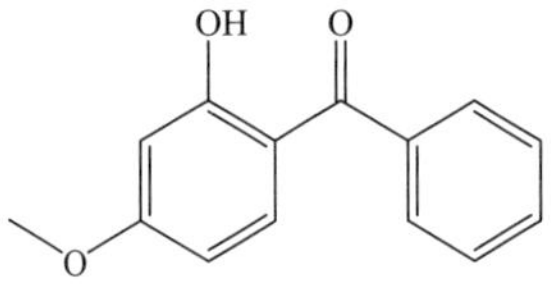 OH, O, O	二苯酮–3 (benzophenone-3; oxybenzone) (2-hydroxy-4-methoxybenzophenone) UV 吸收劑

CHAPTER

08

羧 酸

(Carboxylic Acids)

8.1 羧酸的定義

8.2 羧酸類的命名

8.3 羧酸類的性質

8.4 羧酸類的用途

8.1 羧酸的定義

羧酸化合物中含有羧基(carboxyl group)之官能基，它是由羰基(carbonyl)與羥基(hydroxy)兩詞所組合而成，為一種有機酸。羧酸的種類甚多，分子中只含一個羧基者為稱為一元酸，而直鏈之一元酸又稱為脂肪酸(fatty acids)；若分子中含二個或二個以上羧基者則稱為多元酸。羧酸化合物之通式為 RCOOH，若羧酸與芳香族連接者，則稱為芳香酸(aromatic acids)，其通式為 ArCOOH。

carboxyl group

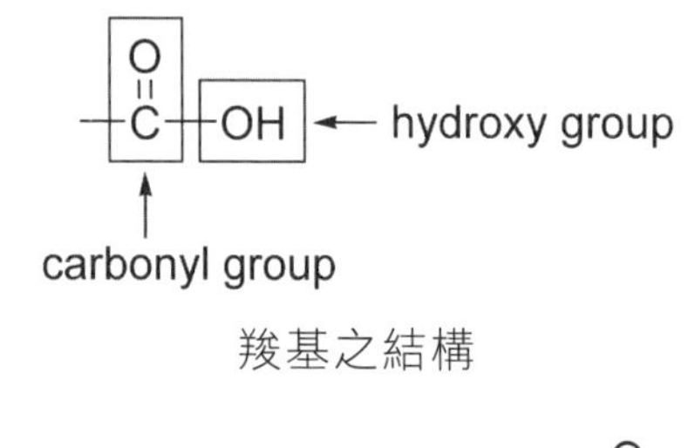

羧基之結構

RCOOH　　RCO_2H　　R−C(=O)−OH

羧酸的書寫通式

脂肪酸中碳與碳之間皆為單鍵者則稱為飽和脂肪酸(saturated fatty acids)，若碳鏈之間含有一個或一個以上碳碳雙鍵則稱為不飽和脂肪酸(unsaturated fatty acids)，含有一個雙鍵的不飽和脂肪酸又稱為單元不飽和脂肪酸(monounsaturated fatty acids)，而含有二個或二個以上雙鍵的不飽和脂肪酸則稱為多元不飽和脂肪酸(polyunsaturated fatty acids)；碳數高於六者，常稱之為高級脂肪酸，天然脂肪酸大部分含有偶數個碳，在化粧品中較常用者為 C_{12}~C_{18}。此外，由於雙鍵結構的影響會使不飽和脂肪酸有順(*cis*)、反(*trans*)異構物的區別，反式脂肪酸較順式脂肪酸穩定，但順式結構在天然不飽和脂肪酸中最為普遍；不飽和脂肪酸較飽和脂肪酸熔點低甚多，植物性油中含不飽和脂肪酸較多，而動物性油脂中含飽和脂肪酸量較高，所以動物性油脂在室溫常為固態，而植物性大部分常呈現液體狀，如表 8.1 所示。

■ 表 8.1 常見脂肪酸及其性質

名 稱	結 構
飽和脂肪酸	
棕櫚酸，mp：62°C (palmitic acid)	O, OH
硬脂酸，mp：67°C (stearic acid)	O, OH
單元不飽和脂肪酸	
棕櫚油酸，mp：1°C (palmitoleic acid)	O, OH
油酸，mp：14°C (oleic acid)	O, OH
多元不飽和脂肪酸	
亞麻油酸，mp：–12°C (linoleic acid)	O, OH
次亞麻油酸，mp：–11°C (linolenic acid)	O, OH

8.2 羧酸類的命名

依 IUPAC 系統命名法，羧酸命名規則是將同級碳數的烷類名稱去「烷」而改之以「酸」為字尾，英文名稱則將烷類名稱之字尾“e”去掉，改成“oic”並在其後加上 acid。如乙烷的英文名稱為 ethane，乙酸的英文名稱則為 ethanoic acid。如果主鏈上有取代基，則以羧基所在的碳端開始算起，以阿拉伯數字編號，標示取代基的位置，此系統命名法其規則整理如下：

1. 選擇含有羧基的最長碳鏈為主鏈，將此鏈碳數字根再加上酸；英文命名則將相同碳數烷類名稱之字尾－e 改為－oic acid，含苯環的芳香族羧酸稱為苯甲酸，英文命名為將原來苯環字尾的－ene 改為－oic acid；而二元酸的字尾則是以－dioic acid 表示。
2. 由於羧基所在之位置必定在脂肪碳鏈之頭端或尾端，因此，羧酸之命名時，就不必以阿拉伯數字來標示其所在位置。
3. 以羧基所在的碳端開始編號，若分子結構中包含其他官能基，則羧基之編號優先於其他所有官能基。
4. 在主名之前寫出取代基的編號與名稱。

$$CH_3-CH_2-\overset{\overset{\Large O}{\|}}{C}-OH \qquad CH_2=CH-\overset{\overset{\Large O}{\|}}{C}-OH \qquad \underset{3}{\overset{\overset{OH}{|}}{CH_2}}-\underset{2}{CH_2}-\underset{1}{\overset{\overset{\Large O}{\|}}{C}}-OH$$

丙酸	丙烯酸	3–羥基丙酸
propanoic acid	propenoic acid	3-hydroxypropanoic acid

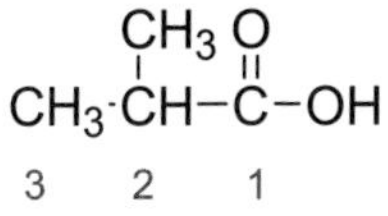

CH_3 O
CH_3-CH-C-OH (3 2 1)
2–甲基丙酸
2-methylpropanoic acid

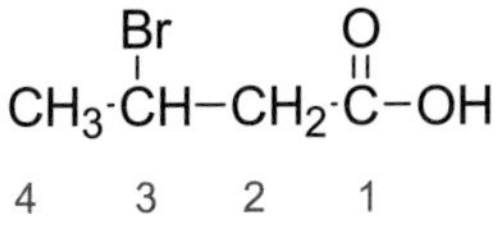

Br O
CH_3-CH-CH_2-C-OH (4 3 2 1)
3–溴丁酸
3-bromobutanoic acid

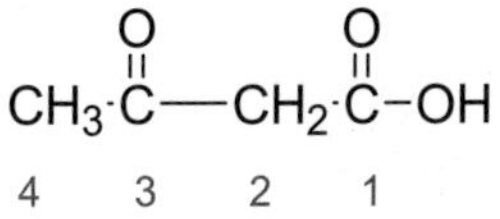

O O
CH_3-C—CH_2-C-OH (4 3 2 1)
3–羰基丁酸
3-oxobutanoic acid

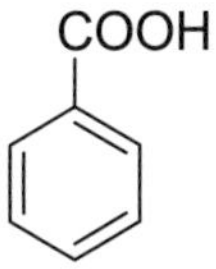

COOH
苯甲酸
benzoic acid

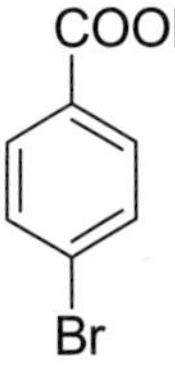

COOH
Br
對–溴苯甲酸
p-bromobenzoic acid

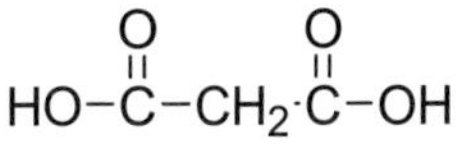

O O
HO-C-CH_2-C-OH
丙二酸
propanedioic acid

由於羧酸分子具有很強的分子間氫鍵，所以其沸點較高且具有酸味，很容易被發現，因此，在早期，科學家便開始從事羧酸分子之物理與化學性質的研究工作，所以常以俗名稱之，雖然俗名無命名之規則性，但常以其來源或特殊性質來命名，也因此許多羧酸的俗名至今仍習慣被使用，表 8.2 為數種常見脂肪酸 IUPAC 系統名與俗名之間的比較。

■ 表 8.2　常見有機酸之 IUPAC 命稱與俗名

碳數	化學式	IUPAC 名	俗 名
1	HCO_2H	甲酸 methanoic acid	蟻酸 formic acid
2	CH_3CO_2H	乙酸 ethanoic acid	醋酸 acetic acid
12	$CH_3(CH_2)_{10}CO_2H$	十二酸 dodecanoic acid	月桂酸 lauric acid

■ 表 8.2　常見有機酸之 IUPAC 命稱與俗名（續）

碳數	化學式	IUPAC 名	俗 名
14	$CH_3(CH_2)_{12}CO_2H$	十四酸 tetradecanoic acid	豆蔻酸 myristic acid
16	$CH_3(CH_2)_{14}CO_2H$	十六酸 hexadecanoic acid	棕櫚酸 palmitic acid
18	$CH_3(CH_2)_{16}CO_2H$	十八酸 octadecanoic acid	硬脂酸 stearic acid
20	$CH_3(CH_2)_{18}CO_2H$	二十酸 eicosanoic acid	花生酸 arachidic acid

在俗名中，取代基的標示上則以羧基旁的第一個碳開始，利用 α、β、γ…等希臘字母依序編號。

$$\overset{\gamma}{C}-\overset{\beta}{C}-\overset{\alpha}{C}-\overset{O}{\overset{\|}{C}}-OH$$

保養品中常使用的果酸又統稱為 *α*–羥基酸(alpha-hydroxy acids, AHAs)，其所代表的是指這些果酸分子結構在 *α* 碳的位置均具有羥基(OH)取代的共同特色，由於 *α*–羥基酸常於水果中發現，因此稱之為果酸。（請再參考 8.4.1 節，有關果酸的說明）

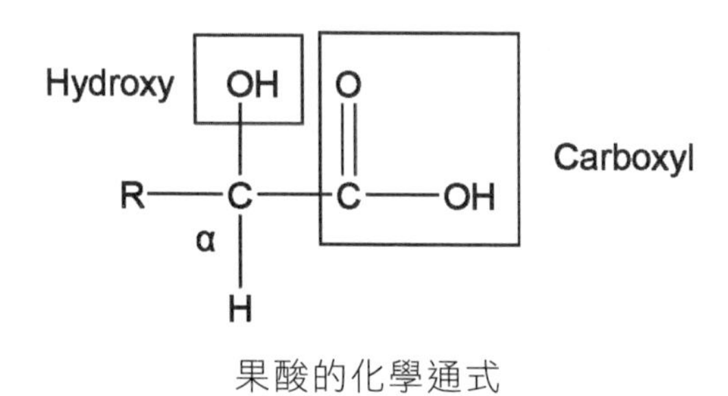

果酸的化學通式

8.3 羧酸類的性質

分子量較小的脂肪酸在常溫下為液體，具有刺激難聞氣味；分子量大的脂肪酸在常溫下為固體，幾乎無任何氣味。羧基具極性，可與水分子形成氫鍵，因此羧酸在水中的溶解度主要取決於其非極性的碳氫鏈與極性羧基間的比例，四個碳以下的羧酸與水互溶，五個碳的羧酸則部分溶於水，高級脂肪酸則因非極性的碳氫鏈比例高，因此幾乎不溶於水中，如表 8.3。

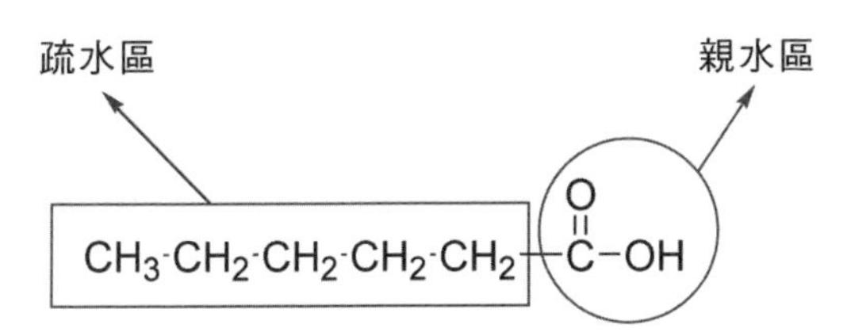

己酸溶解度：1.0g/100g H_2O, 25°C

■ 表 8.3　常見有機酸之物性

名　稱	沸點 (°C)	溶解度 (g/100g H_2O, 25°C)
甲酸(methanoic acid)	101	完全互溶
乙酸(ethanoic acid)	118	完全互溶
丙酸(propanoic acid)	141	完全互溶
丁酸(butanoic acid)	164	完全互溶
己酸(hexanoic acid)	205	1.0
苯甲酸(benzoic acid)	249	0.4
己二烯酸(2*E*,4*E*-hexadienoic acid)（山梨酸，sorbic acid）	228	0.2

所有的羧酸官能基中的氫原子在水中能解離成氫離子(hydronium ion)與羧酸根離子，所以所有羧酸化合物在水均為酸性的化合物，如式 8-1，但解離的羧酸分子數量並不多，產生之氫離子的濃度較低，因此羧酸類的有機化合物均屬於弱酸性。

$$R-\overset{\overset{O}{\|}}{C}-OH + H_2O \rightleftharpoons R-\overset{\overset{O}{\|}}{C}-O^- + H_3O^+$$

式 8-1

羧酸與氫氧化鈉或氫氧化鉀等強鹼進行酸鹼中和反應，會完全解離而形成羧酸鹽和水，如式 8-2，而羧酸鹽對水之溶解性增加，因此，脂肪酸鹽具有陰離子型界面活性劑(anionic surfactants)之效果，為肥皂之主要架構。羧酸鹽的英文命名為將其羧酸名稱字尾的－ic acid 改為－ate，許多羧酸鹽具有特殊的用途，例如苯甲酸鈉可作為防腐劑、麩胺酸鈉（俗稱味精）可作為食物的調味劑、而棕櫚酸鈉（俗稱肥皂或皂基）可作為清潔劑。

$$R-\overset{\overset{O}{\|}}{C}-OH + NaOH \longrightarrow R-\overset{\overset{O}{\|}}{C}-O^- Na^+ + H_2O$$

式 8-2

$$C_6H_5-\overset{\overset{O}{\|}}{C}-O^- Na^+$$

苯甲酸鈉

sodium benzoate

$$HO-\overset{\overset{O}{\|}}{C}-\overset{\overset{NH_2}{|}}{CH}-CH_2\cdot CH_2\cdot\overset{\overset{O}{\|}}{C}-O^- Na^+$$

麩胺酸鈉

monosodium glutamate

$$CH_3\cdot CH_2\cdot CH_2\cdot CH_2\cdot CH_2\cdot CH_2\cdot CH_2\cdot CH_2\cdot CH_2\cdot CH_2\cdot CH_2\cdot CH_2\cdot CH_2\cdot CH_2\cdot CH_2\cdot\overset{\overset{O}{\|}}{C}-O^- Na^+$$

棕櫚酸鈉

sodium plamitate

羧酸由於能彼此形成分子間氫鍵，因此羧酸分子常以二聚物(dimer)的形式存在，並使其有高的沸點。

hydrogen bond

$$R-C(=O)-O-H \cdots O=C(-R)-O-H \cdots$$

羧酸分子二聚物

不飽和脂肪酸曝露在環境會容易與空氣中的氧分子進行反應，進而斷裂其分子結構的雙鍵，如式 8-3，產生具揮發性之有機酸或醛等較低分子量的分子，造成酸敗的臭味。

$$CH_3(CH_2)_7CH=CH(CH_2)_7COOH \xrightarrow{O_2\text{ (in air)}} CH_3(CH_2)_7COOH + HOOC(CH_2)_7COOH \quad \text{式 8-3}$$

8.4 羧酸類的用途

天然或人工合成的羧酸，在自然界中常具有特殊的功能，如蜂后中分泌的一種荷爾蒙「*反*式–9–羰基–2–癸烯酸」會吸引同族的工蜂，阿斯匹靈是一種止痛藥、苯甲酸為防腐劑、調味用之醋酸、美容保養化粧品所用之果酸、β–柔膚酸(beta-hydroxy acid, BHA)、抗氧化之硫辛酸(α-lipoic acid)、杜鵑花酸(azelaic acid)、維生素 A 酸之衍生物、以及作為界面活性劑或肥皂的脂肪酸鹽等。

$$CH_3C(=O)(CH_2)_5CH=CHCOOH$$

*反*式–9–羰基–2–癸烯酸

8.4.1 果 酸

α–羥基酸如乙醇酸、乳酸、酒石酸、蘋果酸、檸檬酸及杏仁酸等化合物，主要存在於在自然界甘蔗、甜菜、葡萄、蘋果、檸檬、牛奶中，因多數是由水果中所獲得，因此又泛稱為果酸。在果酸的分子中，極性的羥基與羧酸官能基團占了結構極大的比例，因此果酸大多為水溶性。在保養品中加入低濃度的果酸可促進皮膚角質的代謝、降低皮膚色素沉澱與清潔毛孔，雖然果酸屬於弱酸性的物質，不過使用不當仍可能會造成皮膚的灼傷，圖 8.1 為常見果酸分子的化學結構。

果酸之禁忌：由於果酸具有去角質功能，使用時會容易對皮膚造成紅腫、脫皮及光敏感等副作用，但果酸的去角質功能與使用時之 pH 值有關，酸性越強，其未解離之果酸含量越高，其去角質能力也越強，但其對皮膚之刺激性也相對較高，如式 8-4 所示；因此，我國衛生福利部自 1998 年起公告化粧品法規規定，化粧品添加果酸成分並強調其功能者，必須標示產品之 pH 值，且 pH 值必須在 3.5 以上。

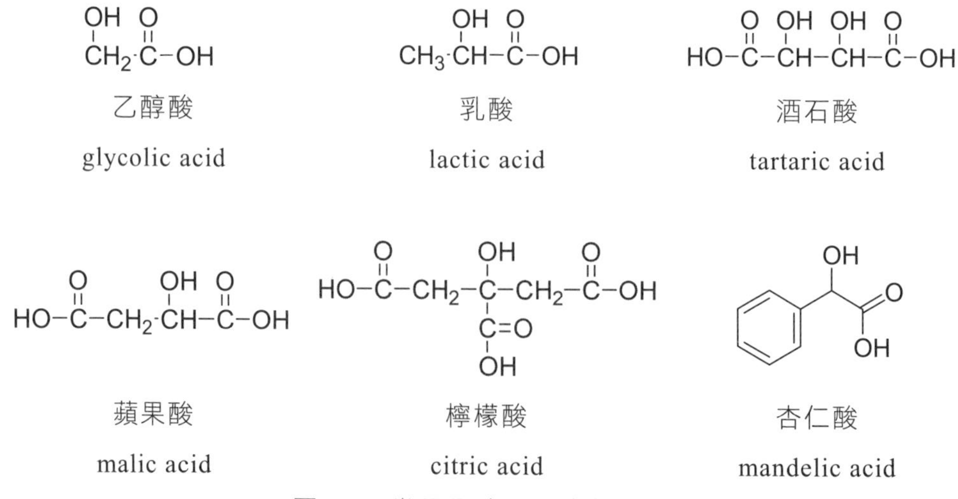

◆ 圖 8.1 常見果酸分子的化學結構

去角質功能
刺激
pH 值低

保濕功能
溫和
pH 值高

式 8-4

8.4.2 β–柔膚酸

鄰–羥基苯甲酸(*o*-hydroxybenzoic acid)俗稱水楊酸(salicylic acid)或 β–柔膚酸，其分子結構同時包含了羥基與羧酸官能基團，且羥基在 β 碳的位置。水楊酸在化粧品的應用上可作為抗菌劑使用，並具有治療青春痘以及去角質的能力。而其分子結構中非極性的碳氫比例較高，屬脂溶性成分，較水溶性的果酸更容易滲透進入皮膚。在醫藥的用途上，早期人類便利用咀嚼柳樹皮來減輕身體的疼痛，柳樹皮中具有療效的成分即為水楊酸，不過水楊酸會刺激胃壁，因此德國拜耳公司將水楊酸與乙酸反應，如式 8-5，在 1899 年開發出乙醯水楊酸（俗稱阿斯匹靈）以減少對胃壁的刺激性，並且成為現今醫療中常用之藥物。

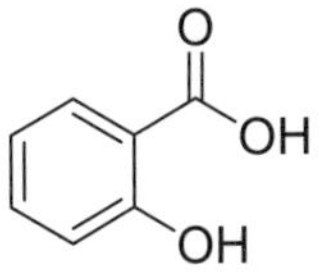

水楊酸

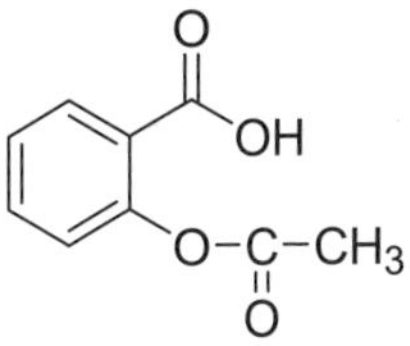

乙醯水楊酸

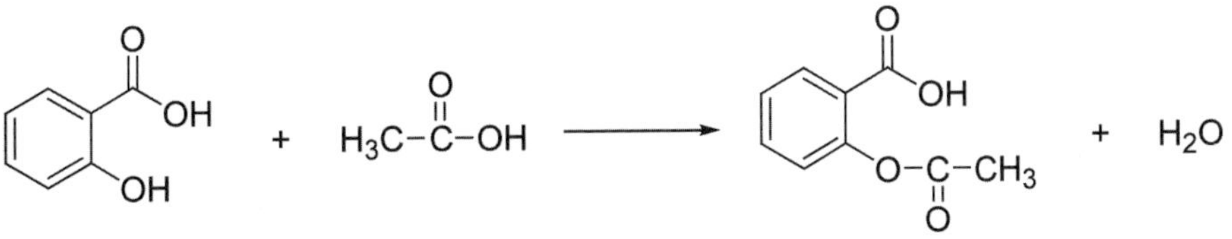

$$H_3C-C(=O)-OH \;\longrightarrow\; + \; H_2O$$

式 8-5

8.4.3　苯甲酸與己二烯酸

苯甲酸（benzoic acid；又名安息香酸）與己二烯酸（sorbic acid；又名山梨酸）均常應用於食品以及化粧品的防腐劑，這兩種有機酸中非極性的碳氫基團比例稍高，因此難溶於水，但可溶於酒精等有機溶劑。此外，在毒性的試驗上，己二烯酸毒性較苯甲酸為低。

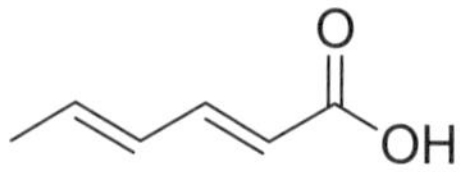

己二烯酸

8.4.4　維生素 A 酸

維生素 A 酸(retinoic acid)是維生素 A 的衍生物，維生素 A (retinol)又稱為視網醇或維生素 A 醇，在生物體可藉由飲食中的 β–胡蘿蔔素轉換而得。維生素 A 可再經由酵素的轉換而形成*順*–11–視網醛（維生素 A 醛），如式 8-6，若人體內視網醛的含量不夠將會影響到其視覺；另外，由於維生素 A 具有很強之抗氧化力，為極佳之抗老化成分，不過，不論是維生素 A 醇或維生素 A 醛，其化學反應性都較高，因此在安定性的考量上並不適用直接添加於化粧保養品的原料，在化粧品中，常以維生素 A 棕櫚酯(retinyl palmitate)等衍生物來代替。維生素 A 酸具有良好安定性與皮膚吸收性，並有促進角質細胞更新、刺激膠原蛋白再生與治療青春痘等效用，不過卻有光過敏性，易造成皮膚紅腫脫屑或產生噁心與嘔吐，甚至造成畸形胎等副作用，因此我國衛生法規將維生素 A 酸列為處方用藥，不可添加於化粧品中。

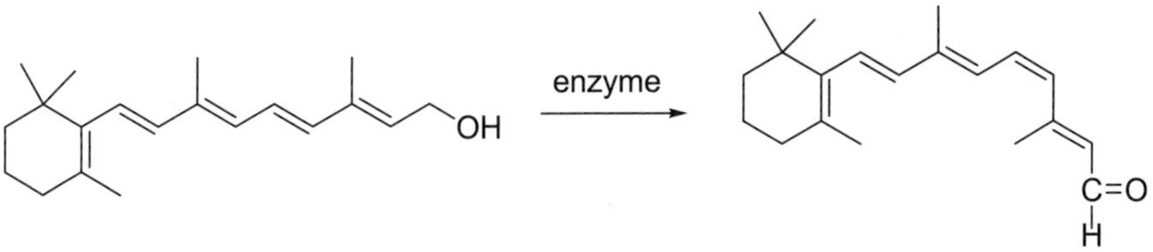

enzyme

維生素 A

順–11–視網醛

式 8-6

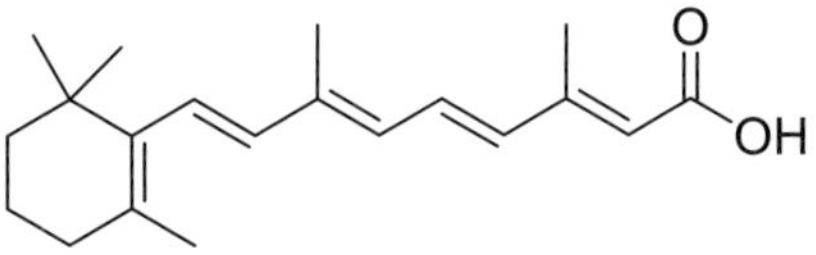

維生素 A 酸

8.4.5 肥皂

早期人類就知道利用動物油脂與石灰加熱製得具有清潔能力之用品，這就是肥皂的由來。而其原理乃是利用油脂中的脂肪酸甘油酯，在含石灰的鹼液下進行水解（皂化）反應(saponification)，如式 8-7，得到甘油與脂肪酸鹽。另外，脂肪酸也可利用鹼進行中和反應(neutralization)，得到脂肪酸鹽類，如式 8-8；由於脂肪酸鹽中同時具有非極性（親油性）的長鏈之碳氫分子結構與帶陰離子性且為親水性的羧酸鹽端，使得其能溶解油汙形成微脂粒(microcelles)，接著再藉由清水的沖洗而去除油汙。

由於脂肪酸為弱酸且不溶於水，因此肥皂的洗淨力受到 pH 值的影響很大，pH 值越高，洗淨力也會越強，但對皮膚的刺激性也會比較大。此外，肥皂與硬水（含 Ca^{2+}、Mg^{2+}或 Fe^{3+}離子的水）作用會形成不溶於水的脂肪酸鹽，如式 8-8，而有浮渣出現並且降低其洗淨能力。

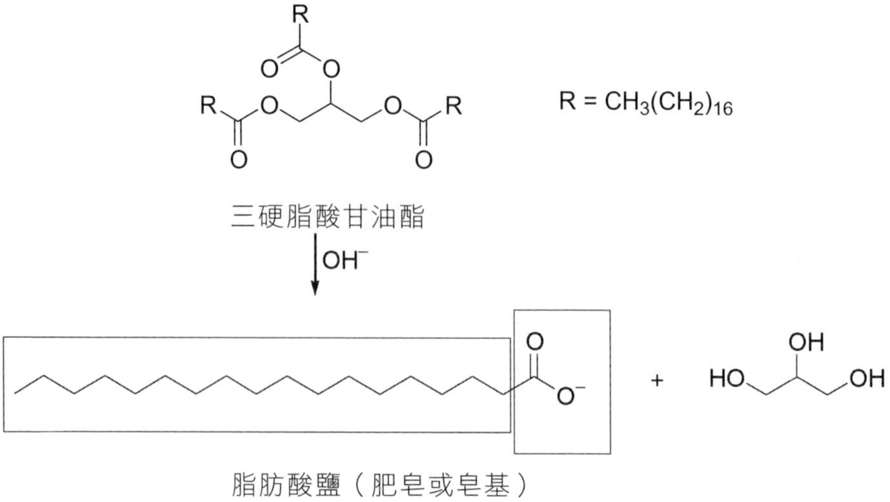

$R = CH_3(CH_2)_{16}$

三硬脂酸甘油酯

$\downarrow OH^-$

+

脂肪酸鹽（肥皂或皂基）

式 8-7

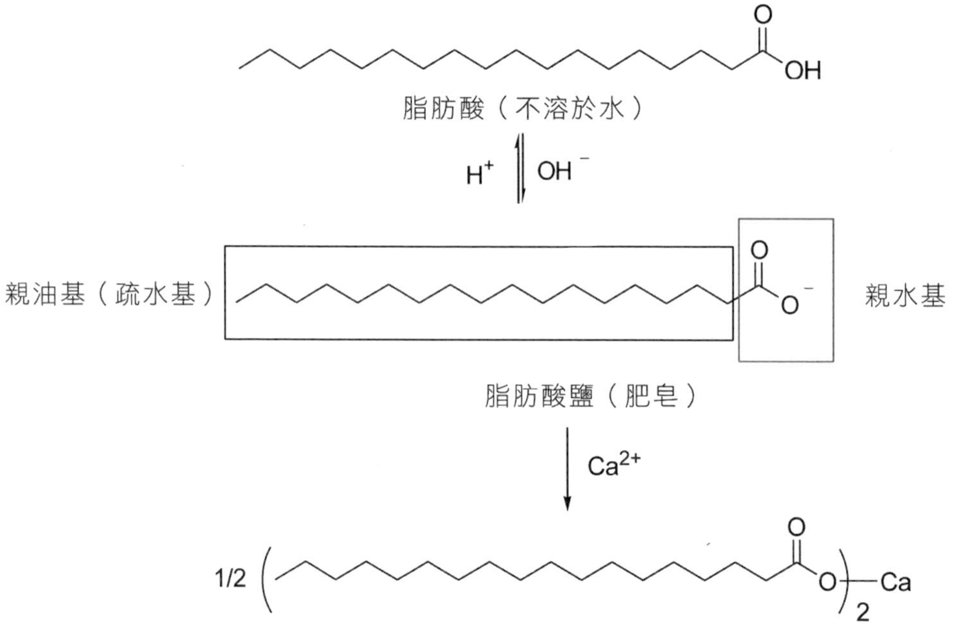

脂肪酸（不溶於水）

$H^+ \rightleftharpoons OH^-$

親油基（疏水基） 親水基

脂肪酸鹽（肥皂）

$\downarrow Ca^{2+}$

1/2 Ca

式 8-8

為了改進肥皂受 pH 值與硬水的影響，化學家利用人工合成技術將脂肪醇與硫酸作用後，再加入氫氧化鈉中和得到烷基硫酸鹽(SLS)，來替代傳統的脂肪酸鹽，開發出合成的人工清潔劑，如式 8-9。此合成清潔劑與一般肥皂均由非極性的長碳鏈與離子性親水基團所構成，但人工合成的清潔劑，由於親水端硫酸是強酸，其相對應的共軛鹼為弱鹼，因此烷基硫酸鹽很安定的存在各種 pH 值範圍上，為優良的清潔劑。

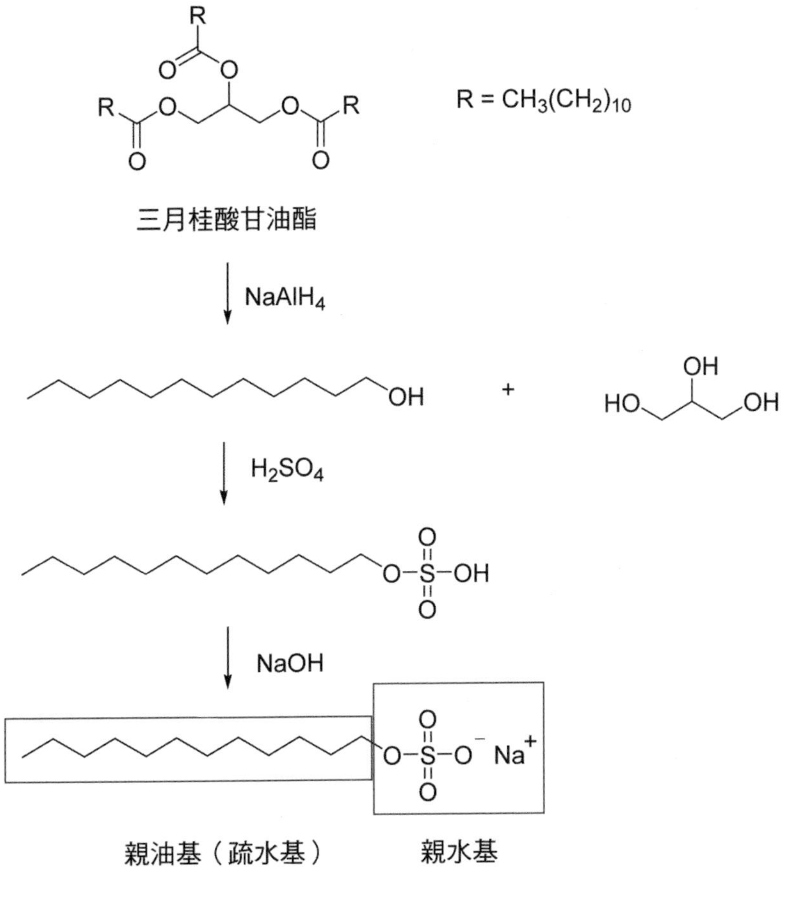

$R = CH_3(CH_2)_{10}$

三月桂酸甘油酯

$\xrightarrow{NaAlH_4}$ 十二醇 (OH) + 甘油 (HO, OH, OH)

$\xrightarrow{H_2SO_4}$ $R'-O-SO_2-OH$

$\xrightarrow{NaOH}$ $R'-O-SO_2-O^- \; Na^+$

親油基（疏水基）　親水基

式 8-9

8.4.6 *順*–丁烯二酸

2013 年 5 月臺灣發生所謂「毒澱粉事件」，震撼全世界，事件的起因是臺灣的澱粉產業為追求讓麵粉的製品能有更 Q 彈的口感，因此在澱粉（麵粉）中加入了*順*–丁烯二酸(*cis*-butenedioic acid)。根據美國 EPA 研究顯示，每天以 100 mg/kg 的劑量餵食大鼠 2 年，並沒有發現對腎臟有損傷；另有動物實驗指出單一劑量(9 mg/kg)下，*順*–丁烯二酸會對狗造成腎毒性，但分別以 117、191 或 29 mg/kg 餵食大鼠、小鼠與猴子，則均未發現有腎毒性，顯示不同動物對*順*–丁烯二酸敏感度不同。目前的文獻認為*順*–丁烯二酸的急毒性低，對於人類也不具有生殖發育、基因等毒性，且亦無致癌性（行政院衛生福利部食品藥物管理署，2013）。但所有的臺灣民眾仍對*順*–丁烯二酸的安全性充滿疑慮，甚至懷疑臺灣洗腎的密度如此高，可能跟長期食用*順*–丁烯二酸有關。筆者不敢妄言揣測，但在食品中加入未經核可的工業製品實屬不對，臺灣政府與產業對食品的安全把關及社會責任應該要有更高的標準。

順–丁烯二酸又稱馬來酸(maleic acid)，化學式為 $HO_2CCHCHCO_2H$，是一種二羧酸，即一個含有兩個羧酸官能基的有機化合物；為單斜晶系無色結晶，有澀味，可溶水、乙醇和丙酮，不溶於苯。常用於製造不飽和聚酯樹脂、THF、*反*–丁烯二酸(fumaric acid)、蘋果酸、潤滑油添加劑、紙張處理劑、合成樹脂塗料、PVC 安定劑、可塑劑、界面活性劑、農藥和其他特種化學品等。

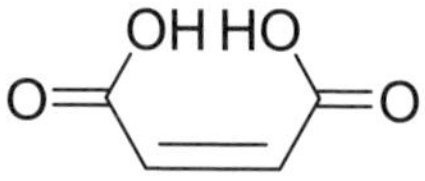

cis-butenedioic acid

習 題 EXERCISE

1. 畫出下列分子之結構式：

   (1) 4-Bromopentanoic acid

   (2) 2-Methylhexanoic acid

   (3) *cis*-4-Hexenoic acid

   (4) 3-Butenoic acid

   (5) 3-Hydroxybutanoic acid

   (6) 3-Oxopropanoic acid

   (7) *m*-Chlorobenzoic acid

   (8) *p*-Methoxybenzoic acid

2. 寫出下列分子之 IUPAC 命名：

   (1) (2) 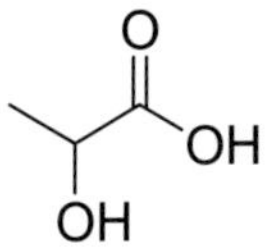 (3)

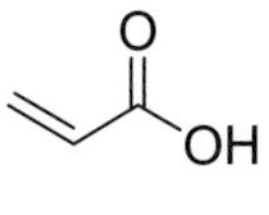

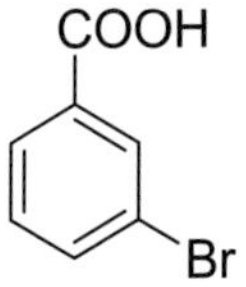

   (4) 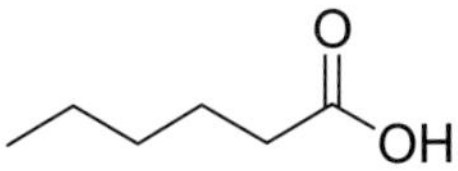 (5) 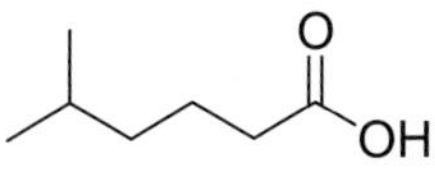 (6)

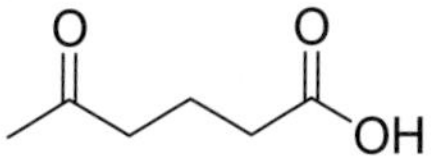

   (7) 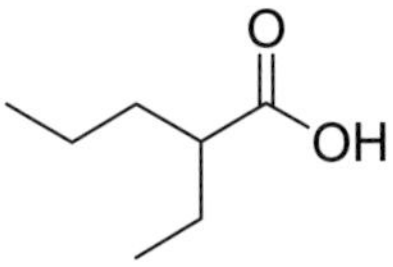 (8) 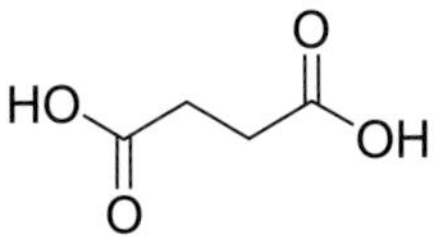 (9)

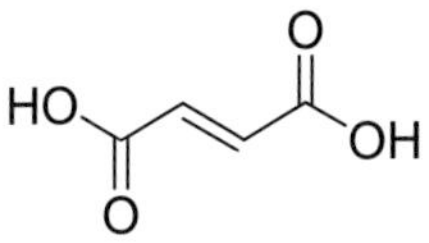

3. 比較下列各組分子間沸點的高低：
   (1) 乙酸、丙醇、丁烷
   (2) 乙酸、丙酸、丁二酸
   (3) 丙酸、丙酮、丙烯

4. 壬二酸其英文俗稱 azelaic acid，因與杜鵑花之英文名 azalea 近似，因而又被稱為杜鵑花酸。壬二酸具有減少毛孔中的細菌生成、降低皮膚發炎與抑制酪胺酸酶的功能。其分子結構如下所示：

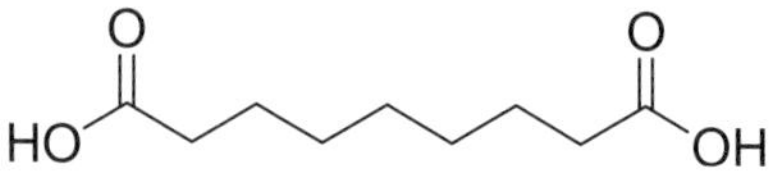

   試問：
   (1) 壬二酸 IUPAC 之英文命名為何？
   (2) 寫出壬二酸之分子式與分子量。

5. 下列分子中具有哪些官能基？

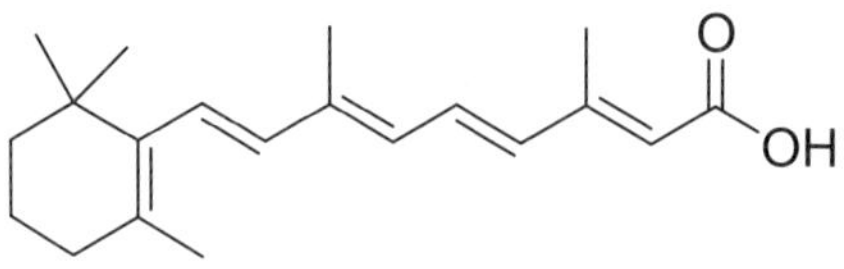

維生素 A 酸

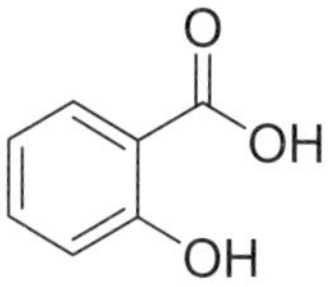

水楊酸

6. 寫出下列結構式之中英文名稱及其添加在化粧品時之功能：

(1)

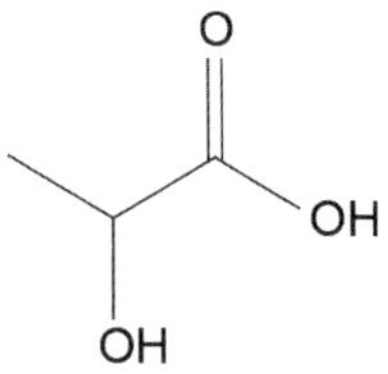

(2)

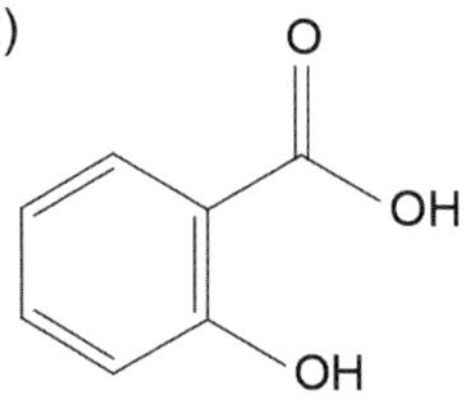

(3)

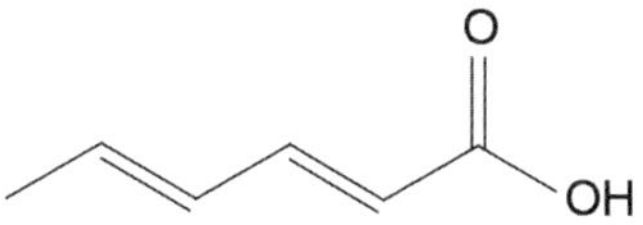

附錄 有關羧酸類之小故事

有機酸的小故事

COOH
OH

水楊酸

Salicylic acid

水楊酸(salicylic acid)，俗稱柳酸，因其從柳樹皮萃取而得，正確化學名稱為*鄰*－羥基苯甲酸(*o*-hydroxybenzoic acid)，由於脂肪酸中羧基之第二位置俗稱 β，與芳香族命名系統不同，但由於果酸廣泛應用於化粧品中，而果酸結構中羥基在脂肪酸之 α 位置取代，簡稱為 AHA，而水楊酸依脂肪酸系統，羥基位於羧酸之第二位置，因此，俗稱 β–羥基苯甲酸(β-hydroxybenzoic acid)，簡稱為 BHA，因為具有優異的去角質作用，所以在化粧品上也有人稱為 β–柔膚酸。水楊酸為白色結晶或粉末粉狀，可溶於一般的有機溶劑如：乙醇、乙醚、丙酮，但不溶於水。水楊酸最早是在柳樹皮中被提取發現，因此 salicylic 的命名即是源自柳樹的屬名 *Salix*。若將水楊酸乙醯化(acetylation)則可合成乙醯水楊酸，即是西藥常用的止頭疼藥－阿斯匹靈(aspirin)；另外，當水楊酸與 2–乙基–1–己醇進行酯化後，得到水楊酸辛酯(octyl salicylate)，為有機防曬劑（我國衛生法規規定添加於防曬化粧品之上限為 5%）；還有 4–甲氧基水楊酸鉀鹽(potassium 4-methoxysalicylate)為衛生福利部公告一般美白成分之一，添加上限為 3%。

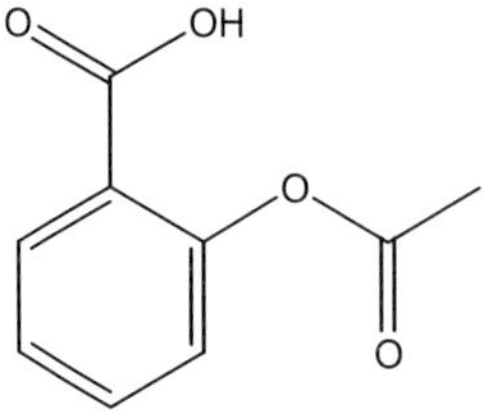

阿斯匹靈 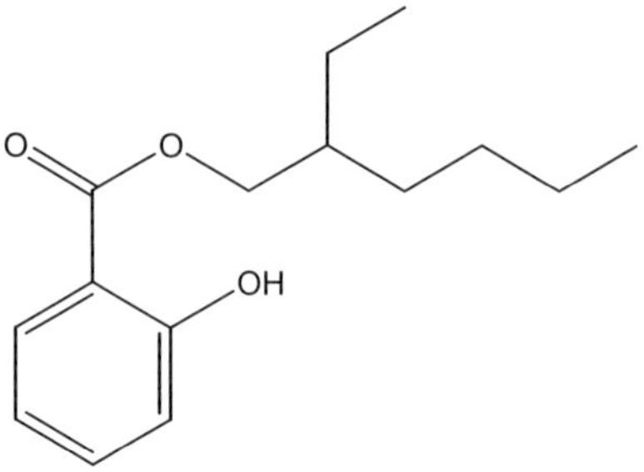　　水楊酸辛酯 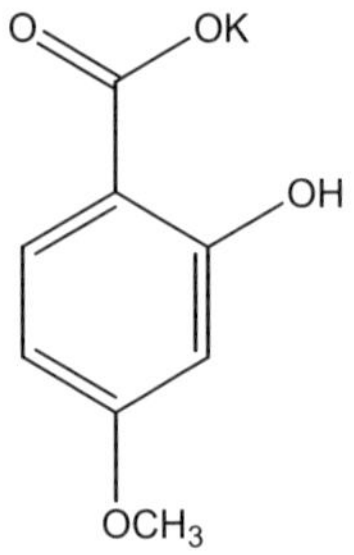　　4–甲氧基水楊酸鉀鹽

在化粧品的應用上，低濃度的水楊酸具有優異的防腐抗菌能力，因此也可用來抗黴菌、治療痤瘡和青春痘，及去角質能力、清潔並縮小毛孔與淡化色斑的效果；若為高濃度的水楊酸則可治療雞眼、疣等。我國衛生福利部即規定具有去角質功能之水楊酸在化粧品的使用劑量必須在 0.2~1.5% 之間（0.2%以下為防腐劑添加基準），並建議不宜長期使用與禁止 3 歲以下兒童接觸；因為低濃度的水楊酸可能對某些人即產生搔癢、紅斑、刺痛等現象；在高濃度或大範圍的使用下，可能會造成水楊酸中毒效應，如頭暈、神志模糊、精神錯亂、呼吸急促、持續性耳鳴、劇烈或持續頭痛，不可不慎。尤其是兒童與肝腎功能不全的人切勿大量接觸水楊酸，因為有較高的致死率。

低濃度水楊酸具有優異的軟化角質能力，在化粧保養品中運用相當廣泛，一般而言以去角質功能訴求的化粧品而使用的水楊酸，應不致產生副作用，坊間以油性肌膚專用護膚訴求的產品，或是治療青春痘用之化粧品常含水楊酸。例如 SKII 以「毛孔不見了」的廣告產品「晶緻煥膚霜」即含有水楊酸 1.5%；又如「倩碧柔酸系列」的產品，也是含有水楊酸 1.5%。因此在安全的劑量與安全的使用下，水楊酸的效果與安全性是無庸置疑的。

CHAPTER

09

酯類 (Esters)

9.1 酯類的定義

自然界中存在的有機化合物中，分布最廣的莫過於酯類。酯類是一種將羧酸上羥基(OH)的氫被烴基取代成 OR 的羧酸衍生物；酯類化合物通常具有特殊的香味，常是許多蔬果與花卉香味的成分，因此酯類有機化合物常被用來做為食品、香料、香水等的添加物，以作為人工香味劑。例如乙酸戊酯(pentyl acetate)具有香蕉味；乙酸辛酯(octyl acetate)具有橘子味；丁酸乙酯(ethyl butanoate)具有鳳梨味；丁酸戊酯(pentyl butanoate)具有杏仁味；異戊酸異戊酯(isoamyl isovalerate)具有蘋果味；桂皮酸甲酯(methyl cinnamate)則具有草莓味等。自然界中生物體具有的香味是混合的，非常的複雜，例如在西洋梨的揮發性成分中，可以鑑定出 53 種以上的酯類。天然脂肪與油脂類常以酯類的形式存在，以三酸甘油酯為主，廣存於動植物中；常溫下為固體者，稱為脂肪(fat)，主要存於動物中，大半為飽和脂肪酸甘油酯；常溫下為液體者，稱為油(oil)，主要存於植物中，含有大量的不飽和脂肪酸甘油酯。油脂除可以食用外，也常用於製作肥皂、蠟燭、潤滑油、油墨及化粧品等之基劑。

9.2 酯類的性質

酯類一般為無色液體或固體，具有中等極性，但分子間沒有氫鍵存在，因此酯類的沸點與其相似的酸類而言，酯類相對來的低。由於酯類不具有羥基，無法與水形成氫鍵的引力，所以不溶於水，屬油性物質；也無法解離出氫離子，屬中性化合物，化學性質較醛、酮、醇、酚、酸穩定，因此，許多利用各種不同醇類、酚類或酸類化合物進行酯化後，形成穩定之酯類化合物，再添加於化粧品中，最常見者如維生素 E 進行乙醯化得到之維生素 E 醋酸酯(tocopheryl acetate)。

9.3 酯類的製備

酯類製備可由羧酸類和醇類反應，生成酯類，是經過一種所謂酯化反應(esterification)縮合作用而形成的，此反應又名費希爾酯化反應(Fischer esterification)，如式 9-1。

$$R-\overset{\overset{\displaystyle O}{\|}}{C}-OH + R'-OH \xrightleftharpoons{H^+} R-\overset{\overset{\displaystyle O}{\|}}{C}-OR' + H_2O$$

式 9-1

例如：

$$H_3C-\overset{\overset{\displaystyle O}{\|}}{C}-OH + CH_3CH_2OH \xrightleftharpoons{H^+} H_3C-\overset{\overset{\displaystyle O}{\|}}{C}-OCH_2CH_3 + H_2O$$

醋酸　乙醇　乙酸乙酯　水

式 9-2

酯化反應是酸催化的，如果沒有酸存在的話，它們進行的非常慢，當酸和醇與小量的濃硫酸或氯化氫共煮時，平衡大約在幾個小時內就達到。

除了上述以費希爾酯化反應製備酯類外，酯類也可以經由氯化醯類與醇類的反應來合成。因為氯化醯類遠比羧酸類對於親核性取代反應的反應性大，所以氯化醯類和醇類的反應發生快速，且不需要酸性的催化劑催化就能反應製備酯類，如式 9-3。

$$CH_3-\overset{\overset{\displaystyle O}{\|}}{C}-Cl + CH_3CH_2OH \xrightleftharpoons{\text{pyridine}} CH_3-\overset{\overset{\displaystyle O}{\|}}{C}-OCH_2CH_3 + \text{pyridinium } (N^+-H)\ Cl^-$$

式 9-3

另一種製備酯類則來自羧酸酐(carboxylic acid anhydrides)，羧酸酐類也可以在沒有酸的催化下，和醇類反應生成酯類，如式 9-4。

$$H_3C-\overset{\overset{O}{\|}}{C}-O-\overset{\overset{O}{\|}}{C}-CH_3 + CH_3OH \rightleftharpoons H_3C-\overset{\overset{O}{\|}}{C}-OCH_3 + CH_3COOH$$

式 9-4

9.4 酯類的皂化反應

9.4.1 皂化反應(Saponification)

各種酯類可以用鹼來進行水解反應，稱之為皂化反應，用以製造肥皂，例如將酯類和氫氧化鈉水溶液加熱迴流，則會產生醇類與羧酸的鈉鹽；若羧酸之碳氫鏈夠長時（一般碳鏈大於 10），由於羧酸的鈉鹽因為一端為親水性，另一端為親油性，這種形式為界面活性劑之基本架構，屬於陰離子界面活性劑，因此具有清潔的效果，如式 9-5。

$$H_3C(H_2C)_{15}H_2C-\overset{\overset{O}{\|}}{C}-OCH_2(CH_2)_{16}CH_3 \xrightarrow{NaOH(aq)} CH_3(CH_2)_{16}COO^-Na^+ + CH_3(CH_2)_{16}CH_2OH$$

式 9-5

9.4.2 酵素水解反應

人體每天從食物中獲取大量之油脂，而油脂在體內藉由脂肪分解酵素(lipase)的作用下，水解成脂肪酸與甘油，以利人體吸收利用；被分解之脂肪可提供皮膚細胞的營養，或保護身體抵抗病毒入侵體內，防止過敏。另外，像化粧品添加之抗氧化成分維生素 E 醋酸酯，皮膚吸收後，可藉由脂肪分解酵素作用下，分解成維生素 E 及醋酸，再進行抗氧化的保護效果。

9.5 酯類的命名

酯類之中文命名是根據產生此酯類的羧酸和醇的名稱而定，羧基的名稱在前，醇基的名稱在後，是以兩個不相連的名稱來命名，因此酯類名稱與羧酸的命名相似。而酯類的英文命名則是以酯類中－OR 部分的烷基 R 為取代基，必須命名在前；而羧基部分在後，並隨之在將酸的字尾－ic 改成－ate 即可。例如：

$CH_3C(=O)-OCH_3$
乙酸甲酯
(methyl ethanoate)

$CH_3C(=O)-OCH_2CH_3$
乙酸乙酯
(ethyl ethanoate)

$CH_3CH_2C(=O)-OCH_3$
丙酸甲酯
(methyl propanoate)

$C_6H_5-C(=O)-OCH_3$
苯甲酸甲酯
(methyl benzoate)

9.6 內酯類

內酯類(lactones)為一種環狀酯類，由一化合物中的羥基和羧基發生分子內縮合環化得到，在自然界中存在許多含內酯類結構的天然有機分子。例如，維生素 C 又稱為抗壞血酸(ascorbic acid)即是一種內酯類。

維生素 C

(vitamin C)

9.7 酯類在化粧品的應用

酯類在化粧品的應用，除前述常用於香料調製外，也常用於化粧品基劑與乳化劑的用途。如三酸甘油酯(triglcerides)為皮脂腺分泌的皮脂之主要成分(50~60%)，具有柔軟肌膚及抑制表皮水分散失之作用，在化粧品中常作為油相之基劑。

而磷酯類易於為人類皮膚吸收，最常見的是卵磷酯，具有穩定與良好的乳化能力，可作為香精的增溶劑、化粧品中的潤濕劑、增稠劑等，可柔軟皮膚並且不具油膩感，保濕能力也相當優異。

另外，在化粧品開發研究中，可藉由磷酯質具備親油與親水的結構特性，形成層狀排列而成的小球體（囊泡）。其直徑約為 0.025~3.5 μm，這種小球體稱之為微脂粒(liposome)，此囊球可裝填水溶性成分於內層，而油性活性成分於夾層中，又由於磷酯類（如卵磷酯）為構成生物膜的主要脂質，因此具有與細胞融合的能力，藉此方式可以把與先封閉在磷酯質中的有效成分輸入細胞，可輕易的通過皮膚表層間的空隙達到真皮層，並將所攜帶的活性成分緩釋出來，可長時間發揮其活性作用，具有促進化粧品有效成分經皮吸收的效果。

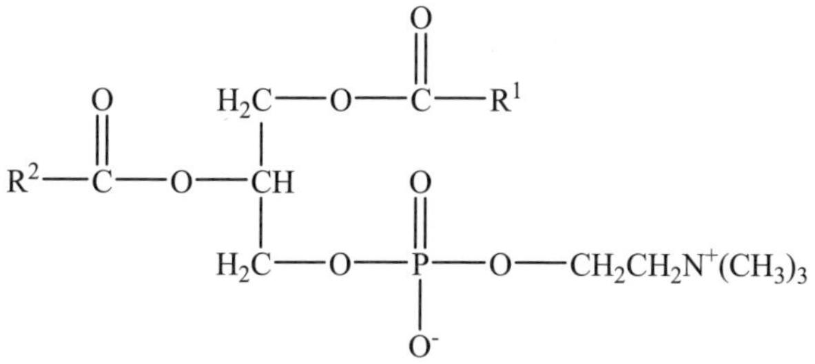

R^1, R^2＝脂肪酸基團

卵磷酯的化學結構

中藥川芎根部中可純化一種稱之為洋川芎內酯(senkyunolide)的天然物，為川芎中的主要有效成分，外用具有肌肉鬆弛舒緩作用，經皮吸收性好，對黑色素與酪胺酸酶也有抑制作用。

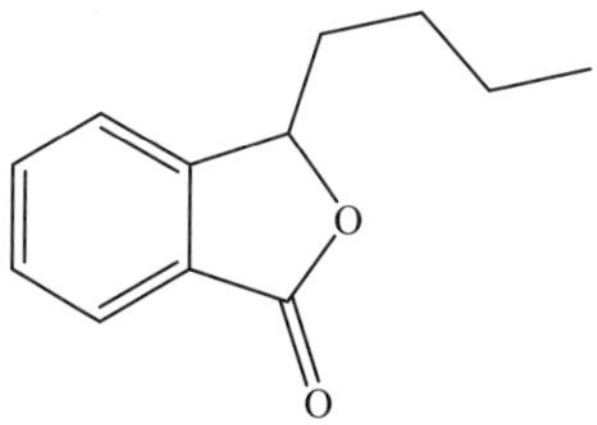

洋川芎內酯的化學結構

酯類化合物也是中藥薏苡仁中的主要成分，其中最重要的酯類為薏苡仁酯(coxienolide)。在化粧品的應用上薏苡仁酯可加速表皮層的血液循環，具有抑制黑色素形成作用，並可柔軟和調理皮膚功能。

$$
\begin{array}{l}
\mathrm{CH_3} \qquad\quad \mathrm{O} \\
\mathrm{HC-O-\overset{\|}{C}-(CH_2)_7-\underset{H}{C}=\underset{H}{C}-(CH_2)_5CH_3} \\
\mathrm{HC-O-\underset{\|}{C}-(CH_2)_7-\underset{H}{C}=\underset{H}{C}-(CH_2)_5CH_3} \\
\mathrm{CH_3} \qquad\quad \mathrm{O}
\end{array}
$$

薏苡仁酯的化學結構

對–羥基苯甲酸酯類(paraben)常添加於化粧品中作為防腐劑，最常使用者如作為水相防腐劑之*對*–羥基苯甲酸甲酯(methyl paraben, MP)及油相防腐劑之*對*–羥基苯甲酸丙酯(propyl paraben, PP)等。

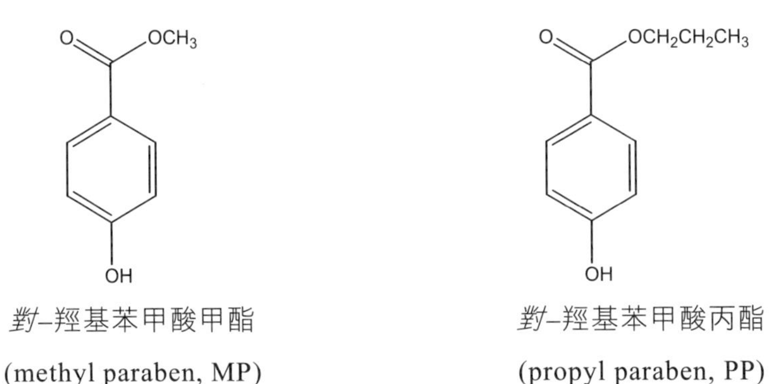

對–羥基苯甲酸甲酯
(methyl paraben, MP)

對–羥基苯甲酸丙酯
(propyl paraben, PP)

另外由於酯類不溶於水，所以有許多有機防曬劑的成分也屬於酯類化合物，可以增加防曬產品之耐水性，加強防曬效果；如具有極佳 UVB 防護能力之*對*–甲氧基肉桂酸辛酯(octyl *p*-methoxy cinnamate, parsol MCX)、水楊酸辛酯(octyl salicylate)等；報導指出*對*–甲氧基肉桂酸辛酯可能會造成海洋珊瑚礁白化，已被帛琉及夏威夷等列為禁制添加在防曬產品中使用。

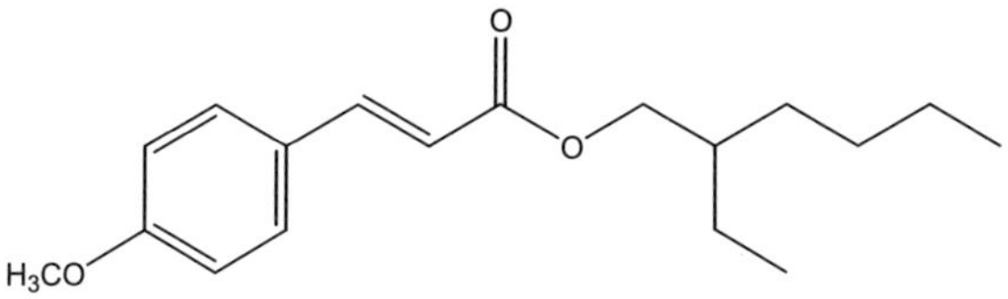

對-甲氧基肉桂酸辛酯

(octyl *p*-methoxy cinnamate; parsol MCX)

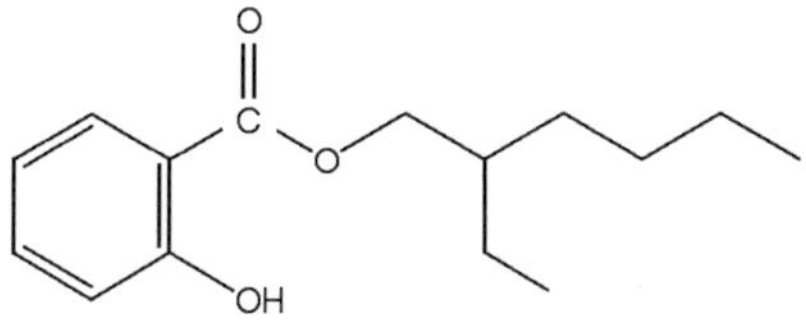

水楊酸辛酯

(octyl salicylate)

習題 EXERCISE

1. 請列舉你所知道具有不同香味的各種酯類化合物？

2. 請寫出下列酯化反應之主要產物為何？

(1)

$$H_3C-\overset{\overset{\large O}{\|}}{C}-OH + CH_3CH_2OH \xrightleftharpoons{H^+}$$

(2)

$$CH_3CH_2CH_2CH_2CHOOH + CH_3CH_2CH_2OH \xrightleftharpoons{H^+}$$

(3)

$$CH_3CH_2-\overset{\overset{\large O}{\|}}{C}-Cl + CH_3CH_2OH \xrightleftharpoons[\text{pyridine}]{}$$

3. 請簡述說明製作肥皂的方法。

4. 請寫出下列酯類化合物的 IUPAC 法之中英文名稱：

(1) $CH_3\overset{\overset{O}{\|}}{C}-OCH_2CH_3$

(2) $H_3C-O-\overset{\overset{O}{\|}}{C}-C_6H_5$

(3) $H_3C-\overset{\overset{O}{\|}}{C}-O-C_6H_5$

5. 請將下列有機化合物依其名稱畫出其正確的鍵線－結構式：

(1) cyclohexyl butanoate

(2) ethyl 2-methylbutanoate

(3) methyl 2-phenylpropanoate

(4) isopropyl butanoate

(5) ethyl 2-hydroxy-3-methylpentanoate

(6) ethyl 3-chlorobutanoate

6. 寫出下列結構式之中英文名稱及其添加在化粧品時之功能：

(1)

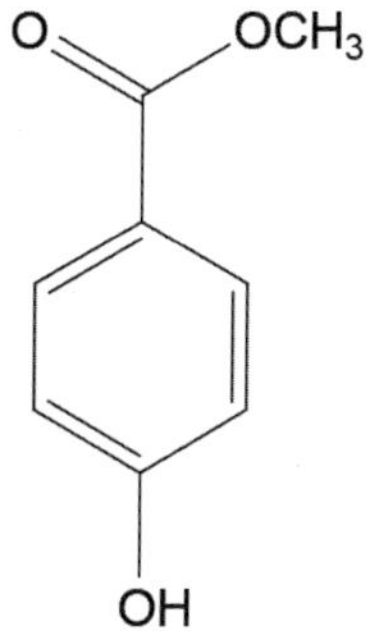

(2)

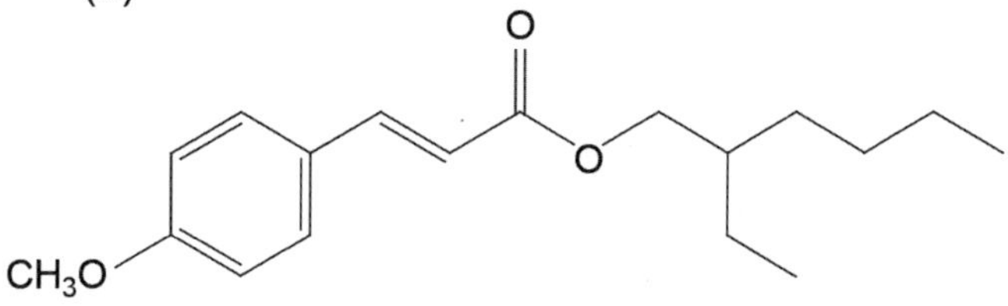

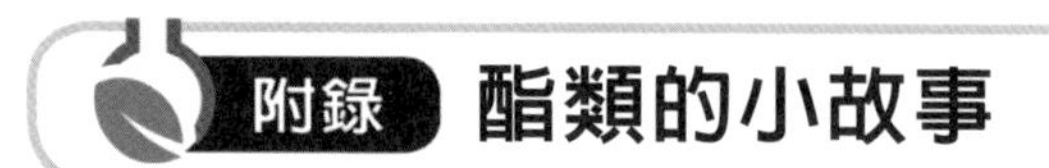

附錄 酯類的小故事

香料與酯類

具有香味，可供人類使用並增加愉快感的物質或製品，即為我們所熟知的香料。日常使用的化粧品如香水、肥皂等的香味往往是由多種香料配製而成的，食品中往往也加入香料。每種香料都有自己的特殊香味，經調配後，即得到某一種綜合的香味。

人類在史前時代即已知使用香料，埃及在西元前 2000 年的記載中，即提到具有香味的藥、樹脂在醫藥上的應用。中國焚香或用香草熏藏衣服已有很久的歷史，使用的麝香是舉世聞名的。低分子量酯類為揮發性的液體，常具有水果花卉的芳香味道，例如：乙酸戊酯 $CH_3COO(CH_2)_4CH_3$ 具有香蕉之香味；丁酸甲酯 $CH_3(CH_2)_2COOCH_3$ 具有鳳梨之香味；丁酸戊酯 $CH_3(CH_2)_2COO(CH_2)_4CH_3$ 具有杏仁之香味。這些酯類除了可以從各類水果中提取外，也可以用人工合成大量製造，用以添加各種化粧產品與食品中，作為人工香料使用。

以往的一些食品中，例如一種表面紅色的年糕（鳳片糕或香蕉貽）、剉冰（香蕉冰）等存在一種特別的香味，這種味道相似香蕉的味道，而今這種香味就是我們所稱的「古早味」，是 40 到 60 年代的人最令人懷念的味道。難道這些食物都添加了香蕉？不！不！不！這些食物不是添加香蕉，而是添加俗稱「香蕉油」的食品香料添加劑。那「香蕉油」是搾取香蕉的油脂所獲得的嗎？也非如此，香蕉油的化學名稱是乙酸異戊酯 (isopentyl acetate)，存在許多天然的蔬果中，例如香蕉、葡萄、水蜜桃、鳳梨、蘋果、可可豆、咖啡、梨與草莓等。酯類為具有芳香氣味的化合物，許多水果或植物體上的酯類成分均具有香味，可用來製備人工芳香劑，酯類也是漆料和合成塑膠的極佳溶劑，女孩子要去掉指甲油，香蕉油就是一種不錯的清潔劑；香蕉油的使用範圍很廣，可做為單寧酸、醋酸纖維、瓷漆、或樟腦的溶劑；可掩蓋臭味；可製造人造絲、皮革或珍珠；可做為攝影底片、接合劑、防水漆、青銅液、金屬塗料；還可作為清潔性溶劑等用途。製備「香蕉油」是利用酯化反應(esterification)，將異戊醇和醋酸在酸中加熱反應而生成乙酸異戊酯，俗稱香蕉油。

文獻指出乙酸異戊酯也是會影響蜜蜂的一種費洛蒙，可能會吸引蜜蜂群聚與產生攻擊的行為。

OH + HO O $\underset{}{\overset{H_2SO_4}{\rightleftharpoons}}$ O O + H_2O

Paraben 是什麼?

Paraben 的全名是 *para*-hydroxybenzoic acid（*對*-羥基苯甲酸），目前常見的相關成分則是它的酯類衍生物，像是 methyl Paraben（*對*-羥基苯甲酸甲酯(methyl *p*-hydroxybenzoate)），Paraben 在化粧品中主要是當做產品的保存防腐劑來使用，因為它對於細菌、酵母菌及黴菌具有廣效性的抑制效果。不同的 Paraben 的脂溶性不同，於是 methyl Paraben 及 ethyl Paraben 常用於水性劑型中，而 propyl Paraben 及 butyl Paraben 則比較常用在油性劑型中，所以在乳狀或霜狀的劑型產品中就常會看到到添加多種的 Paraben 來抗菌防腐。而且 Paraben 類型的成分具有價格便宜、無色、無味、毒性低、對於劑型中的酸鹼度容忍度高等優點，所以就成為化粧保養品中很常被添加的防腐劑成分，依我國 106 年 4 月 1 日生效之我國「化粧品防腐成分使用及限量規定基準表」，Paraben 添加於化粧品中限量為 0.8%。

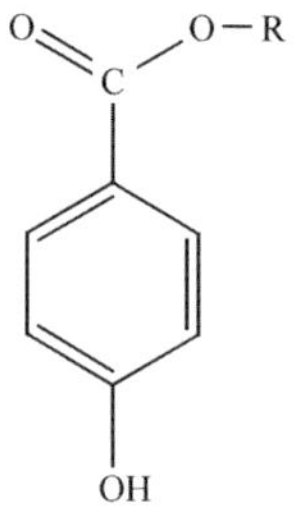

Paraben

R=CH_3, CH_3CH_2, $CH_3CH_2CH_2$, $CH_3CH_2CH_2CH_2$

塑化劑是什麼？

塑化劑(plasticizer)，又稱為可塑劑或增塑劑，是工業上廣泛使用的高分子助劑，其主要目的是在增加高分子的塑性、改善加工性、賦予材料柔韌性與延展性。目前世界上生產的塑化劑已超過 1,000 種，由化學結構上的分類，主要可區分為：酞酸酯、苯多酸酯、脂肪族二元酸酯、脂肪酸酯、檸檬酸酯、磷酸酯、多元醇酯、環氧化合物等類型，其中以酞酸酯最常被使用。

酞酸酯(phthalate acid esters, PAEs)又稱為*鄰*–苯二甲酸酯，其化學結構如下圖所示：

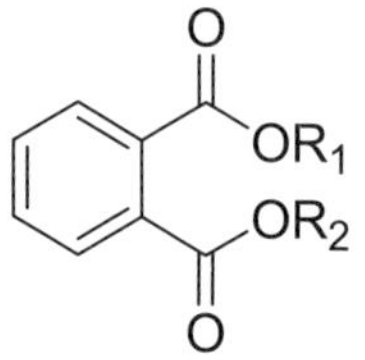

R_1 和 R_2 為 C_1-C_{13} 的烷基、環烷基、苯基或苄基

鄰–苯二甲酸酯化學結構

鄰–苯二甲酸酯具有色淺、耐低溫、揮發性低、氣味少與水溶解度低的特點，廣泛的應用在軟化塑膠製品、化粧品或衛浴用品的定香劑以及藥品與保健食品的膜衣、膠囊…等。某些鄰–苯二甲酸酯類分子被歸類為環境荷爾蒙，此類化合物經由食物鏈進入體內，形成假性荷爾蒙，干擾生物體的內分泌作用，進而影響內分泌以及生殖系統。美國將鄰–苯二甲酸二甲酯(dimethyl phthalate, DMP)、鄰–苯二甲酸二乙酯(diethyl phthalate, DEP)、鄰–苯二甲酸二丁酯(dibutyl phthalate, DBP)、鄰–苯二甲酸二辛酯(dioctyl phthalate, DOP)、鄰–苯二甲酸二(2–乙基己基)酯[di(2-ethylhexyl) phthalate, DEHP]、鄰–苯二甲酸苄基丁基酯(benzyl butyl phthalate, BBP)等六種鄰–苯二甲酸酯類成分訂為優先列管物質（如下圖），而我國行政院衛生福利部亦公告化粧品中禁止使用 DBP、BBP、DEHP 及 DOP 等成分。

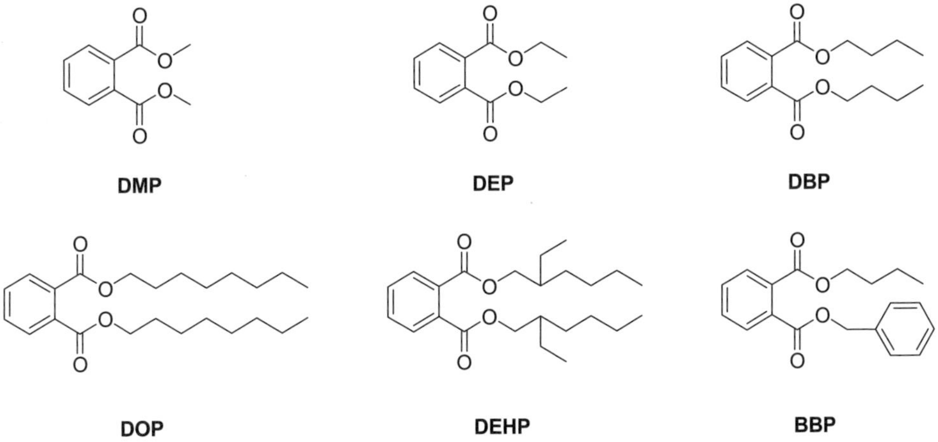

DMP　DEP　DBP

DOP　DEHP　BBP

六種鄰–苯二甲酸酯化學結構

MEMO

CHAPTER

10

胺類與醯胺類
(Amines and Amides)

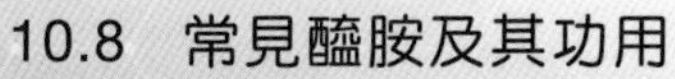

10.1 胺類的定義

當碳原子與氮原子以單鍵結合，而氮原子再與烴基或氫原子鍵結即為胺類(amines)，一般胺類化合物被視為是氨(ammonia, NH_3)的衍生物，胺類可依其所接碳的取代基數目而區分成一級胺、二級胺、三級胺（如下圖所示）。

$H-\ddot{N}(-H)-H$	$H-\ddot{N}(-H)-R$	$H-\ddot{N}(-R)-R$	$R-\ddot{N}(-R)-R$
氨	一級胺	二級胺	三級胺

在這些結構中的 R 可為烷基或芳香基，當有一個以上的 R 存在時，他們可以是相同或不同的基團。在氮原子上也可能有四個取代基，此時氮上的形式電荷為正(+)，稱為四級銨鹽(quaternary ammonium salts)，其通式為 $R_4N^+X^-$。

$$R_4N^+ \quad X^-$$

四級銨鹽的結構

10.2 胺的命名

依 IUPAC 系統命名原則，可以視胺基為長鏈碳氫化合物主體上的一個取代基，或是以烷基為取代基後以胺(amine)為結尾來命名之。而芳香胺大部分以俗名命名，如苯胺(aniline)。

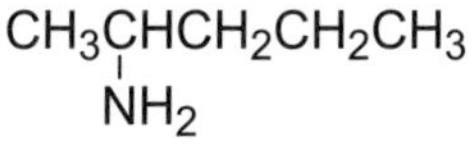

$CH_3CHCH_2CH_2CH_3$ (with NH_2 on C-2)
2–胺基戊烷
(2-aminopentane)

$CH_3CH_2NH_2$
乙胺
(ethylamine)

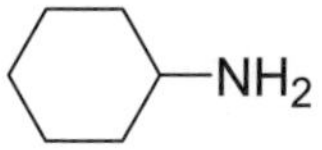

(cyclohexane ring)–NH_2
環己胺
(cyclohexylamine)

對稱的二級胺和三級胺的命名是在烷基或芳香基前加上其數目二(di–)或三(tri–)，而非對稱的二級胺和三級胺則是在取代基前加上 *N*–以顯示此基團是接在氮原子上。

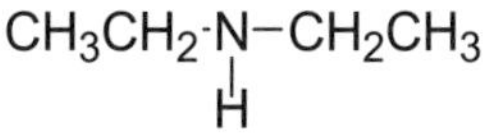

$CH_3CH_2-N(H)-CH_2CH_3$
二乙胺
(diethylamine)

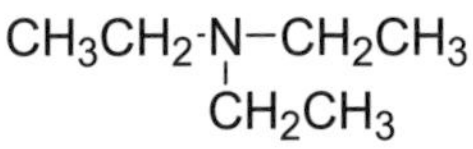

$CH_3CH_2-N(CH_2CH_3)-CH_2CH_3$
三乙胺
(triethylamine)

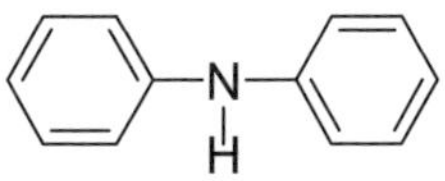

$C_6H_5-N(H)-C_6H_5$
二苯基胺
(diphenylamine)

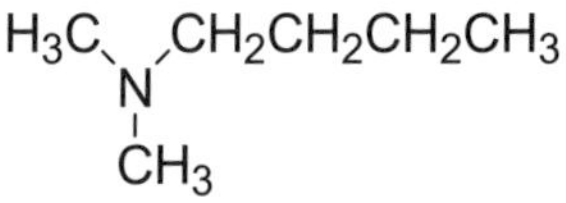

$(H_3C)(CH_3)N-CH_2CH_2CH_2CH_3$
N,*N*–二甲基丁基胺
(*N*,*N*-dimethylbutylamine)

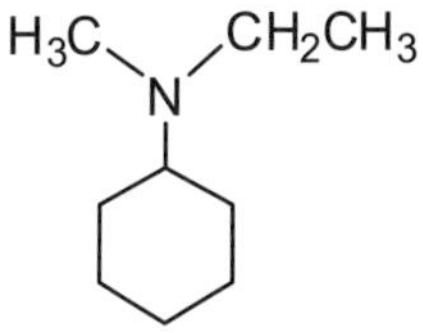

$(H_3C)(CH_2CH_3)N$–(cyclohexane ring)
N–乙基–*N*–甲基環己胺
(*N*-ethyl-*N*-methylcyclohexylamine)

銨鹽類的英文命名是將其字尾 amine 的部分改成 ammonium，之後再加上陰離子的名稱，中文的字尾以「銨」表示。

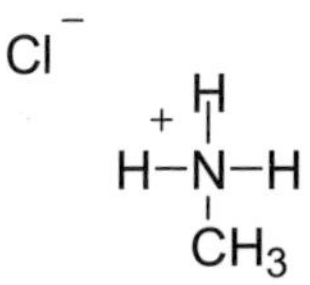

Cl^- $H_3\overset{+}{N}-CH_3$
氯化甲基銨
(methylammonium chloride)

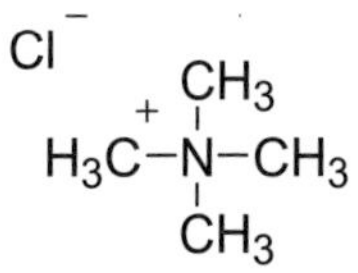

Cl^- $(CH_3)_4\overset{+}{N}$
氯化四甲基銨
(tertramethylammonium chloride)

10.3 胺的性質

胺為極性分子，除三級胺與四級銨鹽外都可以形成分子間氫鍵，一般以二級胺之分子間氫鍵最強；而四種等級的胺都可以與水形成氫鍵，如圖 10.1，因此較小分子之胺可以溶於水，但由於氮之陰電性較氧小，所以所形成的氫鍵也較弱，因而沸點也較同等級之醇為低。

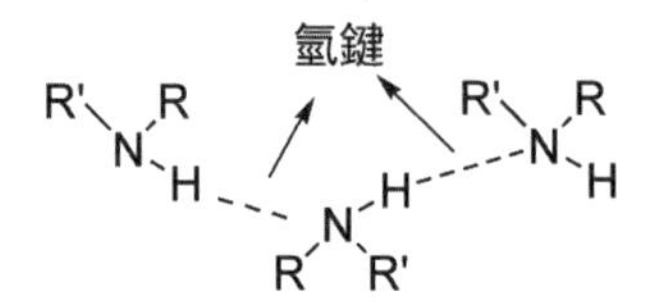

◆ 圖 10.1　胺分子間氫鍵

$CH_3CH_2CH_2OH$	$CH_3CH_2CH_2NH_2$	$(CH_3)_3N$
1-丙醇	丙基胺	三甲基胺
(1-propanol)	(propylamine)	(trimethylamine)
沸點 97°C	沸點 48°C	沸點 3°C

胺類因氮上有一未共用電子對，可以與質子(H^+)結合為鹼性物質，是由有機鹼化合物（胺）與無機酸或羧酸進行中和反應生成銨鹽，不過胺類為弱鹼，因此，在氫氧根離子等強鹼的作用下，很容易再將所形成之銨鹽轉變回游離胺，如式 10-1。

$$R_3N: + H{-}A \rightleftharpoons R_3\overset{+}{N}{-}H + A^-$$

式 10-1

10.4 常見胺及其用途

10.4.1 酸鹼調整劑

有機胺類在生化過程中扮演重要角色，經常被用在藥物、抗菌劑、溶劑、染料與界面活性劑等方面。三乙醇胺(triethanolamine, TEA)在化粧品調製中常做為 pH 值之調整劑，為一種弱鹼性的鹼劑，以 TEA 與脂肪酸進行皂化反應所的的脂肪鹽類為比較溫和且不刺激的肥皂。

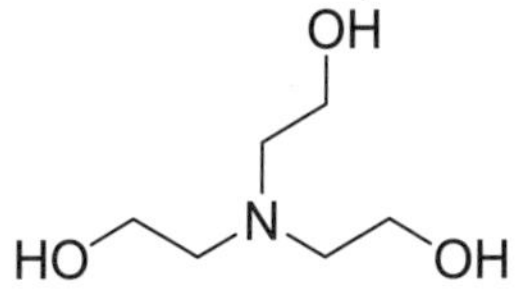

三乙醇胺

10.4.2 陽離子界面活性劑

十六烷基三甲基氯化銨(cetyl trimethyl ammonium chloride)與十八烷基三甲基氯化銨(stearyl trimethyl ammonium chloride)為化粧品中兩種常見的陽離子界面活性劑，常用於洗髮精與潤絲精的配方中，主要作為軟化毛髮與防止靜電等用途。

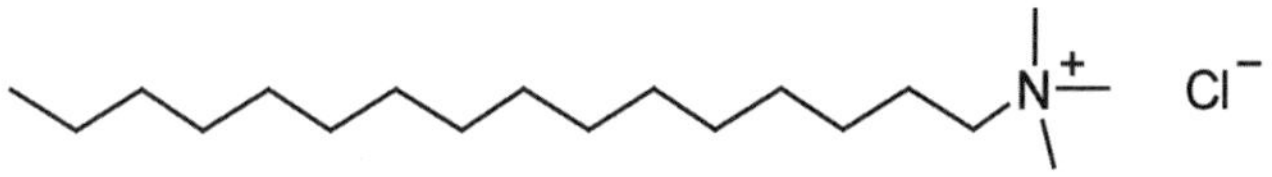

十六烷基三甲基氯化銨

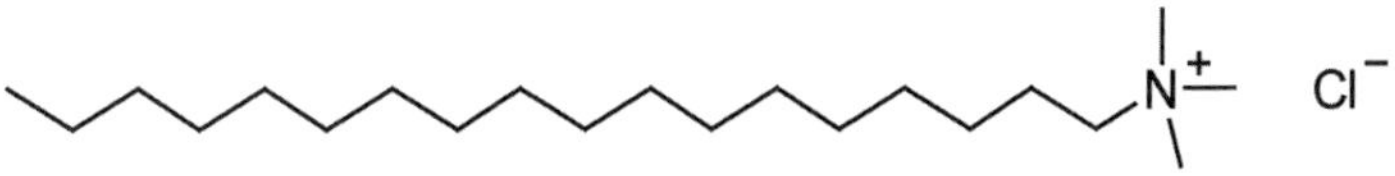

十八烷基三甲基氯化銨

烷基二甲基苯甲基氯化銨（alkyl dimethyl benzyl ammomium chloride，俗稱 benzakonium chloride, BKC）具殺菌力，可作為洗髮精與潤絲精等產品之殺菌劑。

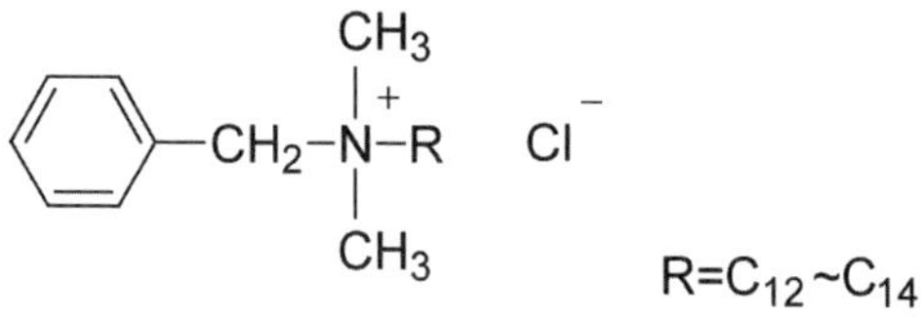

$$C_6H_5-CH_2-\overset{+}{N}(CH_3)_2-R \quad Cl^- \qquad R=C_{12}\sim C_{14}$$

烷基二甲基苯甲基氯化銨

10.4.3 染髮劑

對－苯二胺（*p*-phenylenediamine，簡稱 PPD）是一種苯胺的衍生物，為最簡單的芳香二胺之一，也是一種有廣泛應用的中間體，可用於製備偶氮染料、高分子聚合物，也可用於生產毛皮染色劑或染髮劑。2017 年 10 月 27 日，世界衛生組織國際癌症研究機構公布的致癌物清單初步整理參考，*對*－苯二胺列在第 3 類致癌物清單中。我國衛福部食藥署為了保障消費者隻健康與權益，對染髮劑含有 PPD 成分有限量規定，於 2011 年修訂為不得超過 2%。凡染髮劑，依化粧品衛生管理法規定，須辦理特殊用途化粧品查驗登記，領得許可證後方可輸入或製造。

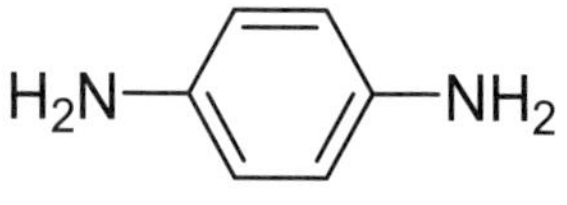

$$H_2N-C_6H_4-NH_2$$

對－苯二胺(PPD)

10.4.4 藥 物

日常中有相當多種與胺類相關的藥物，在本章節中簡單列舉多巴胺(dopamine)與安非他命(amphetamine)說明。多巴胺是一種重要的神經傳導物質，其主要負責大腦情緒、感覺與動作等信息的傳遞，在一些研究的成果顯示，多巴胺對憂鬱症及帕金森氏症的治療有相當的療效。

安非他命結構與腎上腺素相似，也可作為中樞神經的興奮劑，並有抑制食慾的功用，但是會造成藥癮。不肖廠商會利用安非他命來作為減肥的產品，因此在選用相關產品時需格外小心，不要購買來路不明的產品，此外，針對濫用藥物的檢測與宣導上，嘉南藥理大學亦投入相當多的人力與資源來減少濫用藥物的被使用（可參考本章附錄之內容）。

HO, HO, NH_2

多巴胺

CH_3, CH_2CHNH_2

安非他命

10.5 醯胺的定義

醯胺為羧酸的衍生物，特徵是羧酸中的羥基(hydroxy)被胺基(amino)所取代，其通式為 RCONR$_2'$，一般而言醯胺較酯類安定，可由羧酸與氨反應進行脫水製備而得，其反應式如式 10-2。

$$H_3C-\overset{\overset{\displaystyle O}{\|}}{C}-OH \quad + \quad NH_3 \longrightarrow H_3C-\overset{\overset{\displaystyle O}{\|}}{C}-NH_2 \quad + \quad H_2O$$

式 10-2

在醯胺的分類上，可依氮原子上所接烴基的多寡而區分為一級醯胺、二級醯胺與三級醯胺。當取代基皆為氫原子時，稱為一級醯胺；若其中一個為氫原子另一個為烴基時為二級醯胺；若其取代基皆為烴基時則稱為三級醯胺。

$R-C(=O)-NH_2$　　$R-C(=O)-NHR'$　　$R-C(=O)-NR'_2$

一級醯胺　　二級醯胺　　三級醯胺

10.6 醯胺的命名

依 IUPAC 系統命名法，中文以胺基上取代基寫在前而酸改成醯胺，英文是將羧酸字尾“oic acid”改成 amide。如果醯胺的氮原子上有烷基或芳香基，則以 *N*–加上其取代基的名稱置於字首，表示此基團位於氮原子上。

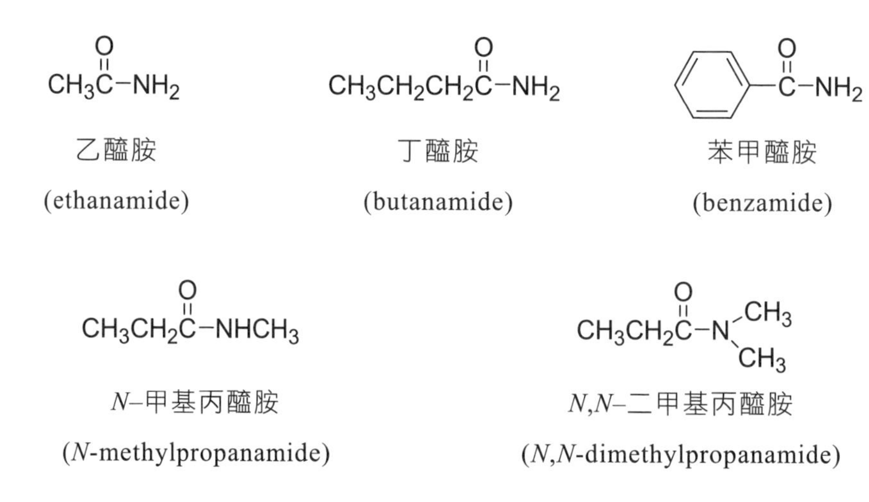

乙醯胺 (ethanamide)　丁醯胺 (butanamide)　苯甲醯胺 (benzamide)

N–甲基丙醯胺 (*N*-methylpropanamide)　*N*,*N*–二甲基丙醯胺 (*N*,*N*-dimethylpropanamide)

10.7 醯胺的性質

醯胺為極性分子，具有一個平面的幾何結構，由於共振的影響使醯胺上的 C-N 鍵無法任意旋轉，如式 10-3。

$$R-\overset{\overset{\huge{:}O{:}}{\|}}{C}-\ddot{N}H-H \longleftrightarrow R-\overset{\overset{:\ddot{O}:^-}{|}}{C}=\overset{+}{N}H-H \qquad \text{式 10-3}$$

醯胺與胺不同，因共振的影響使醯胺不具鹼性，而為中性物質。此外，醯胺氮原子上所接烷基的多寡，會影響其分子間所能形成氫鍵的數目（圖 10.2），在一級醯胺的 $-NH_2$ 基中可以形成的氫鍵的數目最多，因此具有較高的熔點與沸點，其次為二級醯胺，而三級醯胺中則無分子間的氫鍵形成，因此熔點與沸點較低，如圖 10.3。

$R-C(=O)-NH-H \cdots O=C(R)-NH-H \cdots O=C(R)-NH_2$ （→ 氫鍵）

◆ 圖 10.2　醯胺分子間的氫鍵

$CH_3\overset{O}{\overset{\|}{C}}-NH_2$	$CH_3\overset{O}{\overset{\|}{C}}-NHCH_3$	$CH_3\overset{O}{\overset{\|}{C}}-N(CH_3)_2$
乙醯胺	*N*–甲基乙醯胺	*N*,*N*–二甲基乙醯胺
沸點 222°C	沸點 205°C	沸點 165°C
熔點 81°C	熔點 27°C	熔點–20°C

◆ 圖 10.3　一級醯胺、二級醯胺與三級醯胺的熔、沸點比較

醯胺分子可與水產生分子間氫鍵（圖 10.4），具吸水保濕能力，如尿素為天然保濕因子(natural moisturizing factor, NMF)，此外，醯胺的分子間氫鍵是蛋白質和酶結構上非常重要因素。

◆ 圖 10.4　醯胺分子與水產生分子間的氫鍵

10.8 常見醯胺及其功用

一個大家熟悉的簡單醯胺－尿素(urea)，為蛋白質分解後的最終產物，對一正常成人而言，每天約有 30 克的尿素排出體外，尿素是一種重要的肥料，其可提供植物生長所需的氮，此外，尿素也是存於角質層中之重要天然保濕因子（約占 7%）。另外，由 α-胺基酸（圖 10.5）中胺基與羧基進行分子間脫水反應得到之蛋白質，為一種聚醯胺化合物。存在於細胞間質中之神經醯胺(ceramides)，為脂溶性物質是皮膚重要的保水物質。

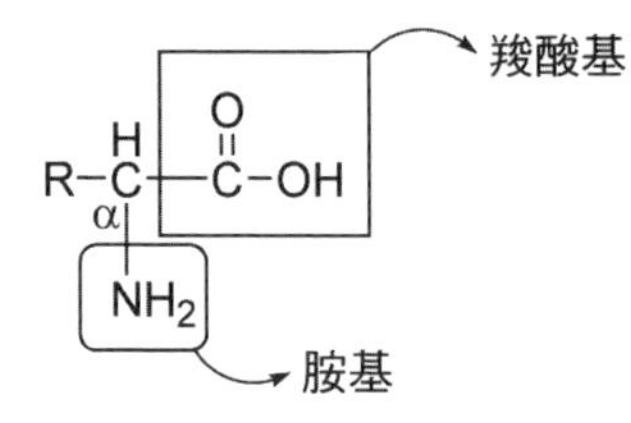

◆ 圖 10.5　α–胺基酸

10.8.1 神經醯胺

神經醯胺在角質層中約占脂質含量的 40%，是角質層脂質中比例最高的成分，其能防止水分蒸發，對皮膚的保水性扮演極為重要的角色，此外，神經醯胺亦為細胞間接合作用的物質，能維持細胞結構之完整性，為肌膚本身防禦外界汙染的屏障。人體的皮膚中共有 6 種不同的神經醯胺，下圖為化粧品原料中所常用的 ceramide-3 結構，如圖 10.6。

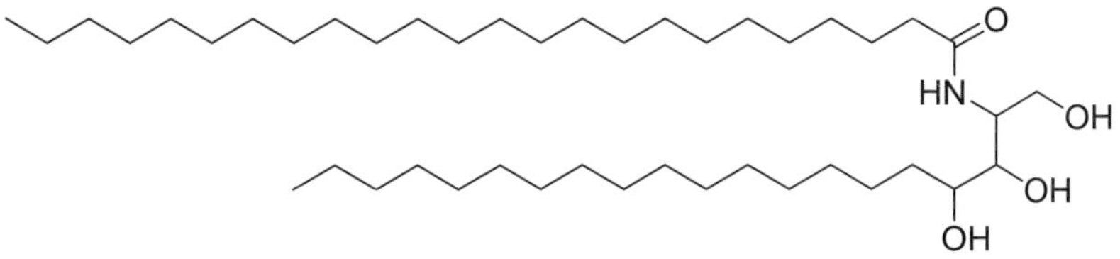

◆ 圖 10.6 ceramide-3

10.8.2 尿素

尿素(urea)為蛋白質分解後的最終產物，對一般正常人而言，每天約有 30 克的尿素排出體外；尿素是一種重要的肥料，可提供植物生長所需的氮。尿素也是存於角質層中之重要天然保濕因子（約占 7%）。

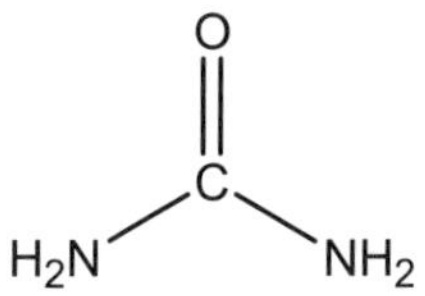

尿素(urea)

10.8.3 *N,N*–二乙基甲基苯醯胺

N,N–二乙基甲基苯醯胺(*N,N*-diethyl-3-methylbenzamide)為昆蟲驅蟲劑，常見的俗稱為 *N,N*-diethyl-*m*-toluamide、DEET 或敵避，為市售化學防蚊液的主要原料。

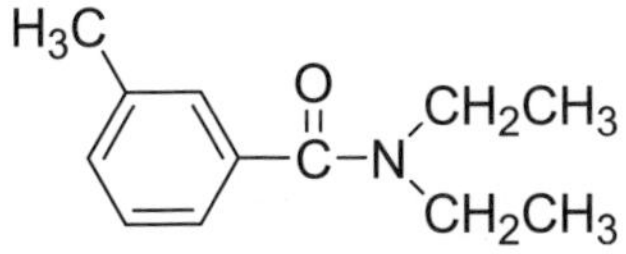

N,N-Diethyl-3-methylbenzamide

10.8.4 胜肽與蛋白質

由胺基酸分子上的羧酸與另一胺基酸分子上胺基反應結合所形成醯胺鍵的鍵結，稱為胜肽鍵(peptide bond)，如甘胺醯丙胺酸由甘胺酸與丙胺酸所結合之二胜肽，如式 10-4，由兩個胺基酸分子所連結形成的化合物稱為二胜肽，三個胺基酸分子所連結形成的化合物稱為三胜肽，蛋白質則是通常由超過 100 胺基酸分子所連結形成的多胜肽鍵(polypeptide bond)，化粧品中所常用的膠原蛋白就是蛋白質的一種，其具有良好的保濕能力。

一般而言，由胺基酸分子上的羧酸與另一胺基酸分子上胺基反應結合所形成醯胺鍵的鍵結之小分子化合物稱為胜肽，大分子稱為蛋白質。現今美容醫學中，不同胜肽具有不同的功能，如二胜肽具有抗醣化之功能；三胜肽具有促進纖維母細胞增生膠原蛋白之功能；四胜肽具有抗發炎及增強肌膚耐受力之功能；五胜肽具有刺激膠原蛋白增生之功能；六胜肽具有舒緩表情紋之功能，又被稱為類肉毒桿菌素；九胜肽具有減少黑色素合成製造之功能；胜肽因此成為目前最夯的抗老化成分，而且有越來越多可能的排序被發掘出來，不僅是美容界的延遲老化的機能性原料的主角，也可能是抗氧化、保濕、美白等護膚產品之最佳配角。

$$\overset{+}{N}H_3\text{-}CH_2\text{-}\overset{\overset{\displaystyle O}{\|}}{C}\text{-}O^- + \overset{+}{N}H_3\text{-}\overset{\overset{\displaystyle CH_3}{|}}{CH}\text{-}\overset{\overset{\displaystyle O}{\|}}{C}\text{-}O^- \longrightarrow \overset{+}{N}H_3\text{-}CH_2\text{-}\overset{\overset{\displaystyle O}{\|}}{C}\text{-}\overset{H}{N}\text{-}\overset{\overset{\displaystyle CH_3}{|}}{CH}\text{-}\overset{\overset{\displaystyle O}{\|}}{C}\text{-}O^-$$

peptide bond

式 10-4

習題 EXERCISE

1. 畫出下列分子之結構式：
   (1) Pentanamide
   (2) 2-Methylbutamide
   (3) *N*-Methylbutamide
   (4) *p*-Chloroaniline
   (5) 2-Aminohexane
   (6) *N*,*N*-Dimethylaminocyclopentane
   (7) *N*-Ethyl-*N*-methylpropylamine
   (8) Diphenylamine

2. 寫出下列分子之 IUPAC 命名：

(1) O N

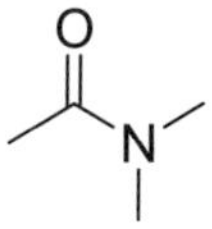

(2) O NH_2

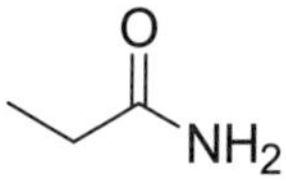

(3) O NH_2

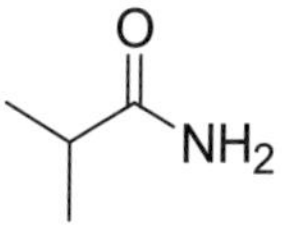

(4) NH_2

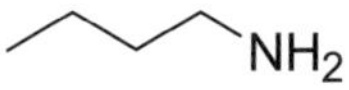

(5) H N

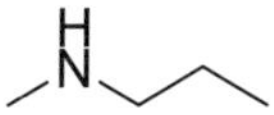

(6) N

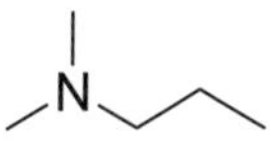

(7) O OH NH_2

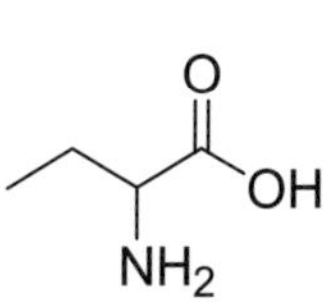

(8) NH_2

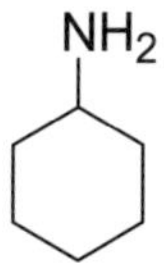

(9) O NH_2

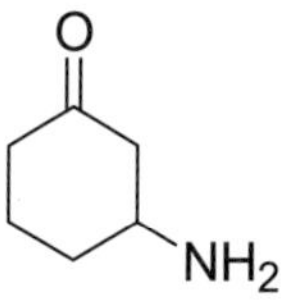

3. 在胜肽的結構中，經常以其所組成胺基酸分子的三個字母縮寫來表示，試問：
   (1) 三胜肽 Ala-Leu-Cys 是由哪三個胺基酸分子所組成？
   (2) 畫出此三胜肽之結構式。

4. Benzocaine 為燒燙傷或昆蟲咬傷的治療藥膏中所常添加的麻醉藥，其結構式如下所示：

$$H_2N-\langle\text{benzene ring}\rangle-\overset{\displaystyle O}{\overset{\|}{C}}-OCH_2CH_3$$

   試問此分子中具有哪些官能基？

5. 將下列胺類分子分類為一級胺、二級胺或三級胺。

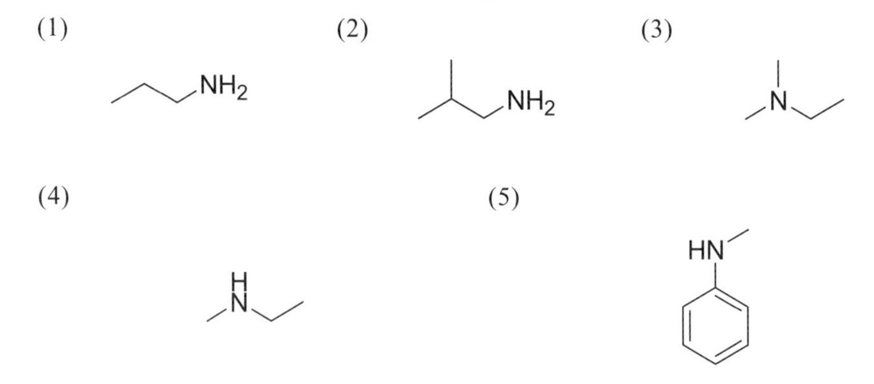

6. 藉由三級胺與鹵烷類化合物進行 S_N2 的親核性的取代反應，寫出合成陽離子界面活性劑十六烷基三甲基氯化銨的反應式。

附錄

離子液體

離子液體(ionic liquid)為帶正電的有機陽離子與帶負電的有機或無機陰離子所組成之離子化合物，與日常常見鹽類的離子化合物的最大不同點在於一般離子化合物的熔點非常的高，以氯化鈉為例，其熔點為 801°C；而離子液體的熔點需小於 100°C，此外，亦有室溫下即為液態之室溫離子液體(room temperature ionic liquid, RTIL)。一般離子液體的陽離子主要包括了季銨離子(ammonium)及咪唑離子(imidazolium)、吡啶離子(pyridinium)以及季磷離子(phosphonium)等類之結構化合物，而陰離子部分的結構則包含了有 Cl^-、Br^-、BF_4^-、PF_6^-、$CF_3SO_3^-$、$N(SO_2CF_3)_2^-$…等不同有機或無機陰離子的種類。

在離子液體結構中，改變不同陰離子種類，會對離子液體的親、疏水性有非常明顯的影響。一般而言陰離子為 Cl^-、Br^-、I^-、$CH_3CO_2^-$等類型之離子液體較為親水，而 PF_6^-、$N(SO_2CF_3)_2^-$或 $N(SO_2CF_2CF_3)_2^-$等類型之離子液體則較為疏水。由於離子液體的物化性質可藉由結構的合成設計而改變，因此又被稱為可調控的溶劑。

Tetraalkyl-ammonium	1-Methyl-3-alkyl-imidazolium	N-Alkyl-pyridinium	Tetraalkyl-phosphonium

◆ 圖 10.7　一般常見離子液體之陽離子結構

由於離子液體具有無蒸汽壓、無可燃性、無著火點與高的熱穩定性等特色，可提高生產製程之安全性與避免使用一般揮發性有機溶劑所產生環境汙染的問題，因此成為近年來頗受注目的綠色溶劑。

安非他命之祕密

安非他命(amphetamine)指的是 dextroamphetamine、benzedrine 以及 ritalin 這類藥物。原先安非他命是用來治療氣喘、睡眠失常（嗜睡症）與過動症狀的。1920 年人們便用一種叫做麻黃素(ephedrine)的藥物治療氣喘。在中國幾世紀以來一直用麻黃樹來治療氣喘。無怪乎這種植物有效，因為麻黃植物中含有麻黃素。1932 年合成麻黃可在藥局販售，在 1954 年以前根本不需要醫師處方；二次大戰時期有軍人與駕駛員會吃安非他命來提神並防止疲勞。

安非他命一直是臺灣氾濫的毒品，相較於其他毒品，吸食安非他命的興奮作用可長達十數個鐘頭，讓一些需長時間工作、熬夜的人忍不住嘗試；此外，它也具有減少食慾的效果，因此減肥藥也是造成氾濫的原因之一。

安非他命會刺激神經元釋出過多神經傳遞物、阻止神經傳遞物被分解與回收，加上藥物本身也能模仿神經傳遞物發布訊號，所以造成過多興奮型的神經傳遞物聚集在突觸，引起過度活化，不斷傳送訊號，因而出現強烈的亢奮反應。而甲基安非他命的效果較原先的安非他命強，主要原因是它阻止神經傳遞物被回收的能力更強，使較多神經傳遞物聚集於突觸；搖頭丸（亞甲二氧基甲基安非他命，3,4-methylenedioxy-*N*-methylamphetamine, MDMA）也是中樞神經興奮劑，在大腦作用的方式也十分相似，但因為化學結構有些微不同，各自產生的作用也不太一樣。

吸食安非他命短期影響包含心跳加快、血壓與體溫上升及興奮作用，可長達十多個鐘頭。一旦藥效過後，吸食者便會出現與服藥時完全相反的感受，如沮喪、食慾降低等；長期吸食安非他命的人，會導致身體多種器官病變，也容易罹患憂鬱症，出現自殺的傾向。醫生通常會開抗憂鬱症的藥，幫助吸食安非他命的人戒毒及減輕痛苦。

林口長庚醫院毒物科前主任林杰樑指出，會接觸安非他命的人通常抗壓性低，需要藉由它讓自己快樂，這些人一旦染上毒癮，便很難戒掉。在國外，已將戒毒時間拉長，除了幫吸毒者戒毒，也教他們如何面對壓力、排解情緒與學習一技之長，以降低再度吸食的可能性。臺灣若能經由修法，將毒癮當成一種慢性疾病治療，包括心理復健、職能訓練等，就可幫助有心戒毒者改變自己的行為模式，增加自己重回社會的信心與機會。

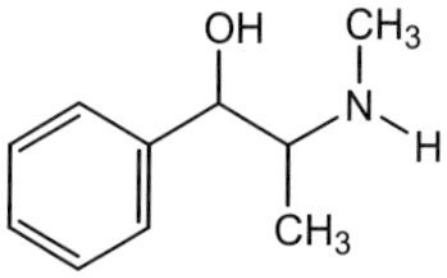

麻黃素

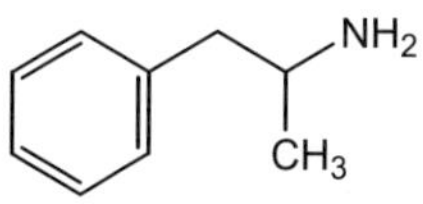

安非他命

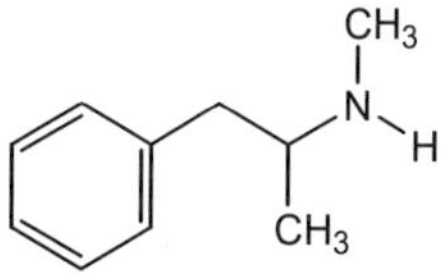

甲基安非他命

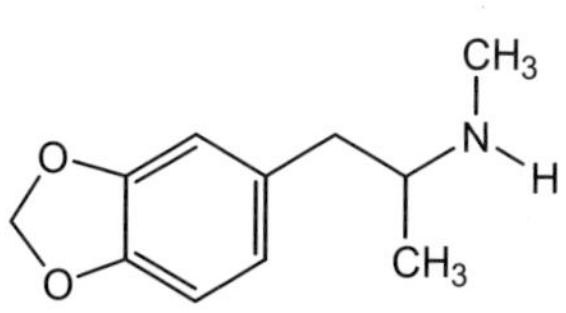

搖頭丸(MDMA)

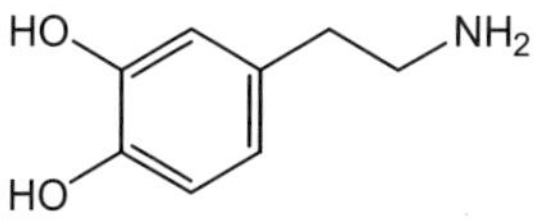

多巴胺

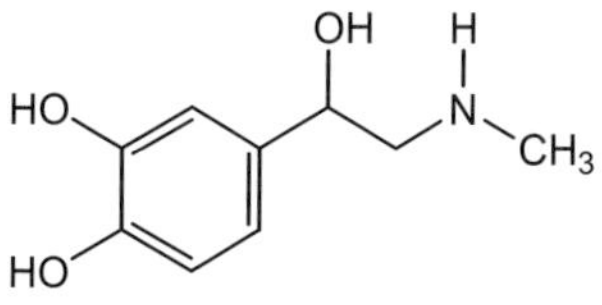

腎上腺素

CHAPTER

11

有機矽化物

11.1 矽烷的定義

矽烷指的是碳烷烴以矽取代類似物。構成矽烷烴的是一條矽原子連結形成的主鏈和以共價鍵連結在主鏈上的氫原子。矽烷烴的化學式通式為：Si_nH_{2n+2}，為無機化合物。

甲矽烷(silane)　　乙矽烷(disilane)

對矽烷烴的命名有一定之規則可以遵循，英文的命名是在 silane 前面加上表示矽原子數的前綴（di、tri、tetra 等等），中文的命名規則與碳烷烴非常接近，由十個以內矽原子組成的矽烷按照 IUPAC 命名，十個以上的則直接用數字命名。按照這樣的規則 Si_2H_6 的中文名稱為乙矽烷，英文名稱為“disilane”，Si_3H_8 的中文名稱為丙矽烷，英文名稱為“trisilane”，而由一個矽構成的矽烷烴，在英文中沒有前綴，被稱作“silane”而在中文中就被稱作矽烷。另外矽烷烴還可以按照無機物的命名規則來命名，如 SiH_4 可以命名為四氫化矽，顯然對於由很多矽構成的長鏈矽烷烴，按照無機物命名是非常繁瑣的。

相比於與之相對應的碳烷烴，矽烷烴的穩定性要差一些，這主要是因為元素矽雖然可以與其他矽原子形成 σ 鍵，不過其穩定性不如碳原子之間的 σ 鍵；所以 C-C 鍵的強度要略強於相應的 Si-Si 鍵。一些有機的取代基可以取代矽烷上的氫原子，形成類似烷烴的聚矽烷(polysilane)。矽烷烴上也可以連結功能基團，這一點也是和碳烷烴非常類似的性質；比如在矽烷烴上連結羥基就會形成矽醇，連結羰基就會形成矽酮等等。

有機矽化學(organosilicon compounds)主要研究有機矽化合物的性質及反應活性。有機矽化合物就是含有碳矽鍵的有機化合物，矽和碳類似，有機矽也是四配位的四面體結構；通常為聚矽氧烷化合物，這類化合物屬於半無機、半有機結構之高分子化合物。在生物分子中，還沒有找到含有碳矽鍵的化合物。第一個有機矽化合物是在 1863 年由法國化學家查爾斯·傅里德爾(Friedel C)和美國化學家詹姆斯·克拉夫茨(Crafts J)共同發現。他們用四氯化矽和二乙基鋅反應得到四乙基矽。而簡單的碳矽化合物—碳化矽(Si-C)則是無機化合物。

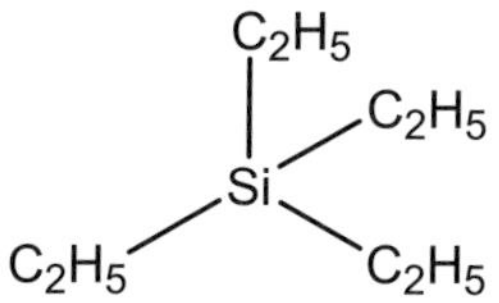

$$Si(C_2H_5)_4$$

四乙基矽(tetraethylsilane)

有機矽聚合物(Polydimethylsiloxane)是一種多元化的化合物，包括傳統的聚二甲基矽氧烷(dimethicone)及含有多功能的聚合物等等，基於有機矽聚合物的功能我們可以得到不同種類的有機矽聚合物，如：水溶性矽油、油溶性矽油、氟溶性矽油等。最「簡單」和最古老的有機矽聚合物一般稱為液體矽氧烷或者聚二甲基矽氧烷；它們由($Si(CH_3)_2$-O) 的重複單元所構成，組成各種不同形式的產品，如低黏液體、橡膠體般的彈性體和脆性樹脂等。

11.2 有機矽化物的性質

有機矽化物矽氧聚合物的化學成分，俗稱矽油，英文稱 Silicone，在英語中常常和矽(Silicon)被混淆，但其實兩者是完全不同的物理性質，矽油及其衍生物作為化粧品原料新潮一族，具有優良的物理和化學特性。有機矽材料本身具有較低的表面張力(19 Nm^{-1}~21 Nm^{-1})和很強的拒水性，並且無毒、無嗅、無刺激、潤滑性能好和對環境影響小等特點，能在皮膚表面形成均勻防水透氣（可呼吸）且潤滑性能好的保護膜等，因此，這種材料可以應用在與人們生活密切相關的產品。

液態時的二甲基矽氧烷為一黏稠液體，稱做"dimethicone"，屬於矽油(Silicone oil)之類，是一種具有不同聚合度鏈狀結構的有機矽氧烷混合物，其端基和側基全為烴基（如甲基、乙基、苯基等）。一般的矽油為無色、無味、無毒、不易揮發的液體。聚二甲基矽氧烷聚合物，也可以稱為矽油，或者是簡單有機矽，一般是根據它們的黏度（0.65 cSt 到 1,000,000 cSt）範圍進行分類。一般來說，液體矽氧烷的黏度應該與其分子量有關，分子量越高黏度越大。一般認為低分子量的矽氧烷是具有揮發性的。一旦分子量大於某一個點時，這時矽氧烷聚合物將不再具有揮發性，如表 11.1。揮發性矽氧烷一般是用作溶劑，提供乾爽的敷感。大多數的揮發性矽氧烷被認為是易燃的，如果配方中含有高含量揮發性矽氧烷，則產品必須貼上易燃品標籤。

■ 表 11.1　揮發性矽油的特性

INCI Name	Hexamethyl-disiloxane	Dimethicone	Dimethicone	Dimethicone
黏度	0.65	1.0	1.5	2.0
分子量	162	236	311	385
比重	0.76	0.816	0.85	0.875
折射率	1.375	1.382	1.387	1.389
閃燃點°C	-3	34	56	87

11.2.1　聚二甲基矽氧烷

聚二甲基矽氧烷為無色無味的透明液體，廣泛用於膏霜類及髮用化粧品，可增進皮膚滑爽及細膩感，且無油膩感和殘留感，也可使頭髮柔軟、滑爽、改善梳理和增加光澤。用聚二甲基矽氧烷製成的唇膏，可使唇部柔軟、無乾燥感覺，光滑耐久。高含量的聚二甲基矽氧烷的洗髮乳時，手感柔軟細滑，洗後梳理性好，無論頭髮厚薄及受損程度如何，都能一梳到底，頭髮吹乾後光澤柔亮，握在手中如握黑絲綢緞般感覺。

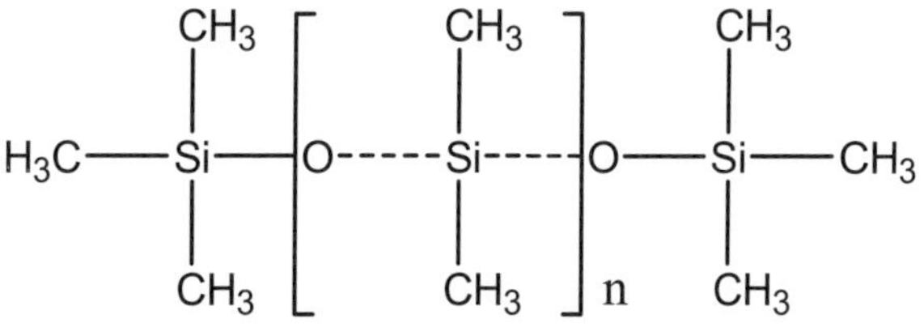

$$H_3C-\underset{CH_3}{\overset{CH_3}{Si}}-\left[O-\underset{CH_3}{\overset{CH_3}{Si}}-\right]_n O-\underset{CH_3}{\overset{CH_3}{Si}}-CH_3$$

聚二甲基矽氧烷(dimethicone)

11.2.2 聚甲基苯基矽氧烷

無色透明液體，其物理性質隨分子量變化而異。苯基含量提高，密度和折射率增大。低苯基含量的凝固點低於-70℃。中苯基和高苯基含量的熱穩定性提高，並具有優良的耐輻射性及無毒性。廣泛用做髮用及膏霜類化粧品的基質原料，成膜能力強，對皮膚和眼睛的刺激性小，對人體安全，可用作面膜成膜劑、頭髮調理劑和防曬霜中防水劑。

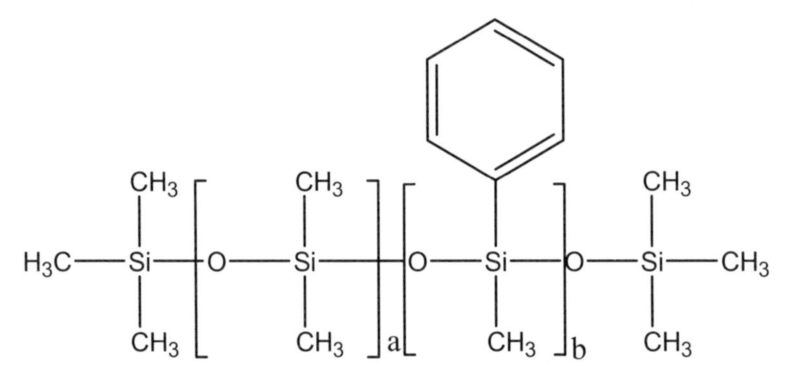

聚甲基苯基矽氧烷(polymethylphenyl siloxane)

11.2.3 聚二甲基環矽氧烷

主要有八甲基環四矽氧烷(D4)和十甲基環五矽氧烷(D5)兩種。D4 和 D5 均為無色透明液體，黏度低，具有良好的揮發性、流動性和延展性及很低的表面張力等特性，可賦予化粧品快乾、光滑、光澤好等性能，除了可應用在護膚、抑汗、抑臭等產品中外，還可用於美容類及髮膠等化粧品。

自上世紀 70 年代以來，環甲基矽酮(Cyclomethicone)屬於環狀矽聚合物，開始在化粧品配方中應用，濃度可為 0.1~5%，現已成為化粧品工業中應用最廣泛的矽酮。高揮發性的溶劑特徵，使環甲基矽酮對於局部用製劑非常理想，原因在於揮發性使其應用於皮膚時有乾爽的感覺。

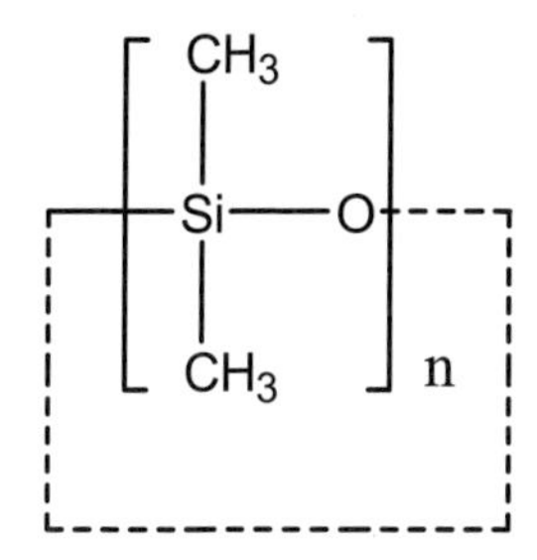

環甲基矽酮(Cyclomethicone)

11.2.4 矽酮乙二醇共聚物

這類矽油是在其疏水性的聚矽氧烷鏈結上，接上親水性的聚醚基團所形成的共聚物。經改性後，使其具有非離子型界面活性劑的性質，明顯降低了表面張力，無需乳化即可以任何比例與水共溶，常稱這類矽油為水溶性矽油，其水溶性受分子結構中的 a/b 比例，值越大親水性越佳。在化粧品應用中，它可以作為調理劑，改善頭髮的梳理性，使頭髮在濕梳及乾梳容易、抗靜電及防止揮散可用於香水、慕斯、髮膠等製品中。

$$H_3C-Si(CH_3)_2-\left[O-Si(CH_3)\left((CH_2)_3-O-(CH_2CH_2O)_x-(CH_2CH(CH_3)O)_yH\right)\right]_a-\left[O-Si(CH_3)_2\right]_b-O-Si(CH_3)_2-CH_3$$

PEG/PPG 聚二甲基矽氧烷混合物

11.2.5 胺基改性矽油

這類矽油是聚二甲基矽氧烷中的甲基被胺烷基所取代而成的有機矽化合物。研究顯示，具有胺基官能團的矽油是非常獨特的調理劑。胺基矽油是專門用於紡織品中柔軟整理劑的基本成分。它具有最佳的吸附性、相容性及易乳化性。這類矽油能改善潤濕和潤滑性，與陽離子、非離子乳化劑相容性甚好；如有機矽四級銨鹽是護髮的最佳調理劑，具有柔軟、順滑、抗靜電和易於梳理等優點；在化粧品中常用於香水、護髮素、髮乳等製品，可增加頭髮的光澤和柔軟性、梳理性，改善固髮效果，也易於清洗不殘留。

$$\begin{array}{ccccc} & OCH_3 & & & CH_2CH_2OOCC_{17}H_{25} \\ & | & & & | \\ H_3C - & Si & - (CH_2)_3 - & N^+ - CH_3 & Cl^- \\ & | & & | & \\ & OCH_3 & & CH_2CH_2OOCC_{17}H_{25} & \end{array}$$

有機矽四級銨鹽

普通有機矽乳液粒徑較大，一般為 1~3μm，顆粒表面的雙電層較弱，顆粒之間相互作用易導致油水分離，穩定性較差。近年來，為了克服此缺點，國內外相繼研究開發了有機矽乳液的新品種「有機矽微乳液」。有機矽微乳液粒徑小於 0.15μm，外觀呈半透明到透明狀，屬一種熱力學穩定的分散體系。與普通有機矽乳液相比，有機矽微乳液的粒徑較小，具有優良的滲透性、儲存穩定性、耐熱性和抗剪切性。因此，有機矽微乳液成為目前有機矽研究的重點之一。

在有機矽微乳液各品種中，由於胺基改性有機矽微乳液（簡稱胺基矽微乳）中矽油鏈上的胺基能與纖維上的羥基、羧基等活性基團發生反應或氫鍵結合，增加了有機矽對纖維的親和力，使被整理物的耐水性大大提高，並賦予各種纖維卓越的柔軟效果和彈性及滑爽。

有機矽四級銨鹽是一類新型陽離子型表面活性劑，具有耐高溫、耐水洗、持久的效果，抑菌範圍廣，能有效地抑制格蘭氏陽性菌、格蘭氏陰性菌、酵母菌和真菌等。

11.3 有機矽化物在化粧品之應用

近年來，矽橡膠製品材料得到眾人認可，接觸人體肌膚的好產品，目前更多的人選擇使用矽膠日用品、化粧品等等，目前矽膠定製加工技術早已成熟，有機矽膠產品在日用化工領域的應用發展的很快，已成為有機矽應用的主要領域之一。幾乎所有個人護理品中都有含矽氧烷成分的產品，且這類適用性廣的功能性原料隨著新產品的問世不斷擴大其應用領域。由於矽氧烷具有容易調節的功能特性和優異的感覺特性，加之使用它有利於環境和消費者的安全，正越來越多地被用於部分或全部取代化粧品和洗刷用品中的有機原料的有用成分。

另外，有機矽化物也常應用於防水建材上，有機矽防水劑與一般防水劑有所區別，它對物體毛細孔不封死，既能起到防水的作用又能達到透氣的效果，很大程度隔絕了外面的水，又讓裡面的潮氣得到散發。將有機矽防水劑噴刷在建築物裡，具有很好的防水、防潮、防黴功能，經過這種防水劑處理過的牆面就由於穿上了防水外衣，有效地隔絕了雨水從而讓牆面保持乾燥的狀態，很好地阻止了黴變情況。

基於矽油具防水性、潤滑力、光澤等等，雖然其本身並不具有任何滋養作用，但可以增加產品的防水性、柔軟、光澤，以及改善質地與觸感。由於矽靈的上述特性可以在皮膚上形成一層保護膜，防止皮膚水分至表皮蒸發，降低皮膚的「經皮水分散失」(TEWL：Transepidermal Water Loss)，達到皮膚鎖水的功效，很適合用來預防或改善因乾燥而受損的肌膚。所以經常被使用於保養品與化粧品中，例如：保濕乳液、晚安面膜、防曬、粉底、唇膏等等。

另外，有機矽化物接上不同結構的分子，如聚乙二醇型、甜菜鹼型、胺基酸型和咪唑啉型等，與有機界面活性劑一樣，區分為陰離子型、陽離子型、兩性型及非離子型等四種，廣泛應用於化粧製品中。

11.3.1 有機矽材料在化粧品之應用

由於有機矽材料具有潤滑性好，抗紫外線幅射的性能好，對皮膚無刺激，透氣性好等優點，因此在化粧品中有許多用途。

首先，有機矽材料添加到護膚產品中，可在塗抹的皮膚表面形成一層具有防水性能的保護膜，並且不會留下任何膠黏的痕迹。由於保護膜的存在，皮膚可以更好地保持水分，保持滋潤與細膩，具有光滑和柔軟感。

二甲基聚矽氧烷是化粧品中常用的材料，它添加到化粧品中可以抑制產品的油膩感。同時增加皮膚的清爽感和舒適度，在不影響其他功能性成分發揮作用的前提下，還可以有助於各種成分的擴散。

同時，有機矽材料由於透氣性好，並且具有良好的潤滑性能，能減少對毛孔的阻塞，因此可以添加到抗汗劑中。由於環狀二甲基矽氧烷具有適當的揮發速度，汽化熱值低，揮發時皮膚有涼冷的感覺，無殘留物，是用作抗汗劑的理想材料。此外，如十八烷基三甲基矽氧烷具有蠟的特性，熔點低，在皮膚可留下光滑柔潤的薄膜，可配製成各種固體、半固體和液體的化粧品。有機矽材料還可以延長口紅、眼影及粉底在皮膚上的停留時間，並保持其色澤，是彩粧中十分重要的成分之一。

11.3.2 有機矽材料在頭髮製品之應用

有機矽材料添加到洗髮用品中，可以使泡沫穩定，色澤好，頭髮順滑、更加易梳理和不會有黏膩感。近年來，有機矽產品在個人洗護用品方面得到越來越多的應用。由於環狀的甲基矽氧烷具有易揮發的特點，可以縮短吹乾和熱成型的時間，達到避免頭髮長時間受熱吹風傷害的目的。護髮劑及噴霧劑中添加有機矽產品，則可以保持頭髮的光澤，而頭髮定型產品中的有機矽材料可以提高定型能力。

含有機矽的護齒牙膏是近年來出現的一種新型藥物牙膏。膏體中添加了有機矽產品成分，像羥基甲基矽油或乙基矽油乳液等。添加了這些成分以後，牙膏會在牙齒表面形成薄膜。薄膜的形成能阻止了細菌聚集以及牙垢產生，並且對口腔中常見的細菌有抑制作用，對常見的一些牙齒問題，如齲齒、牙周炎和口臭等也有很好的療效。

11.3.3 有機矽材料在衣服洗滌劑、整理劑之應用

表面活性劑是洗滌用品的主要成分，對洗滌效果起到關鍵的作用。有機矽表面活性劑(silicone surfactant)是特種表面活性劑中最重要的品種之一。近年來由於有機矽表面活性劑具有優良的降低表面張力以及優良的潤濕消泡和穩泡性等特性，引起了人們的極大的興趣。有機矽表面活性劑生理毒性極低，因而廣泛應用在洗滌用品中。由於其分子結構特殊界面膜上各分子間的黏附力很小，因此是很好的潤濕劑及極佳的潤滑劑。

在洗滌劑中使用有機矽表面活性劑衣物經過洗滌後，可賦予柔軟滑潤的手感，提高彈性而且變得挺拔耐皺褶。有機矽表面活性劑還能使衣物具有吸濕透濕性、抗靜電性等效果，洗後穿時美觀舒適，可達到風格化、高檔化及功能化的值量效果，以滿足人們不同的需求。有機矽四級銨鹽離子型界面活性劑用於纖維製品的衛生整理上，具有很好的抗菌防霉作用，並且安全耐久。

附錄 矽靈的迷思

相信你在挑選洗髮精或是潤髮乳等相關產品時，一定看過這些廣告標語：「零矽靈」、「不含矽靈」、「無矽靈」、「無添加矽靈」，看起來就像矽靈是個十惡不赦的壞蛋般，一旦添加了就是不好、必須選用沒有含矽靈成分的產品才是正確的。但，你知道矽靈究竟是怎麼樣的成分嗎？在洗護髮產品中是怎麼樣的角色？又為何現在市面上的大部分產品會如此標榜呢？

矽靈其實是一種稱作矽氧聚合物的化學成分，英文稱為 Silicone，在英語中常常和矽(Silicon)被混淆，但其實兩者是完全不同的物理性質。一般的矽靈為無色、無味、不易揮發的液體，且刺激性低、安定性高，並具有滑潤、保水的效果，因此在洗髮精、潤絲精或是化粧保養品的成分常會有矽靈的存在。根據臺灣衛生福利部食品藥物管理署(FDA)藥物食品安全周報第 611 期提及，矽靈約於 40 年代開始量產，因前述提及矽靈具有無毒、穩定的特性，加上價格便宜，故很快就被普遍運用於醫藥工業上。到了 70 年代，矽靈也開始被運用於化粧產品上，用途包含止汗除臭劑、皮膚保養還有彩粧品、防曬品的抗水性，我們知道的乳液、乳霜、甚至粉底液都可能有它的蹤跡。一直到 80 年代矽靈的運用更加穩定後，含有矽靈的雙效合一的洗髮乳、潤髮乳等產品。

一般坊間的說法是這樣的：每一次使用含有矽靈的洗潤髮產品後，這些成分會不斷地附著於頭髮的孔洞之上，但由於矽靈不溶於水的特性，原先留存在頭髮上的矽靈成分是沒有辦法被清洗掉的，如此一來不斷不斷地累積，就容易造成頭髮變得十分厚重、逐漸喪失彈性。另外也會造成毛孔無法呼吸，透氧不足的結果還可能影響到整個頭皮的健康。另外也有提到矽靈是為合成的化合物，自然界無法分解，恐對環境造成危害的說法。

洗髮精中添加矽靈(dimethicone)成分，主要功能在於使頭髮輕柔滑順好梳理，並具有保濕效果。矽靈會附著在頭髮上，後頭髮吹乾時，揮發後，並不會阻塞毛細孔（衛生福利部食品藥物管理署，2015）。另查詢目前國際間，包含歐盟，美國及日本等國的管理規範，亦均未禁止使用於化粧品中。

臺灣皮膚科醫學會於 2014 年 1 月 23 日召開醫學會，為矽靈、石蠟、防腐劑這三類化學成分平反，矽靈穩定度很高，對皮膚也安全，絕不會「把頭髮、頭皮悶死」。於中國醫藥大學附設醫院擔任國際醫療美容醫學中心主任的邱品齊醫師強調，長髮、受損、乾性髮質，可利用矽靈增添順滑、觸感和保濕度。

MEMO

CHAPTER

12

立體化學 (Stereochemistry)

12.1 簡介

同分異構物(isomers)：分子式相同但結構式不同的化合物，例如：分子式同為 C_2H_6O 的化合物，若其分子結構為 CH_3CH_2OH 則稱之為乙醇；若我們將結構式書寫為 CH_3OCH_3 則此有機化合物稱之為二甲醚；又如 C_4H_{10}，一樣有兩種不同結構式，丁烷與異丁烷也為同分異構物，分子越大其異構物之數量也越多。

$CH_3CH_2CH_2CH_3$

丁烷(butane)

$CH_3CH(CH_3)CH_3$

異丁烷(isobutane)

同分異構物又可因為原子在相對空間上的差異關係，可區分為結構異構物(structural isomers)和立體異構物(stereoisomers)。結構異構物即是同分異構物之間的原子和原子鍵結順序不相同，而立體異構物則是同分異構物之間原子和原子的鍵結順序相同，但因空間的排列方式不同，所造成結構的差異。例如：*順*–1,2–二氯乙烯(*cis*-1,2-dichloroethene)與*反*–1,2–二氯乙烯(*trans*-1,2-dichloroethene)即為立體異構物，雖然結構上極為相似，但是其物理性質（沸點、熔點等）與化學性質（反應性）會有明顯不同。

(Cl)(H)C=C(Cl)(H)（兩個 Cl 在同側）

順–1,2–二氯乙烯

(Cl)(H)C=C(H)(Cl)（兩個 Cl 在對側）

反–1,2–二氯乙烯

立體異構物基本形態上有構形異構物(conformational isomers)和組態異構物(configurational isomers)兩種，前者係因分子結構中單鍵（σ 鍵）轉動所造成，通常受溫度的變化而轉變形成不同的構形異構物；後者則需涉及化學鍵的斷裂和生成才能形成的異構物，例如：環己烷(cyclohexane)則可因為構型的差異分為船形(boat form)與椅形(chair form)，一般以椅形較穩定。

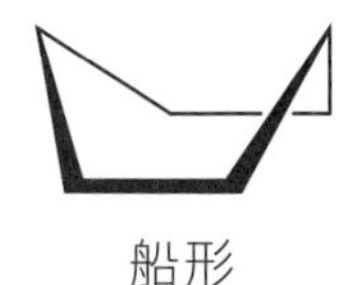

船形

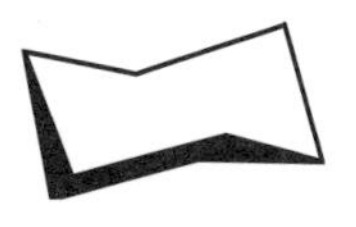

椅形

12.2 立體異構物之結構

立體異構物又可分為幾何異構物(geometric isomers)、對掌異構物(enantiomers)和非對映異構物(diastereomers)。對掌異構物為兩異構物互為鏡像，且又不能重疊者，稱之為鏡像異構物(mirror images)。也就是說，如果在中間放一個鏡子，兩者具有互相是「實物」與「鏡像」的關係，對掌異構物為對掌性分子(chiral molecules)，就像我們的左、右手掌，互為鏡像但無法完全重疊，如圖 12.1。例如：2–氯丁烷(2-chlorobutane)便存在這種鏡相異構物，如圖 12.2。對掌異構物就像是同卵雙胞胎，除了旋光性(optical rotation)之外，各種物理、化學性質都一致。

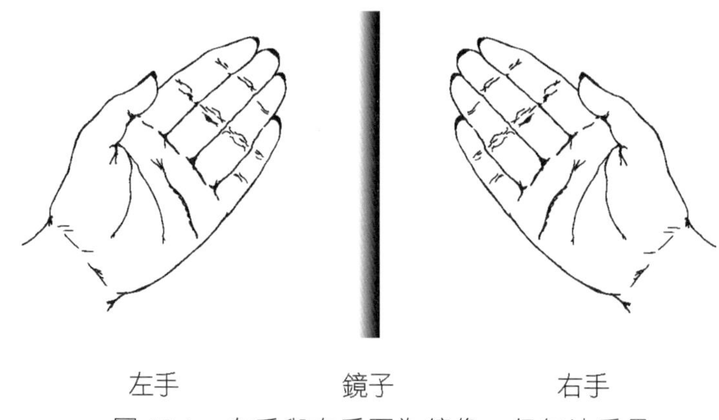

◆ 圖 12.1　左手與右手互為鏡像，但無法重疊

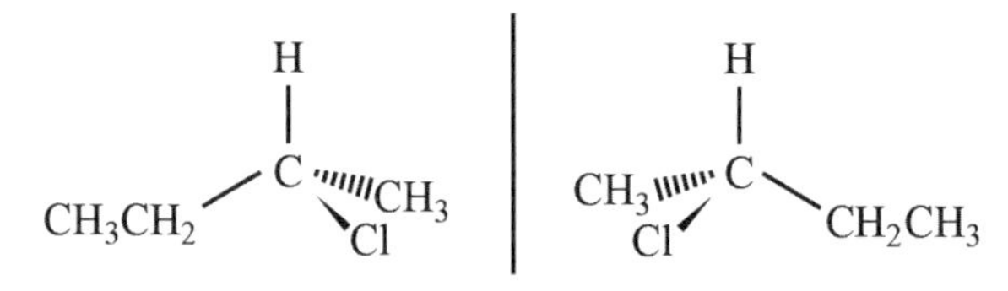

◆ 圖 12.2　2–氯丁烷兩個鏡像異構物

一個有機化合物中若有一個碳原子所鍵結的四個取代基均互不同，這個有機分子便具有對掌異構物(enantiomers)的特性，而這個鍵結四個不同取代基碳原子便稱為不對稱性碳原子(asymmetric carbon)，即為對掌中心(chiral center)，通常以 C*表示。但是有機分子結構中存在不對稱碳原子，並不表示此有機分子一定就是對掌異構物，因為分子結構中若存在重疊的對稱，則此一有機分子結構稱之為內消旋化合物(meso compounds)，而非對掌異構物，如圖 12.3。

另一種判斷對掌異構物的存在方法，是利用分子結構中的不對稱面(asymmetric plane)，因為分子結構中若有對稱面存在，則必能與其鏡相異構物重疊，所以有機分子結構中若具有不對稱面的性質，便存在對掌異構物。例如：2–氯丙烷(2-chloropropane)與 2,3–二氯丁烷(2,3-dichlorobutane)的分子結構便存在一個對稱面，如圖 12.3，故無對掌異構物的存在。而 2–氯丁烷(2-chlorobutane)則無對稱面，因此 2–氯丁烷即具有對掌異構物，如圖 12.2。

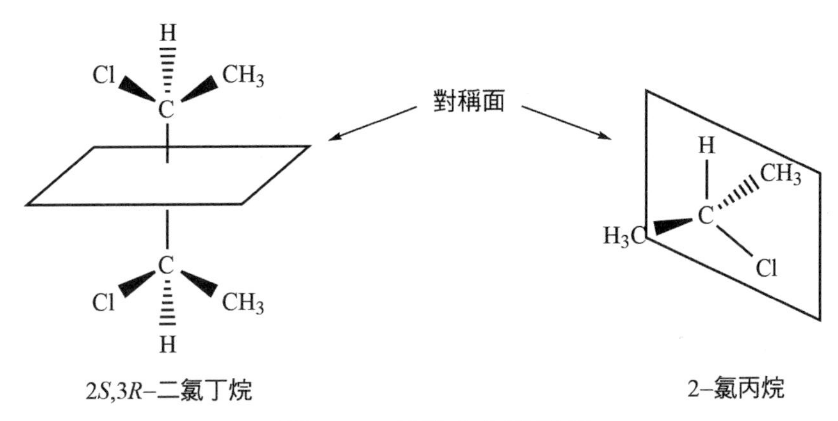

◆ 圖 12.3　結構中之對稱面

12.3 對掌異構物的命名

對掌異構物是屬於組態異構物，其命名是採用相對組態(relative configurational)的系統，其方法是先將不對稱性碳(C*)的四個不同取代基依照「順序法則」(sequence rule)，分別找出 1-2-3-4 的先後順序，再將最小的「4」置於投射視線的對側，然後依照 1-2-3 順序，便可判斷為順時針或反時針方向，若順時針方向者以“*R*”表示，而反時針方向者以“*S*”表示，如圖 12.4。

◆ 圖 12.4　相對組態系統判定

所謂順序法則有下列幾點規定：

(1) 高原子序(atomic number)者優先於低原子序者。

(2) 同原子序（即同位素）原子，其質量數(mass number)較大者較優先。

(3) 未共用電子對(lone pairs)的順序低於原子序最低的氫原子(H)。

(4) 結構中的雙鍵優先、參鍵又比雙鍵優先，再依上述先後順序比較之。

(*S*)–2–氯丁烷　　(*R*)–2–氯丁烷

12.4 對掌異構物與光學活性

一個物質若能使偏極光(polarized light)的振動平面發生旋轉，這種物質即具有所謂的光學活性(optical activity)。對掌異構物(enantiomers)是具有光學活性的異構物，因為其旋光值不同又稱為旋光異構物。

旋光異構物即是鏡相異構物中所存在的兩種組態，若一組態能使偏極光產生右旋，則另一組態能使偏極光產生左旋，且兩者所偏折角度相同但方向相反，但 *R* 組態（或 *S* 組態）是左旋性或是右旋性，則須經由旋光儀實驗測定，無法從其分子結構來加以判定，而一般人常會誤認為 *R* 組態一定是右旋，但在旋光測定中卻可能是左旋，也可能是右旋。若把光學活性化合物，例如，葡萄糖、乳糖等溶液，放在樣品管中，透過旋光儀的量測，使平面偏極光通過，眼睛面向入射的偏極光方向，如果偏極光向右旋轉，這一種化合就是「右旋性」；反之若偏極光向左轉，這一類化合物就是「左旋性」。

右旋性者以“d”表示，左旋性者以“l”表示，其是源自於拉丁文的右(dextro)和左(levo)之意，有時亦會用“+”表示右旋，“−”表示左旋。容我們再強調一次 *R* 組態（或 *S* 組態）到底是 d (+)或 l (−)全由旋光儀之測定結果為依據。例如天然維生素 C 水溶液及酒精溶液所測得的旋光度都是正值，因此維生素 C 應該是「右旋性」化合物。但又為何市面上均稱為左旋維生素 C？其原因是維生素 C 的英文名 L-ascorbic acid 被誤解，這裡的 L 是大寫，其實所代表的是有機分子結構中，最下方不對稱性碳的羥基(OH)在左側，若此羥基在右側則以 D 表示，這是人為定義的結構表示法，與分子本身為左旋或右旋並無直接關聯。由於此誤稱已為消費者所習慣，因此左旋維生素 C 的用語（實際為右旋）仍被市場沿用迄今。

CHO
H—+—OH
CH_2OH

D–(+)–甘油醛

CHO
HO—+—H
CH_2OH

L–(−)–甘油醛

HO OH
O O
HO—+—H
CH_2OH

L–(+)–抗化血酸

12.5 對掌性在生物學上的重要性

有些有機化合物雖然只有在立體結構之差異性，但其在藥理活性或氣味表現上，截然不同，如表 12.1 立體異構物表現之差異性。

■ 表 12.1　常見立體異構物表現之差異性

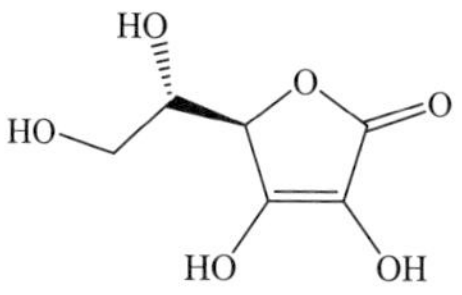	L-Ascorbic acid、Vitamin C（左式右旋） (*R*)-3,4-dihydroxy-5-((*S*)-1,2-dihydroxyethyl)furan-2(5*H*)-one) 抗壞血酸、維生素 C、水溶性抗氧化劑 （註：D-ascorbic acid 不具生理活性）
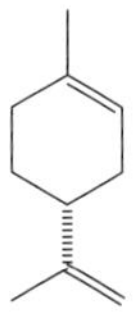	Limonene 檸檬烯 (*R*)-(+)-Limonene（柑橘氣味） (*S*)-(–)-Limonene（松節油氣味）
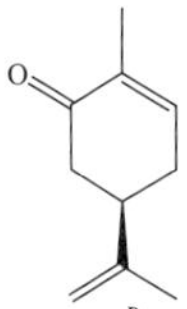 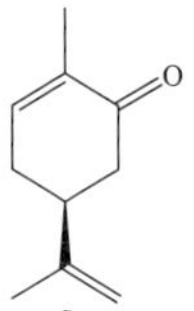	Carvone 香芹酮：植物精油之單萜成分 (*S*)-(+)-Carvone：葛縷子(caraway)氣味 (*R*)-(–)-Carvone：薄荷(spearmint)氣味
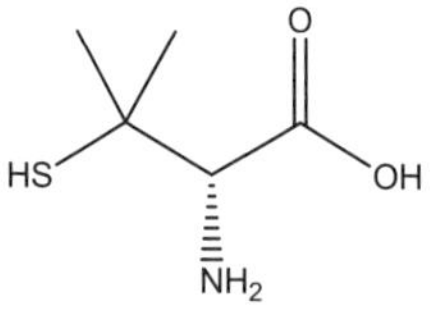	Penicillamine 青黴素胺 (*S*)-(+)-Penicillamine：慢性關節炎藥 (*R*)-(–)-Penicillamine：沒有藥效，且有劇毒
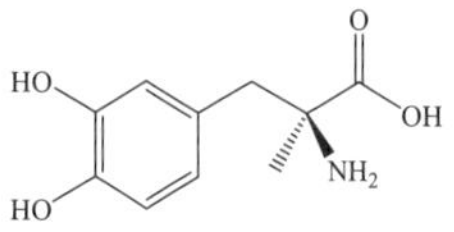	Methyldopa 甲基多巴 (*S*)-Methyldopa：抗高血壓藥 (*R*)-Methyldopa：無藥效
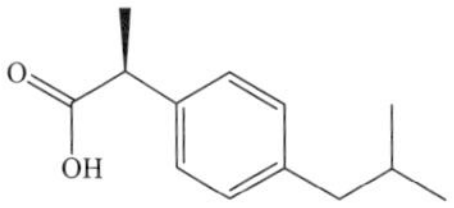 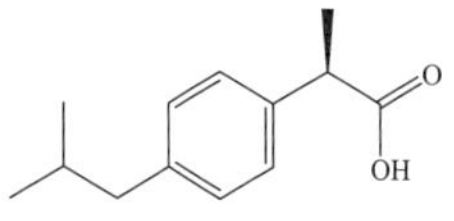	Ibuprofen 伊普 (*S*)-(+)-Ibuprofen：非固醇類消炎藥 (*R*)-(–)-Ibuprofen：沒有藥效，但經酵素(2-arylpropionyl-CoA epimerase)作用可轉化為有效的右旋光性

■ 表 12.1　常見立體異構物表現之差異性（續）

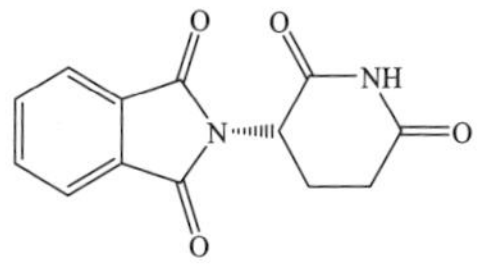 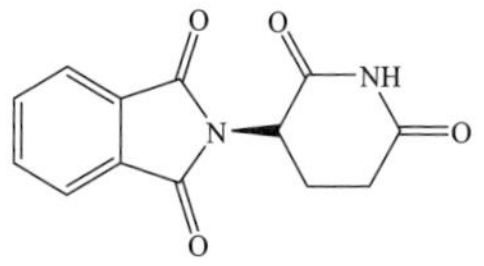	Thalidomide 沙利竇邁 (*S*)-(–)-Thalidomide、(*R*)-(+)-Thalidomide (*S*)會導致畸胎、(*R*)為鎮靜安眠劑 但是在人體內兩者會相互轉換成為外消旋混合物

習題 EXERCISE

1. 解釋下列名詞：
   (1) 結構異構物
   (2) 對掌異構物
   (3) 內消旋化合物
   (4) 外消旋化合物

2. 請指出下列化合物的組態為 *R* 或 *S*？

   (1)

   CO_2H
   H C* CH_3
   H_2N

   (2)

   Cl
   H * $CH=CH_2$
   C_2H_5

   (3)

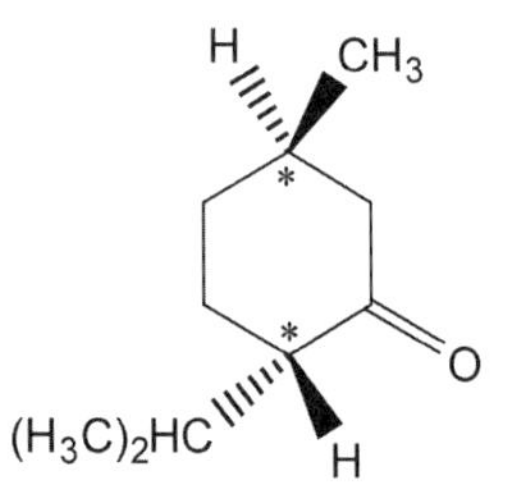

3. 請畫出下列分子之立體結構：
   (1) (*S*)-3-Methylcyclohexene
   (2) (*R*)-$C_6H_5CH(Br)OH$
   (3) (*R*)-2-Butanol
   (4) (*S*)-1-Chloro-2-propanol

4. 請舉例說明對掌性異構物，兩者其性質上的差異。

附錄 維生素 C 的小故事

何謂左旋維生素 C？

維生素 C 又稱為抗壞血酸，跟我們體內膠原蛋白的合成有關，它在人體內不能自行合成，要靠外來的食物供給。維生素 C 有很強的抗氧化作用，當皮膚在紫外線照射或體內壓力下氧化的過程中，會產生黑色素而形成黑斑、暗沉…等，因此，可抗氧化的維生素 C 被使用來美白、去除細、皺紋。在這裡我們須先告訴大家什麼叫做「左旋」？物質之所以被稱為「左旋」或「右旋」是從它的旋光度來區別的，因此，旋光度是「＋」，稱為右旋，以小寫字母 d (dextro)接在其名稱之前；如旋光度是「－」，稱為左旋，以小寫字母 l (levo)表示。根據 Fisher projection 的定義，維生素 C 的立體結構是 L 型，故稱為 L-ascorbic acid（L 型抗壞血酸），這個 L 和左旋右旋完全無關，只和前述的立體結構的表示法有關，會被翻譯成左旋，是和小寫的字母 l 搞混了。左旋以小寫的 l 或是負號(–)表示，它是化合物的性質之一，是用實驗測量得到的（旋光度須用旋光儀測量，是實驗得到的數值）。維生素 C 正確應寫成 d-ascorbic acid 或是(+)-ascorbic acid，因為它會使偏極光右旋，而不是左旋。

「左旋 C」這個常見的錯誤名詞是從它的英文 L-ascorbic acid 來的，這裡的 L 是大寫，並不是代表左旋的 l，實際應是左式的意思。左旋與左式 L 混淆的結果，因此 L-ascorbic acid 被誤成「左旋維生素 C」，再簡化成「左旋 C」，而天然維生素 C 大部分皆為右旋化合物，一般藉由人工合成者為消旋化合物（也就是右旋與左旋各半）。

維生素 C 的用途相當廣泛，尤其在抗氧化、細胞修復、皮膚美白等均有相當優異的功效，目前衛生福利部公布的 14 種核定可應再在皮膚美白的成分，就有 5 種是維生素 C 的衍生物：維生素 C 磷酸鎂、維生素 C 葡萄糖苷、維生素 C 磷酸鈉、乙氧基維生素 C、維生素 C 四異棕櫚酸鹽，由此可見維生素 C 對人類之重要性。

■ 表 12.2　衛生福利部公告核可之美白成分

中文名稱	英文名稱	可添加濃度
維生素 C 磷酸鎂	Magnesium ascorbyl phosphate	3%
維生素 C 葡萄糖苷	Ascorbyl glucoside	2%
維生素 C 磷酸鈉	Sodium ascorbyl phosphate	3%
乙氧基維生素 C	3-*O*-Ethyl ascorbic acid	1.0~2.0%
維生素 C 四異棕櫚酸鹽	Ascorbyl tetraisopalmitate	3%
麴酸	Kojic acid	2%
熊果素	Arbutin	7%
鞣花酸	Ellagic acid	0.5%
洋甘菊萃取	Chamomile ET	0.5%
甲氧基水楊酸鉀鹽	Potassium methoxysalicylate	1.0~3.0%
傳明酸	Tranexamic acid	2.0~3.0%
二丙基聯苯二醇	5,5'-Dipropyl-biphenyy-2,2'-diol	0.5%
傳明酸十六烷基酯	Cetyl tranexamate HCl	3%

CHAPTER

13

聚合物

(Polymers)

聚合物(polymers)是指由一種或多種小分子單位藉由化學反應重複連接而生成的高分子物質。這些小分子單位稱為單體(monomers)，常是一些普通的化合物，當聚合物是由同一種單體所聚合而成的，稱之為同質聚合物(homopolymers)；另外由多種不同的單體構成的，稱為共聚合物(copolymers)。聚合物的特點為其分子的大小，一般有機化合物之分子量小於一千，但聚合物分子中卻有成千上萬個原子所構成。由於聚合物有這麼多之原子，其結構也以一般分子多了些變化。聚合物的分子間作用力可影響其形狀之表現，其特性也和這些結構及外力或加熱時所產生變化有關。

聚合物有來之自然界形成的，也有來自人工製造的。本章僅就碳水化合物、蛋白質、核酸等天然聚合物及人工製造的聚合物來分別說明介紹。

13.1 碳水化合物

碳水化合物(carbohydrates)是自然界含量最多的有機化合物，存在於所有的動植物體內，亦是維持生命所必需的。植物經光合作用，將大氣中之二氧化碳與水轉變成碳水化合物，主要有糖類、澱粉與纖維素。葡萄糖是血液中一種重要物質，澱粉是儲存碳水化合物的一種形式，可作為日後所需能量或食物之來源；纖維素則在植物中是細胞壁與木質組織的堅固城牆。

13.1.1 碳水化合物的組成

碳水化合物其名稱來自此類化合物中大多可寫成 $C_x(H_2O)_y$ 的簡式，比方說葡萄糖其分子式為 $C_6H_{12}O_6$，亦可寫成 $C_6(H_2O)_6$；蔗糖分子式為

$C_{12}H_{22}O_{11}$，亦可寫成 $C_{12}(H_2O)_{11}$。澱粉與纖維素是屬於天然高分子聚合物，分子量不定，其簡式為$[C_6(H_2O)_5]_x$，其中 x 可以是非常大的數字。碳水化合物是由多羥基醛(polyhydroxyaldehydes)或多羥基酮(polyhydroxyketones)的物質，所以碳水化合物基本上具有兩種官能基，即為羥基與羰基。碳水化合物之所以稱為醣類(saccharides)，因其簡單的分子具有糖之甜味。

13.1.2 碳水化合物的種類與特性

單醣(monosaccharide)是最簡單的的碳水化合物，無法再水解成更簡單之碳水化合物，如葡萄糖是最普遍的單醣之一。雙醣(disaccharide)則含有兩個單醣，可水解成兩個單醣，蔗糖就是一種常見之雙醣，可被酵素分解成葡萄糖與果醣兩種單醣；多醣(polysaccharide)則是相當複雜且含有數千個以上的單醣之碳水化合物，可被酵素分解成許多單醣分子。

單醣是具有 3~8 個碳所組成之直鏈化合物，其中一個碳具有羰基，其餘具有羥基。單醣結構具有兩種形式，若羰基在第一個碳上，稱為醛醣(aldose)，若羰基在第二碳上稱為酮醣(ketose)。此外，含三個碳之單醣者稱為丙糖(triose)，四個碳之單醣者稱為丁糖(tetrose)、五個碳之單醣者稱為戊糖(pentose)、六個碳之單醣者稱為已糖(hexose)。

丙糖僅有兩種：甘油醛(glyceraldehyde)及二羥基丙酮(dihydroxyacetone)，它們都是含有兩個不同碳原子上羥基及一個羰基。甘油醛為最簡單之醛醣，而二羥基丙酮為最簡單之酮醣，這兩個結構皆與甘油有關，甘油結構中一個含碳之羥基被羰基所取代，則成為醛醣或酮醣，其他的醛醣或酮醣，可藉由其加入碳原子與羥基而衍生出來。如下所示：

```
   H
   |                  CH2OH                CH2OH
   C=O                |                    |
   |                  C=O               H—C—OH
H—C—OH                |                    |
   |                  CH2OH                CH2OH
   CH2OH
```

甘油醛（醛醣）　二羥基丙酮（酮醣）　甘油

```
   H             H             H              CH2OH       CH2OH       CH2OH
   |             |             |              |           |           |
   C=O           C=O           C=O            C=O         C=O         C=O
   |             |             |              |           |           |
H—C—OH        H—C—OH        H—C—OH         H—C—OH      H—C—OH      H—C—OH
   |             |             |              |           |           |
H—C—OH        H—C—OH        H—C—OH            CH2OH    H—C—OH      H—C—OH
   |             |             |                          |           |
   CH2OH      H—C—OH        H—C—OH                        CH2OH    H—C—OH
                 |             |                                      |
                 CH2OH      H—C—OH                                    CH2OH
                               |
                               CH2OH
```

丁糖　戊糖　己糖（醛醣）

丁糖　戊糖　己糖（酮醣）

常見的碳水化合物其碳鏈具有五或六個碳原子，因此具有相當多之對掌中心(chiral center)，我們以離羰基最遠之對掌中心來決定此化合物為 D（右）型或 L（左）型異構物，以費雪投影式(Fischer projection)中羰基置於頂端，如果離羰基最遠之不對稱中心碳上之羥基(OH)位於右側，為右型以英文字母 D 來表示，相反地，若羥基位於左側，則為左型以英文字母 L 來表示，如下所示。

```
    H              H               CH2OH           CH2OH
    |              |               |               |
    C=O            C=O             C=O             C=O
    |              |               |               |
   (CHOH)n        (CHOH)n         (CHOH)n         (CHOH)n
    |              |               |               |
HO—C—H          H—C—OH         HO—C—H           H—C—OH
    |              |               |               |
    CH2OH          CH2OH           CH2OH           CH2OH
```

L–醛醣類　D–醛醣類　L–酮醣類　D–酮醣類

單醣分子內的羰基與羥基常會相互作用，而形成穩定的環狀結構，稱為哈爾式結構(Haworth structure)，雖然醛醣類或酮醣類分子中有許多個羥基，但一般主要還是形成六原子或五原子環，如下 D–葡萄糖與 D–果糖(D-fructose)之哈爾式結構，如式 13-1 及 13-2。

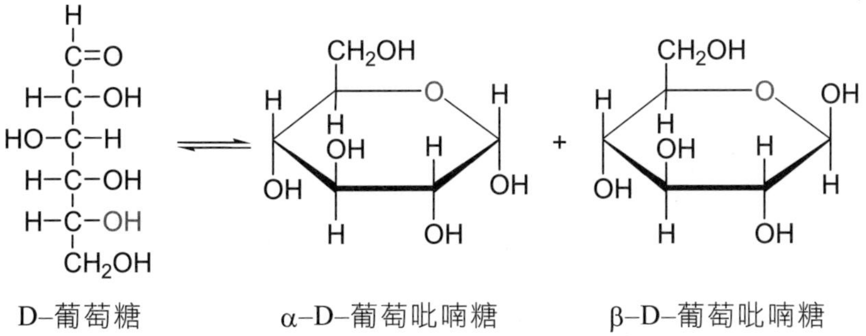

D–葡萄糖　　α–D–葡萄吡喃糖　　β–D–葡萄吡喃糖

式 13-1

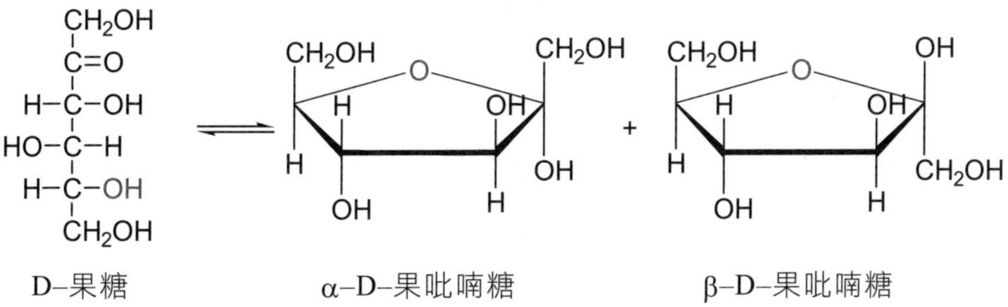

D–果糖　　α–D–果吡喃糖　　β–D–果吡喃糖

式 13-2

雙醣是由兩個單醣所組成，最常見之雙醣有麥芽糖(maltose)、乳糖(lactose)與蔗糖(sucrose)，雙醣可被酸或酵素水解成兩個單醣（圖 13.1 及 13.2）。某一個單醣的羥基與另一個單醣結合時，則形成以糖苷鍵(glycosidic bond)連接之雙醣產物。

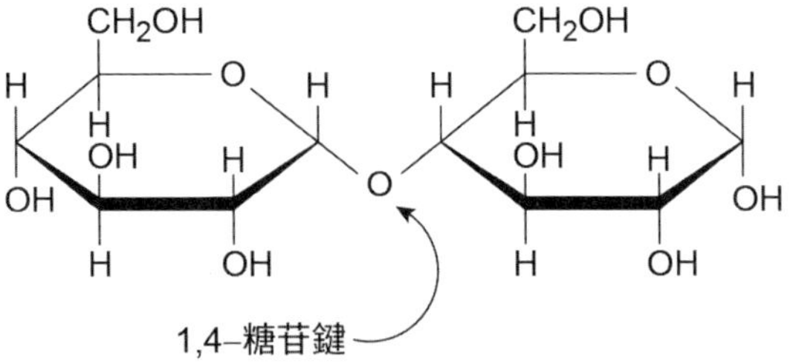

CH_2OH CH_2OH
H O H H O H
H H
OH H O OH H
OH OH
H OH H OH

1,4–糖苷鍵

◆ 圖 13.1 α–麥芽糖

麥芽糖 + H_2O $\xrightarrow[\text{或酵素}]{H^+}$ 葡萄糖 + 葡萄糖

乳糖 + H_2O $\xrightarrow[\text{或酵素}]{H^+}$ 葡萄糖 + 半乳糖

蔗糖 + H_2O $\xrightarrow[\text{或酵素}]{H^+}$ 葡萄糖 + 果糖

◆ 圖 13.2

多醣為許多單醣之聚合物，重要的多醣有直鏈澱粉(amylose)、支鏈澱粉(amylopectin)、纖維素(cellulose)與肝醣(glycogen)，這些都是由 D–葡萄糖的聚合物，不同只是糖苷鍵的形式與聚合分子中分支的多寡而定。

澱粉(starch)是植物儲存葡萄糖的形式，其中約有 20%為直鏈澱粉，主要以 α–1,4–糖苷鍵連結；另外約 80%由支鏈澱粉，主鏈以 α–1,4–糖苷鍵連結，支鏈分支處則是 α–1,6–糖苷鍵連結。兩者可在酸性或酵素下水解成較小分子醣類，稱為糊精(dextrin)，然後再水解成麥芽糖，最後再變成葡萄糖。

纖維素則是木材或植物中主要的結構性物質，由葡萄糖以 β–1,4–糖苷鍵相互連結而成，且不具分支鏈。至於肝醣是動物肝臟或肌肉內的葡萄糖聚合物，可以為持血糖及提供能量。

由於人類具有α–澱粉酶(α-amylase)，但沒有β–澱粉酶，所以只能消化具有α–連結之異構物的醣類，卻無法消化含有β–鍵結異構物的木頭、紙等纖維素。

α–1,6–糖苷鍵

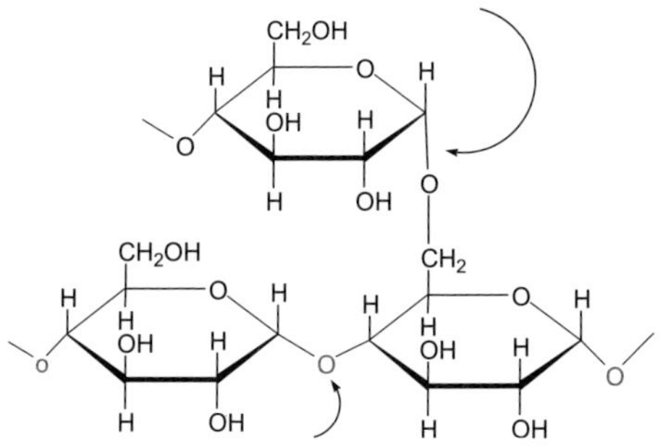

α–1,4–糖苷鍵 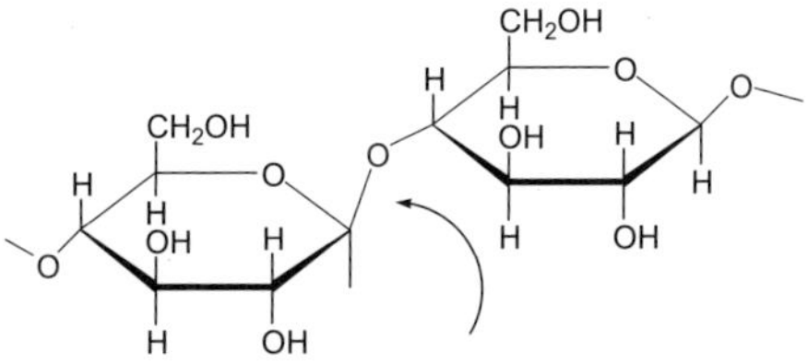　　β–1,4–糖苷鍵

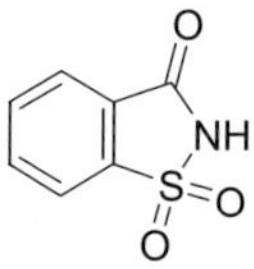

糖精 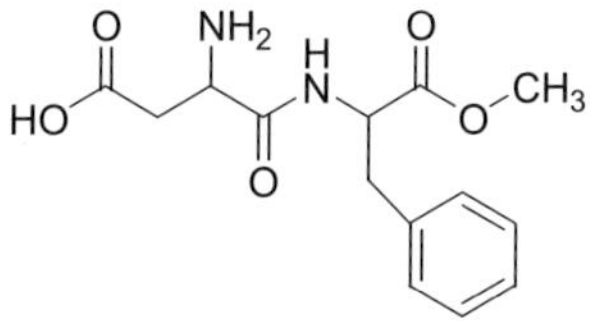　　阿斯巴糖 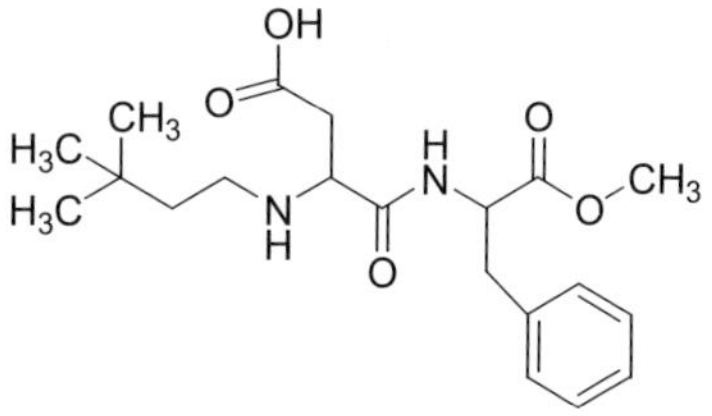　　紐甜

13.2 蛋白質

蛋白質(protein)是細胞內的巨大分子，且是構成生物體的結構單位，人體內所有的蛋白質都是由 20 種不同的胺基酸(amino acids)所組成，不同胺基酸的排列產生不同之蛋白質，而有所不同之特性生理功能，例如動物體內的肌肉、軟骨、表皮、頭髮與指甲等皆是由蛋白質所組成。另外，促進

生化反應之酵素(enzymes)、防禦病毒侵害的抗體(antibodies)和運輸氧氣的紅血蛋白(hemoglobin)，也都是蛋白質，由此可見蛋白質的重要性。

13.2.1 蛋白質的組成

蛋白質的基本構造單體為胺基酸，而胺基酸是由胺基與羧基所組成，一般胺基與羧基連接在同一個碳上，這種又稱為 α–胺基酸。在中性環境下，胺基酸較易形成兩性離子(dipolar ion)，而不易行成未游離分子；然而在酸性溶液中，胺基酸中之酸根會得到質子；相反地，胺基酸在鹼性溶液中會失去質子，如圖 13.3 所示。

胺基酸可依側鏈（R 取代基）來分類，R 鏈為烷基或芳香基時，為非極性胺基酸，為疏水性；側鏈上含有－OH、－SH、$-CONH_2$ 者為極性胺基酸，具有親水性；側鏈上具有羧酸者，呈現弱酸性；而側鏈上在含有胺基者，呈現弱鹼性。有關 20 種胺基酸的結構、側鏈、俗名、簡寫與等電點(isoelectric point, pI)列於表 13.1 中。

$$R-CH(NH_2)-CO_2H$$

未游離的胺基酸

↓

$$\underset{pH=11}{R-CH(NH_2)-CO_2^-} \underset{OH^-}{\overset{H^+}{\rightleftharpoons}} \underset{pH=7}{R-CH(NH_3^+)-CO_2^-} \underset{OH^-}{\overset{H^+}{\rightleftharpoons}} \underset{pH=1}{R-CH(NH_3^+)-CO_2H}$$

◆ 圖 13.3 隨 pH 不同，胺基酸的游離情形

■ 表 13.1　蛋白質中的 20 種胺基酸

非極性胺基酸

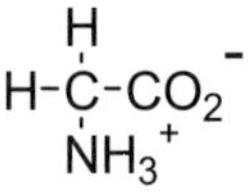	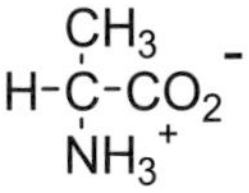	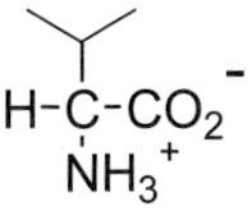	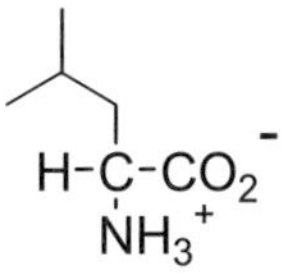	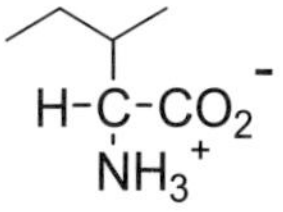
甘胺酸(6.0)* glycine (Gly)	丙胺酸(6.0) alanine (Ala)	纈胺酸(6.0) valine (Val)	白胺酸(6.0) leucine (Leu)	異白胺酸(6.0) isoleucine (Ile)

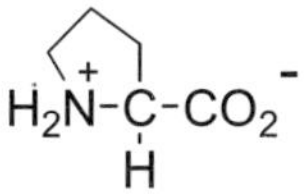	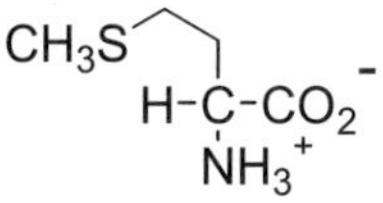	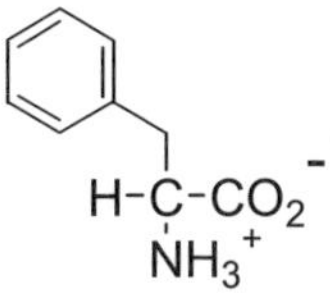	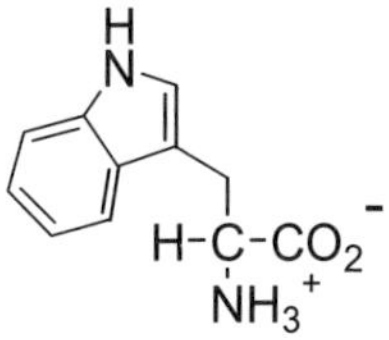
脯胺酸(6.3) proline (Pro)	甲硫胺酸(5.7) methionine (Met)	苯丙胺酸(5.5) phenylalanine (Phe)	色胺酸(5.9) tryptophan (Trp)

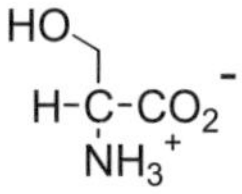	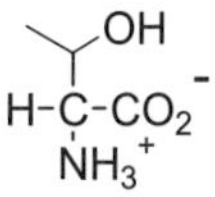	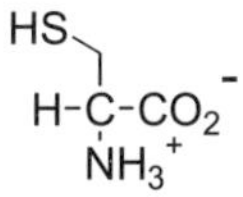	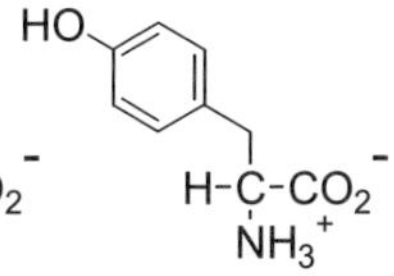	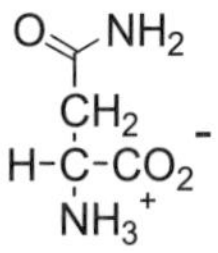	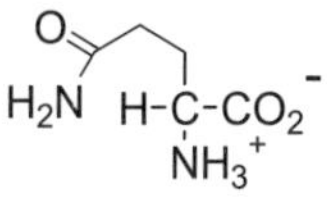
絲胺酸(5.7) serine (Ser)	蘇胺酸(5.6) threonine (Thr)	半胱胺酸(5.1) cysteine (Cys)	酪胺酸(5.7) tyrosin (tyr)	天門冬醯胺(5.4) asparagine (Asp)	麩醯胺(5.7) glutamine (Gln)

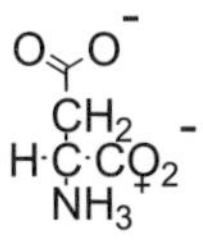	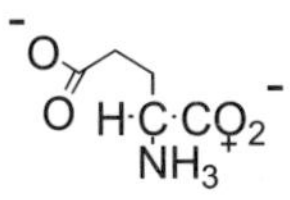	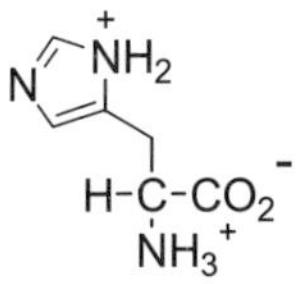	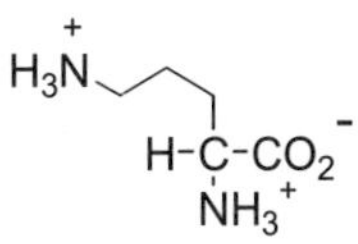	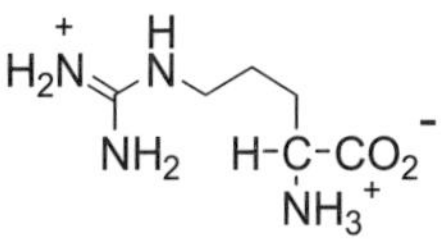
天門冬胺酸(2.8) aspartic acid (Asp)	麩胺酸(3.2) glutamic acid (Glu)	組織胺酸(7.6) histidine (His)	離胺酸(9.7) lysine (Lys)	精胺酸(10.8) arginine (Arg)

* 等電點(pI)（當兩性電解質在溶液中解離成酸或鹼時，兩者的量達到相等的狀態下稱為等電點。）

兩個以上的胺基酸可結合成胜肽(peptide)，而胜肽鍵是胺基酸分子的胺基與另一個胺基酸上之羧基脫水反應所形成之醯胺鍵，如式 13-3；由兩個胺基酸以胜肽鍵結合者為二胜肽(dipeptide)，三個胺基酸以以胜肽鍵結合者為三胜肽(tripeptide)等等，由多個胺基酸以胜肽鍵結合者為多胜肽(polypeptide)，通常小分子稱為胜肽，大分子（超過 50 胺基酸以上）為蛋白質。細胞內蛋白質中的胺基酸排序關係著蛋白質的生理活性。

$$\underset{\text{甘胺酸(Gly)}}{H_3\overset{+}{N}-CH_2-COO^-} + \underset{\text{丙胺酸(Ala)}}{H_3\overset{+}{N}-CH(CH_3)-COO^-} \longrightarrow \underset{\text{甘胺醯丙胺酸(Gly-Ala)}}{H_3\overset{+}{N}-CH_2-\boxed{\overset{O}{\overset{\|}{C}}-\overset{H}{N}}-CH(CH_3)-COO^-} + H_2O$$

（框內：胜肽鍵）

式 13-3

許多胺基酸藉由胜肽鍵所組合而成的多胜肽鏈是一個沒有分支的結構。由於胺基酸的末端的 α–胺基與 α–羧基的不同，使得多胜肽鏈有了一定的方向，習慣上多胜肽鏈的起頭點是胺基，因此多胜肽鏈的胺基酸順序是由胺基開始。

13.2.2　蛋白質的性質

蛋白質特殊性質是因其有非常精密的三元立體結構，若是一個伸直或漫無次序的多胜肽鏈是沒有生化活性的；而它們的功用都是取決於構形，也就是結構中其原子的三元的排列情形。胺基酸順序是很重要的，因為它們特化了蛋白質的構形。

我們在第 10 章中有關醯胺介紹，醯胺鍵具有平面的幾何型態，醯胺之 C－N 鍵比一般鍵要短，而且此鍵的旋轉是受到相當多的限制，如式 10-14，此鍵之平面性及旋轉受限是由共振所造成的，在胜肽鍵是很重要。

在胜肽與蛋白質的結構中，胜肽鍵與二硫鍵(disulfide bond)皆為共價鍵，由於硫醇很容易被氧化成二硫化物，當兩個半胱胺酸(cystein)可經由一個二硫鍵結合在一起；這也是燙髮劑反應使頭髮成型之原理。另外，醯胺中之羰基與胺基會形成氫鍵(C＝O・・・H－N)，這對蛋白質的構形很重要，當某個胜肽鍵的胺基與相同鏈之其他胜肽之羰基形成氫鍵時，可造成胜肽鏈之纏繞。此外，不同胜肽鏈之羰基與胺基也會形成氫鍵，此會形成一股非常重要的力量來穩定蛋白質的結構。另一方面，胺基酸中不同之側鏈(R)也是影響蛋白質的性質之重要因素。

蛋白質在人體大約占了 15%，分子量大約從 6,000 到 1,000,000。蛋白質在人體中有許多功能，如纖維蛋白(fibrous proteins)對許多組織提供結構組態和強度，是肌肉、軟骨與毛髮的主要成分。其他的蛋白質通常被稱為球蛋白(globular proteins)，因為它們大約形成球形，是人體內部的工人分子，這些蛋白質有的具有輸送並儲存養分與氧氣之功能，有的作為數千種人體反應之催化劑，有的可以抵禦外來的侵害，有的參與人體許多調節系統與代謝養分複雜的過程中扮演輸送電子。而蛋白的三度立體結構對其功能很重要，破壞此結構的過程稱為蛋白質變性(denaturation)，如煮蛋時，加熱會造成蛋的蛋白質變性，任何能量造成蛋白質變性會直接或潛在的危害生命，如紫外線、X 光、輻射線皆可對蛋白質破壞，可能導致基因損害或癌症發生。另外，金屬鉛與汞對硫有很高的親和力，會導致破壞蛋白質的二硫鍵而造成蛋白質變性。

蛋白質的一級結構(primary structure)指的是藉由胜肽鍵連接在一起的胺基酸序列，胰島素的一級結構是最早被定序。二級結構(secondary structure)則是指多胜肽中相鄰胺基酸的空間排列，最常見者有 α–螺旋、β–摺板(β-pleated sheet)與膠原蛋白(collagen)的三重螺旋，這些螺旋主要以氫鍵來維持其結構。而蛋白質整體的三度空間形狀稱為三級結構(tertiary structure)，這是由不同區域之多胜肽鏈中胺基酸的側鏈(R)間所產生的引力或斥力，使胜肽鏈產生扭曲摺疊成之特定的立體結構，來呈現蛋白質的特性。若一個具有生理活性的蛋白質包括兩個以上的多胜肽次單元，此種層次的結構稱為四級結構(quaternary structure)，如血紅素。

Linus Pauling 利用 X-ray 之研究，提出假設多胜肽鏈螺旋狀的自我纏繞，而鍵內的氫鍵使其形成堅固的螺旋結構，稱之為 α–螺旋(α-helix)，具有右旋性，每一個螺距為 540 pm 或 3.6 個胺基酸，如圖 13.4 所示。

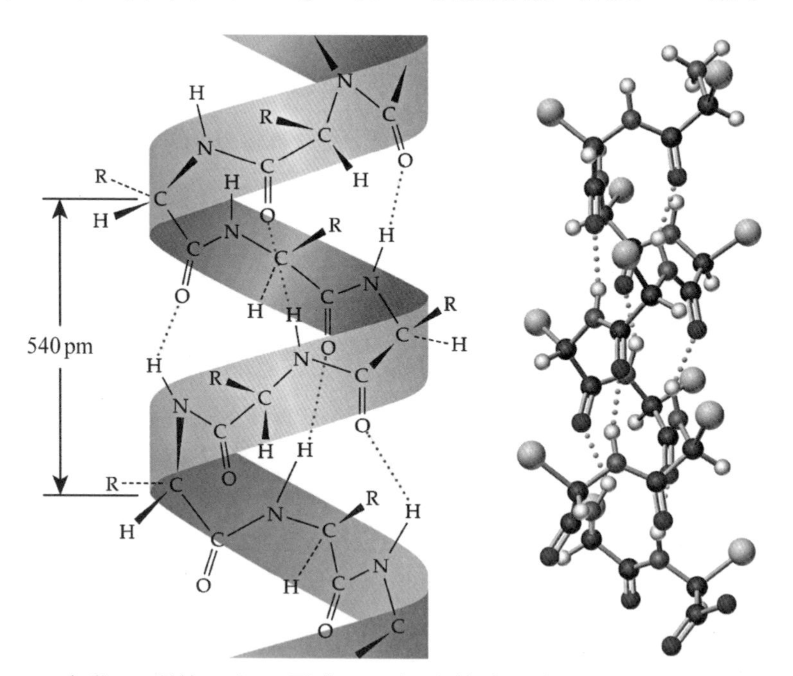

◆ 圖 13.4　小段 α–螺旋，每一圈有 3.6 個胺基酸，中間有氫鍵來穩定其構形。

參考資料：McMurry, J. (2010)．*有機化學*（第七版，第 14 章，莊麗津等譯）．歐亞（原著出版於 2008）。

13.3 核 酸

核酸(nucleic acids)為第三類生物聚合物(biopolymers)，像碳水化合物及蛋白質一樣，是生物體內重要成分，核酸是儲存細胞生長與複製等相關訊息的分子，包括去氧核糖核酸(deoxyribonucleic acid, DNA)與核糖核酸(ribonucleic acid, RNA)兩種。

13.3.1 核酸之基本結構

核酸是直鏈的巨大分子，一個 DNA 分子可能含有數百萬個核苷酸(nucleotides)的聚合物，而 RNA 分子則含有數千個核苷酸。DNA 與 RNA 分子中各包含四種不同型態的核苷酸，而核苷酸由鹼基、五碳糖與磷酸基所組成，如圖 13.5。

核酸中之鹼基都是嘌呤(purine)與嘧啶(pyrimide)的衍生物，DNA 中有兩種嘌呤：腺嘌呤(adenine, A)與鳥糞嘌呤(guanine, G)，以及兩種嘧啶：胞嘧啶(cytosine, C)與胸腺嘧啶(thymine, T)。而 RNA 除了胸腺嘧啶由尿嘧啶(uracil, U)取代外，其餘皆相同，如圖 13.6。

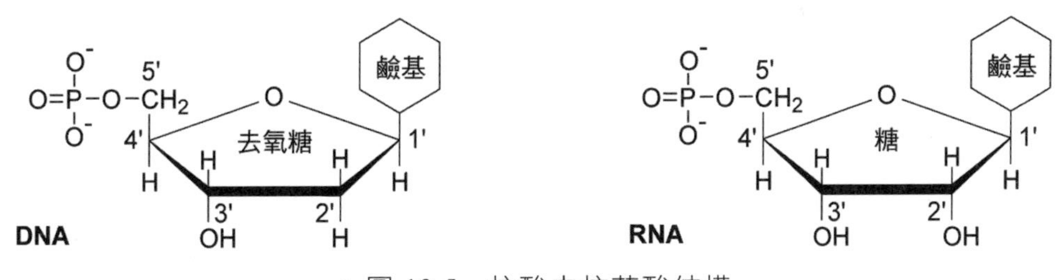

◆ 圖 13.5 核酸中核苷酸結構

腺嘌呤(A)　鳥糞嘌呤(G)　胞嘧啶(C)　胸腺嘧啶(T)　尿嘧啶(U)

◆ 圖 13.6　嘌呤與嘧啶的衍生物

所謂核苷(nucleoside)是由嘌呤或嘧啶的含氮鹼基與去氧核糖或核糖的第一個碳形成糖苷鍵的產物。而核苷酸(nucleotide)是核苷中的核糖或去氧核糖環上 5’碳上的羥基與磷酸形成磷酸酯,如圖 13.7 為 RNA 與 DNA 中所有的核苷酸結構。核苷酸的命名是在核苷的名稱後面加 5’–單磷酸(5’-monophosphate),DNA 核苷酸的名稱前端再加上「去氧」(deoxy),雖

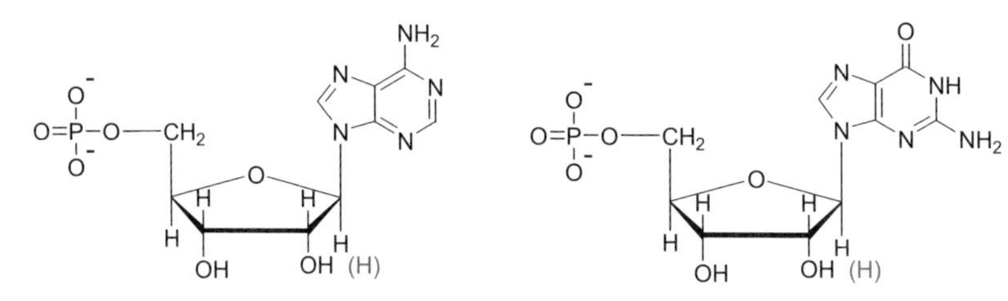

腺核苷–5'–單磷酸(AMP)　鳥糞核苷–5'–單磷酸(GMP)

去氧腺核苷–5'–單磷酸(dAMP)　去氧鳥糞核苷–5'–單磷酸(dGMP)

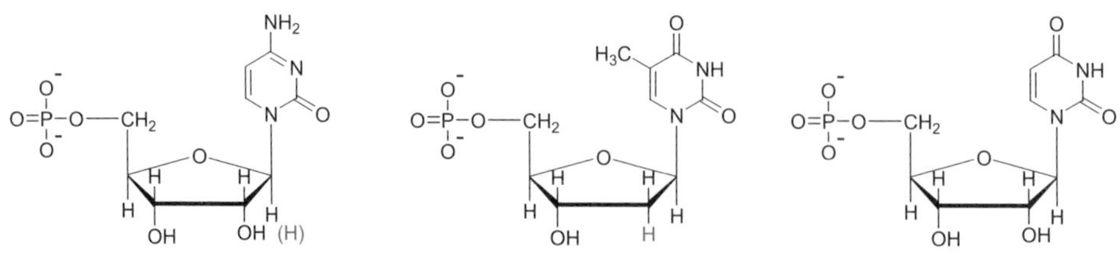

胞核苷–5'–單磷酸(CMP)　去氧胸腺核苷–5'–單磷酸(dTMP)　尿核苷–5'–單磷酸(UMP)

去氧胞核苷–5'–單磷酸(dCMP)

◆ 圖 13.7　核苷與核苷酸的結構

然 A、G、C、U、T 用來表示鹼基，但也經常用來代表核苷或核苷酸，如圖 13.7，腺核苷 (adenosine) 簡寫為 A，腺核苷 –5’– 單磷酸 (adenosine-5’-monophosphate) 簡寫為 AMP，而去氧腺核苷–5’–單磷酸 (deoxyadenosine-5’-monophosphate)簡寫為 dAMP 等。

13.3.2 DNA 的共價結構

去氧核糖核酸(DNA)是遺傳的分子，DNA 是一個很長的線性分子，由大量的去氧核糖核苷酸所組成，DNA 的嘌呤或嘧啶的鹽基攜帶著遺傳訊息，而糖與磷酸鹽基則執行一種結構角色。DNA 的脊柱(backbone)在整個分子是不變的，由磷酸二酯橋(phosphodiester bridges)連接去氧核糖組成；一個去氧糖核苷酸其糖基部分的 5’–羥基與鄰近之糖的 5’–羥基用磷酸二酯鍵連接。DNA 分子內的鹽基順序是從鏈 5’–羥基端寫起，依此傳統，圖 13.8 所示 DNA 的一段的鹽基順序可寫成 ACGTA。

DNA 多核苷中一股的任一鹼基都與其對應股中的特定鹼基形成氫鍵，其中腺嘌呤(A)只對應胸腺嘧啶(T)、鳥糞嘌呤(G)只對應胞嘧啶(C)，如圖 13.9，此種 A－T 與 G－C 的對應稱為互補鹼基對(complementary base pair)。而腺嘌呤對應胸腺嘧啶間形成兩個氫鍵、鳥糞嘌呤對應胞嘧啶形成三個氫鍵，這也說明了為何 DNA 中，A 與 T 的含量相等，G 與 C 也含量相同。因此，DNA 是由兩條多核苷酸的長鏈形成像迴旋梯一樣的雙股螺旋(double helix)結構，如圖 13.10。其中糖磷酸基骨架像迴旋梯的外側欄杆，而含氮的鹼基則在內側構成階梯。

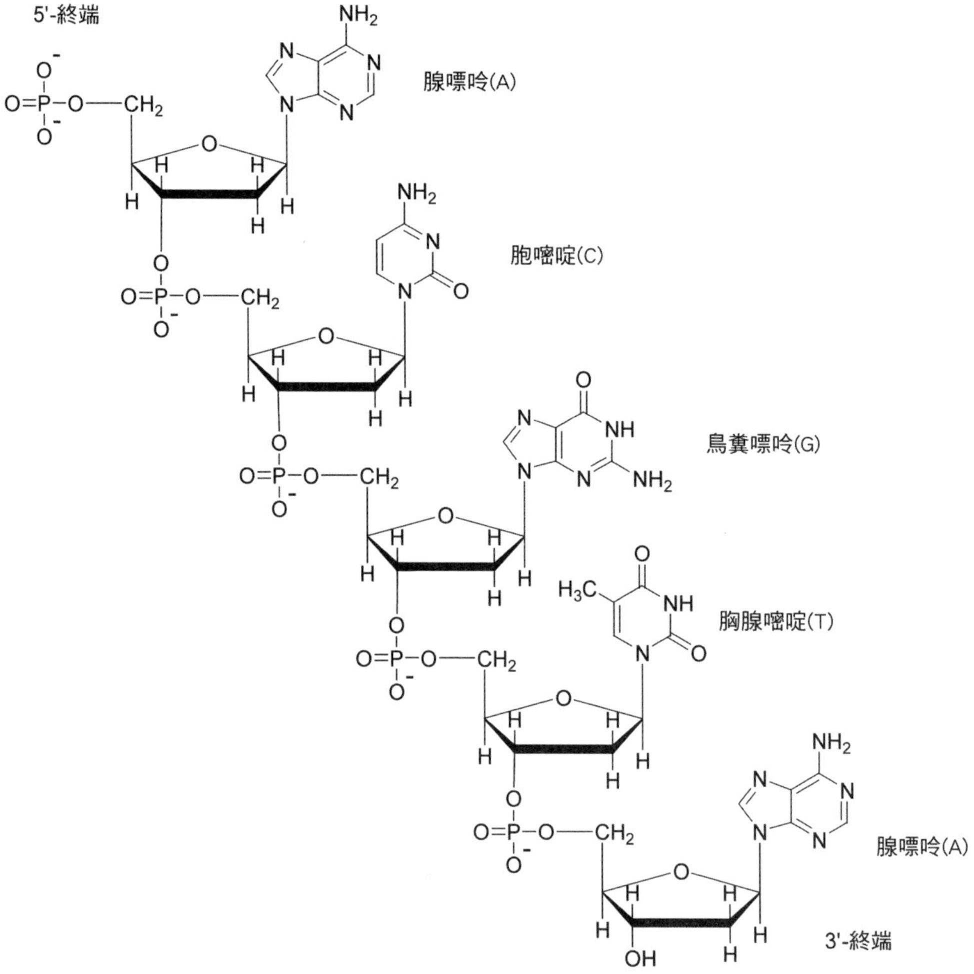

◆ 圖 13.8　DNA 的部分結構式，顯示一個五核苷酸的順序，可簡寫成 ACGTA。

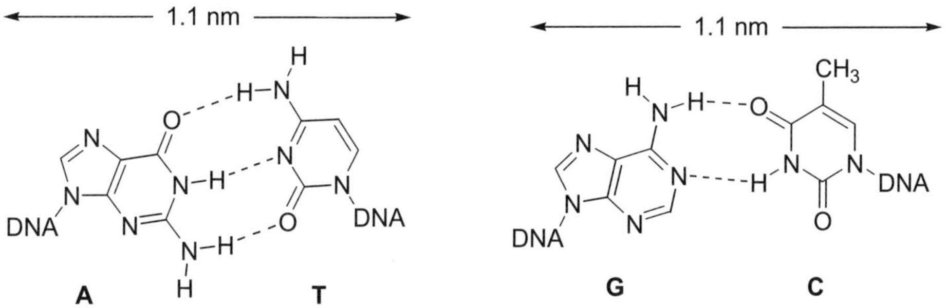

◆ 圖 13.9　互補鹼基對

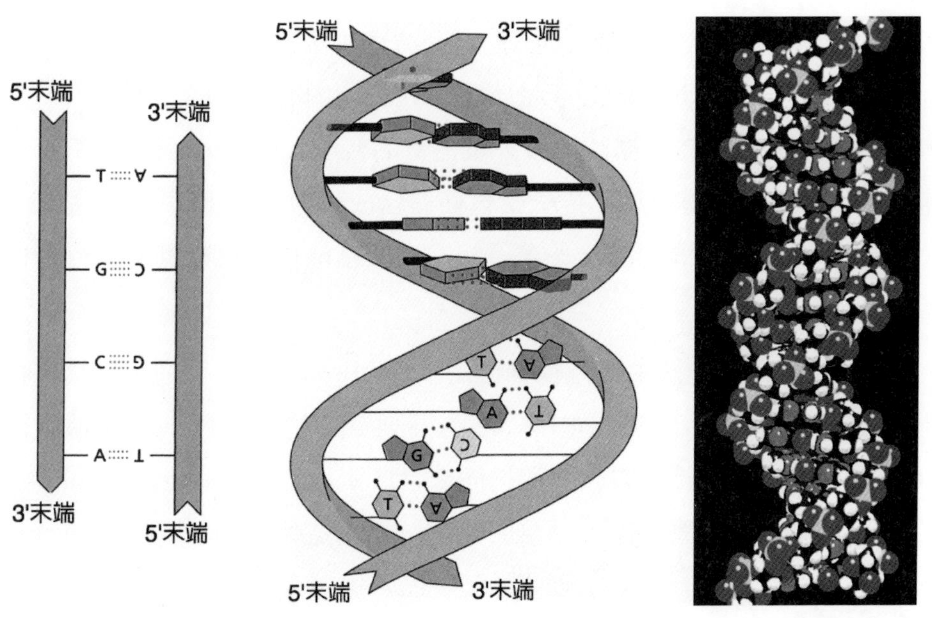

◆ 圖 13.10　DNA 之雙股螺旋結構

圖片來源： Levine, J. S., & Miller, K. R. (2006)．*新版生物學*（第二版，李大維等譯）．新北市：新文京（原著出版於 2004）。

核糖核酸(RNA)是存在於細胞中主要的核酸分子，負責傳遞遺傳訊息使細胞正常運作，RNA 與 DNA 相似，也是核苷酸以線性方式結合而成，二者間主要差異為：

1. RNA 之糖基為核糖，而 DNA 之糖基為去氧核糖。
2. RNA 之四個鹼基其中一個由尿嘧啶取代胸腺嘧啶。
3. RNA 為單股螺旋結構。
4. RNA 分子較 DNA 小很多。

細胞內有三種不同之 RNA，分別為核糖體 RNA (ribosomal RNA, rRNA)、轉移 RNA (transfer RNA, tRNA)與信使 RNA (messenger RNA, mRNA)。這三種 RNA 的分子量不同，在細胞內的功能亦有所不同。其中 rRNA 數量最多，在核糖體中負責蛋白質的合成；mRNA 負責攜帶來自細胞核中 DNA 之遺傳訊息，提供給核糖體合成蛋白質；tRNA 分子量最小，負責辨識 mRNA 上的訊息，並攜帶特定之胺基酸以供應核糖體進行蛋白質合成。

DNA 可在細胞核中進行轉錄作用(transcription)，以製造用來合成特定蛋白質的 mRNA，隨後 mRNA 移至細胞質中的核糖體，進行轉譯作用(translation)，依序轉換成胺基酸排序來合成蛋白質。這種隱藏在 mRNA 核苷酸序列中且能對應特定胺基酸的訊號，稱為遺傳密碼(genetic code)。

13.4 人工合成之聚合物

人工製造的聚合物在近幾年來蓬勃發展，由最早的人工絲及橡膠替代品，到今日生產形形色色、自然界中找不到對應物質的純人工製造聚合物。而且這些人造聚合物的大量生產，使得其產品充斥於人類日常生活中的每一個角落。只要注意一下周遭的事物，想像若無這些人造聚合物之情況，就可知道聚合物在現在日常生活中所扮演之重要性。

13.4.1 人工合成聚合物之聚合反應

人工合成高分子聚合物依其製備方法一般可分為二大類：第一類為加成聚合物(addition polymers)，它的製備方式是一個單體以重複性方式加成至另一個單體而得到的，在許多的連鎖聚合反應製備中，都以烯為單體，而這些反應需要一個催化劑來引起連鎖反應的發生。連鎖聚合反應的結果會保留所有參加聚合之單體的原子。最常見例子就是聚乙烯(polyethylene, PE)，如式 13-4。

$$n\ H_2C{=}CH_2 \xrightarrow[\text{催化劑}]{\text{聚合反應}} \left(H_2C{-}CH_2 \right)_n \qquad \text{式 13-4}$$

一般常見加成聚合反應之方式有自由基連鎖聚合反應(free-radical chain-growth polymerization)、配位聚合反應(coordination polymerization)、陽離子連鎖聚合反應(cationic chain-growth polymerization)、陰離子連鎖聚合反應(anionic chain-growth polymerization)等，分別敘述如下：

1. 自由基連鎖聚合反應需要一個自由基的誘發劑，其中最常見者為過氧化苯甲醯(benzoyl peroxide)，它在 80°C 左右會分解而形成苯醯基自由基，這個自由基可誘發連鎖反應或是再失去一個二氧化碳而得到苯自由基，再加成到乙烯單體誘發連鎖自由基反應，如圖 13.11。

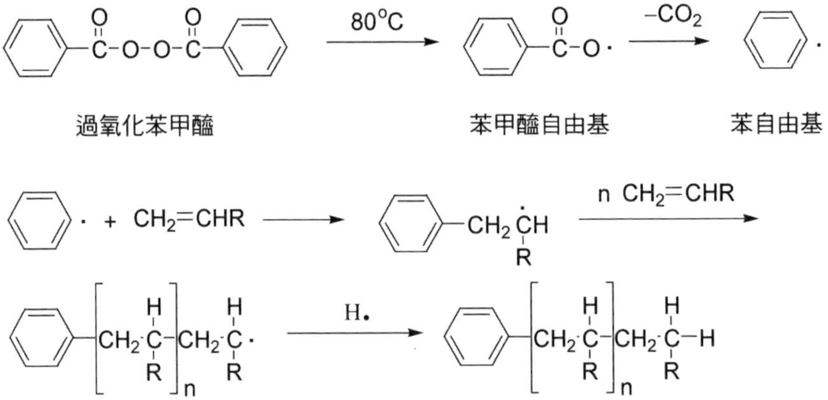

$$C_6H_5-\overset{O}{\overset{\|}{C}}-O-O-\overset{O}{\overset{\|}{C}}-C_6H_5 \xrightarrow{80^{\circ}C} C_6H_5-\overset{O}{\overset{\|}{C}}-O\cdot \xrightarrow{-CO_2} C_6H_5\cdot$$

過氧化苯甲醯　　苯甲醯自由基　　苯自由基

$$C_6H_5\cdot + CH_2{=}CHR \longrightarrow C_6H_5-CH_2\dot{C}HR \xrightarrow{n\ CH_2=CHR}$$

$$C_6H_5-\left[CH_2-\underset{R}{\overset{H}{C}}\right]_n CH_2-\underset{R}{\overset{H}{C}}\cdot \xrightarrow{H\cdot} C_6H_5-\left[CH_2-\underset{R}{\overset{H}{C}}\right]_n CH_2-\underset{R}{\overset{H}{C}}-H$$

◆ 圖 13.11　自由基連鎖聚合反應

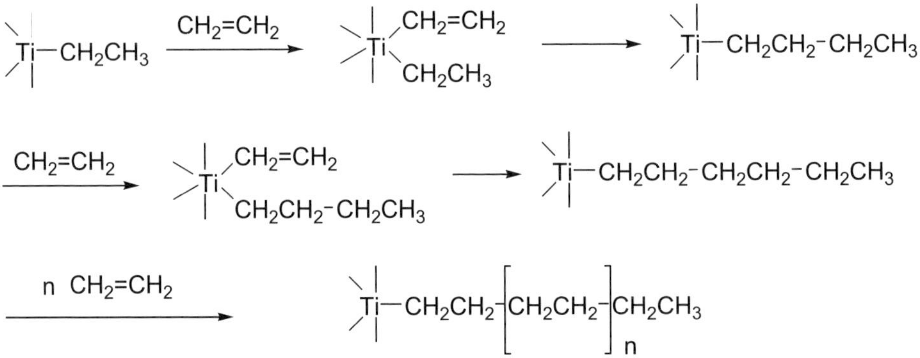

$$Ti-CH_2CH_3 \xrightarrow{CH_2=CH_2} Ti\begin{matrix}CH_2{=}CH_2\\ CH_2CH_3\end{matrix} \longrightarrow Ti-CH_2CH_2-CH_2CH_3$$

$$\xrightarrow{CH_2=CH_2} Ti\begin{matrix}CH_2{=}CH_2\\ CH_2CH_2-CH_2CH_3\end{matrix} \longrightarrow Ti-CH_2CH_2-CH_2CH_2-CH_2CH_3$$

$$\xrightarrow{n\ CH_2=CH_2} Ti-CH_2CH_2-\left[CH_2CH_2\right]_n-CH_2CH_3$$

◆ 圖 13.12　配位聚合反應

$$CH_2{=}C(CH_3)_2 \xrightarrow{H^+} H_3C-\overset{+}{C}(CH_3)_2 \xrightarrow{CH_2=C(CH_3)_2}$$

三級碳陽離子

$$CH_3-\underset{CH_3}{\overset{CH_3}{C}}-CH_2-\overset{+}{C}(CH_3)_2 \xrightarrow{n\ CH_2=C(CH_3)_2} (CH_3)_3C-\left[CH_2-\underset{CH_3}{\overset{CH_3}{C}}\right]_n-CH_2-\overset{+}{C}(CH_3)_2$$

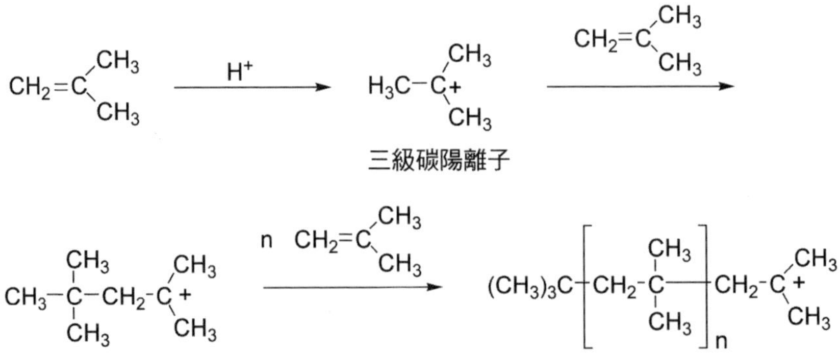

◆ 圖 13.13　陽離子連鎖聚合反應

2. 配位聚合反應也需催化劑來催化聚合反應，此反應是催化劑與聚合物分子形成配位體(coordination complex)，常見之催化劑是 Ziggler-Natta 催化劑，由三氯化鈦與三乙基鋁所構成的，其反應以乙烯為例，大致反應如圖 13.12 所示。

3. 陽離子連鎖聚合反應是加入 Friedel-Crafits 催化劑，反應的中間體涉及三級碳陽離子，以異丁烯聚合反應為例，如圖 13.13 所示。

4. 陰離子連鎖聚合反應是指具有拉電子取代基之烯類，就可經由碳陰離子的中間體來進行聚合反應，此反應催化劑常為有機金屬，如烷基鋰，以丙烯腈為例如圖 13.14 所示。

另一類為逐步聚合物(step-growth polymers)，又稱縮合聚合物(condensation polymers)。這種聚合方式通常是由兩個不同的官能基相互反應而形成的，同時會失去一些小分子（如水），因此逐步聚合反應物並不會具有原先單體的所有原子。而單體常具有兩個或多個官能基，且單體在聚合物鏈中通常以交替的順序呈現，最常見到的例子就是尼龍(nylon)，它是由 1,6–二胺基己烷與己二酸進行醯胺化反應而得到，如式 13-5。

$$\text{n-BuLi} + CH_2{=}CHCN \longrightarrow Bu{-}CH_2{-}CH(CN){-}Li$$

$$\xrightarrow{n\,CH_2=CHCN} Bu{-}\left[CH_2{-}CH(CN)\right]_m{-}CH_2{-}CH(CN){-}Li \xrightarrow{H^+} Bu{-}\left[CH_2{-}CH(CN)\right]_m{-}CH_2{-}CH(CN){-}H$$

◆ 圖 13.14　陰離子連鎖聚合反應

$$n\ H_2N(CH_2)_6NH_2 + n\ HO-\overset{\overset{\displaystyle O}{\|}}{C}(CH_2)_4\overset{\overset{\displaystyle O}{\|}}{C}-OH \xrightarrow{200\sim300\ ^{\circ}C} \left[NH(CH_2)_6HN-\overset{\overset{\displaystyle O}{\|}}{C}(CH_2)_4\overset{\overset{\displaystyle O}{\|}}{C} \right]_n + n\ H_2O$$

式 13-5

大部分人造聚合物是由單一種類單體聚合而成，稱之為同質聚合物(homopolymers)，但是連鎖聚合反應的多樣性和單一性有時可用混合不同單體來強化，可製得共聚合物(copolymers)，圖 13.15 為一些聚合物中單體排列方式。基本上對共聚合物的描述係指侷限於兩種不同的單體（A 和 B），當然也有可能單體不受此限制。共聚物之單體排列與其各單體之反應性有關，若兩個單體反應性相當，則得到為雜亂的共聚合物；若 A 單體反應較 B 單體快，則得到團塊狀的共聚合物。

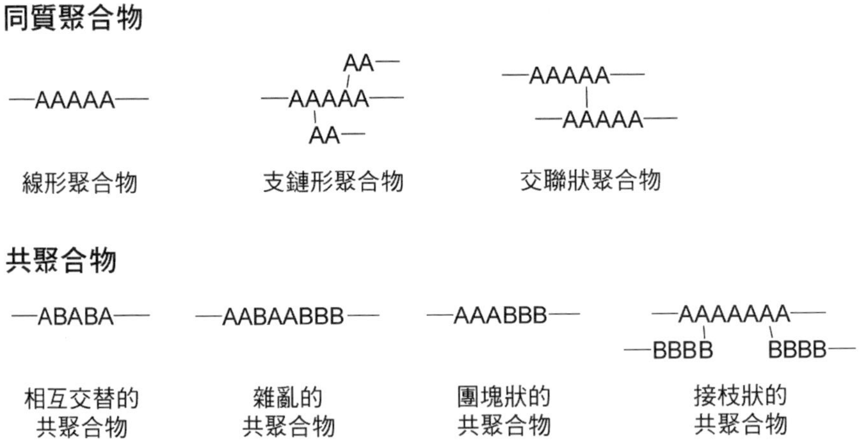

同質聚合物

—AAAAA— 線形聚合物

AA—
—AAAAA—
AA— 支鏈形聚合物

—AAAAA—
—AAAAA— 交聯狀聚合物

共聚合物

—ABABA— 相互交替的共聚合物

—AABAABBB— 雜亂的共聚合物

—AAABBB— 團塊狀的共聚合物

—AAAAAAA—
—BBBB BBBB— 接枝狀的共聚合物

◆ 圖 13.15 聚合物中單體排列方式

13.4.2 人工合成聚合物的單體及其應用

聚合物和一般有機分子間最大之不同在於其分子的大小，分子大小對其化學性質影響不大，但是分子的大小對其物理性質卻是有極大的影響，而聚合物的特點正是其物理性質與一般分子不同，也由於這些性質，聚合物成了人類日常生活和生命中不可或缺的一部分。

人造聚合物依其用途可以概分為三大類：纖維(fibers)、彈性體(elastomers)和塑膠(plastics)。各有各之特性，因而有不同之用處。而這些特性的由來正是因為這三類聚合物的分子結構不同所致。

由於化學工業的發展，一些耳熟能詳的人造聚合物包括聚乙烯、鐵弗龍、保麗龍、尼龍、達克龍等等，在美國人造聚合物每年就超過 870 億磅的產量。人造聚合物已深入我們日常生活中，其程度遠大於其他合成的有機化學產品。雖然在一世紀前，這些物質有許多尚未存在，但在今日，我們卻無法生活在沒有這些物質的日子裡，我們的生活標準亦需持續靠這些人造聚合物的有機化學工業產品來達成。表 13.2 是一些常見與生活息息相關的人造聚合物及其合成之單體與用途。

聚氧乙烯（polyoxyethylene, POE，由結構式命名），其製備方法可由乙二醇進行縮合聚合或由環氧乙烷與水進行加聚反應而得，因此又稱為聚乙二醇(polyethylene glycol, PEG)或聚環氧乙烷(polyethylene oxide, PEO)。

$$n\ \text{(ethylene oxide)} \xrightarrow[2.\ H^+]{1.\ OH^-} H\!\left(O\!\diagup\!\diagdown\!\diagup\right)_n\!OH \xleftarrow{H^+/-\ H_2O} n\ HO\diagup\diagdown\diagup OH$$

聚氧乙烯根據分子量不同，可為無色透明黏稠液體（分子量 200~600）、白色半固體（分子量 700~1,000）、或乳白色固體（分子量 1,000 以上）。低分子量聚氧乙烯具有吸濕、保水性，不過隨分子量的增加，其水溶性、吸水性以及有機溶劑的溶解度會相對下降。

由於聚氧乙烯具有良好水溶性、高穩定性、難揮發、低毒性、與潤滑性，因此廣泛的應用在各領域，例如化粧品的保濕劑、潤滑劑、賦型劑、或黏度調節劑等。

聚乙烯醇的商業製法是來自聚乙烯醋酸酯(polyvinylacetate)的水解，分子中含有許多醇基，具有極性，且可與水形成氫鍵，故能溶於極性的水。用途非常廣泛，可用作漿料、塗料、黏著劑（例如透明膠水）、穩定劑、分散劑、乳化劑、增稠劑、感光劑和填充材料等。聚乙烯醇添加在化粧品中可降低界面張力，在 O/W 乳化保養品中扮演乳化安定劑，增稠連續相，幫助油滴懸浮。

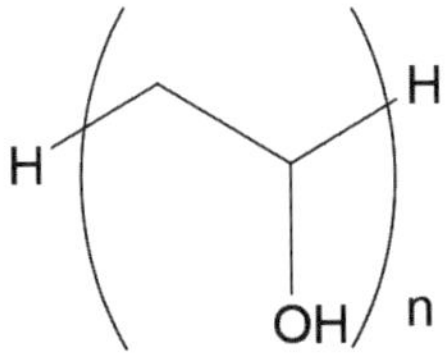

◆ 圖 13.16　聚乙烯醇結構式

聚丙烯酸是丙烯酸的單聚(homopolymer)或與 allyl ether of pentaerythritol、sucrose 或 propylene 輕度交聯(cross-linking)的共聚物(copolymer)，常見商品名為 Carbomer®及 Carbopol®，是很重要的增稠劑，黏度在 pH 7~8 間達到高點。

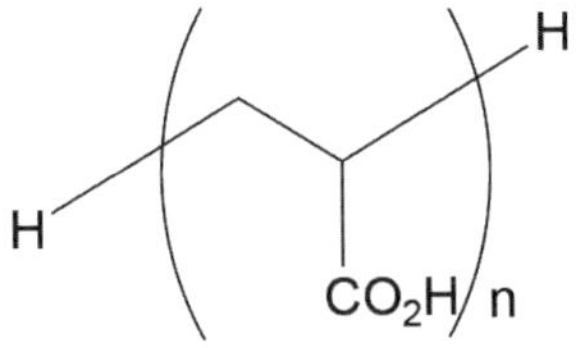

◆ 圖 13.17　聚丙烯酸結構式

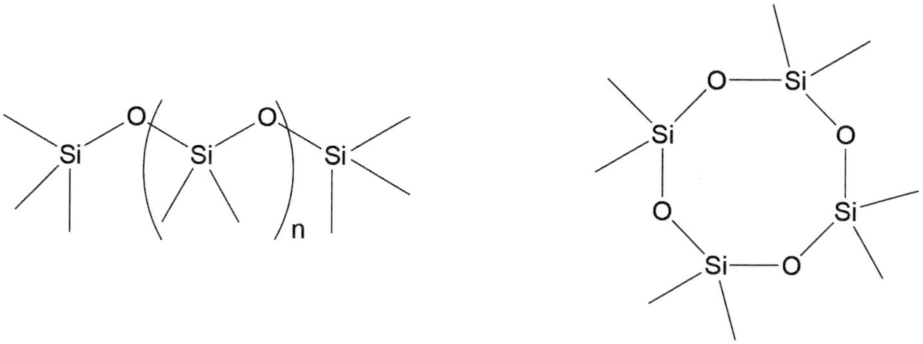

◆ 圖 13.18　聚二甲基矽氧烷與環狀聚二甲基矽氧烷結構式

聚二甲基矽氧烷(Polydimethylsiloxane, PDMS)是一種有機矽的高分子化合物，在國際化粧品原料命名(International Nomenclature of Cosmetic Ingredients, INCI)中，產品名稱為 Dimethicone，俗稱矽靈。分子量介於100~300,000，黏度介於 0.65~60,000 cst（厘史），不溶於極性溶劑。

環狀聚二甲基矽氧烷(Cyclomethicone)，最常被採用於配方的原料範圍是 n=4~6，外觀為澄清無色低黏度液體，溶於乙醇與油，能讓頭髮擁有平滑與絲綢般的光澤。環狀四矽氧烷(D4)具有揮發性，若塗抹於體溫 37°C 的皮膚上，只要 10 分鐘內便會完全揮發，因此取代部分油性柔膚成分時，令人感覺清爽、無負擔。

由於人類文明的進步，與大量使用石化工業塑膠產品，在自然界中，遺棄了很多不能自然分解的塑膠製品，是人類在工業化之後，遇到的最嚴重的環境汙染之一。當我們用過這些物質後，如何處理它們？當然，焚化是一種解決的方法，但這種處理方法卻會產生有毒物質的釋放問題。另一種解決方式為回收再利用，例如塑膠飲料瓶之材料—聚乙烯對苯二甲酸酯(PETE)，可當成聚酯纖維再回收，用以製造地毯或家具的填充物質。第三種解決汙染的問題是發展一種可被分解之新聚合物，一旦不再使用這些物質時，可以經過適當的處理後在環境中將其分解，稱為可分解的聚合物，例如聚乳酸(polylactic acid, PLA)。乳酸(lactic acid)是 1850 年美國 Sdude 首次從酸奶中發現的，又叫 α–羥基丙酸，分子式為 $CH_3CHOHCOOH$，它存在於酸牛奶中。肌肉運動，也會產生乳酸。乳酸有三種結構形式，即兩種旋光異構型–L 型、D 型，和一種無光學活性結構–DL 型，即外消旋型結構。聚乳酸(PLA)是一種熱塑性脂肪族聚酯，由乳酸進行分子間酯化反應形成長鏈而得到。

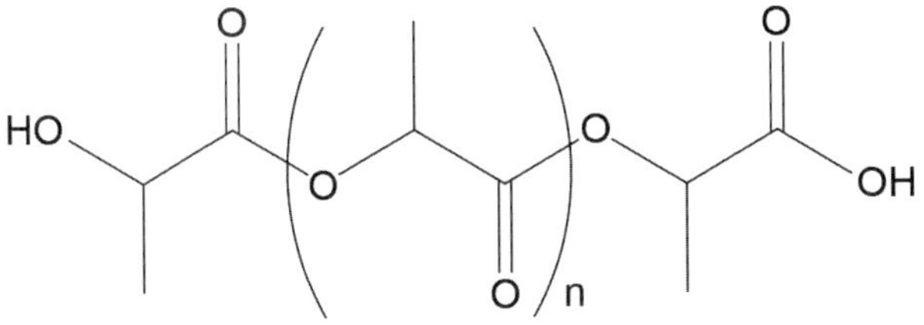

◆ 圖 13.19　聚乳酸結構式

聚乳酸並非一種新的塑膠材料，早在 1932 年美國杜邦(DuPont)公司的科學家 Wallace Caruthers，就已經能在真空中，將乳酸進行聚合化，產生低分子量的聚合物。但是，machining center由於生產成本過高，直到 1987 年 Cargill 公司開始投資研發新的聚乳酸製程，Cargill 隨後於 2001 年與 Dow 化學公司合資成立 Nature-Works LLC 公司，進行商業化量產名為 "ECODEAR"的聚乳酸商品。PLA（聚乳酸）是一種生物可分解、可堆肥的材質。從植物纖維或澱粉中的葡萄糖分子，醱酵成乳酸，經聚合成為聚乳酸，如圖 13.19。常用的植物纖維來源以玉米、小麥為主。PLA 是完全由植物中分離出的澱粉，經過發酵、去水及聚合等過程製造而成。PLA 早期是開發在醫學上使用，如手術縫合線及骨釘等，最近被應用於人工血管支架之臨床試驗，可替代金屬支架，避免發炎現象產生。PLA 在適合的天然環境下，幾個月內，即可完全分解為二氧化碳及水。

■ 表 13.2　常見人造高分子聚合物

聚合物	單 體	常見聚合方式	用途
高密度聚乙烯(HDPE)	$CH_2=CH_2$	配位聚合	容器、管子
低密度聚乙烯(LDPE)	$CH_2=CH_2$	自由基聚合	薄膜、容器、管子
聚丙烯(PP)	$CH_2=CHCH_3$	配位聚合	纖維、塑造物
聚苯乙烯(PS)	$CH_2=CHC_6H_5$	自由基聚合	泡沫體、塑造物
聚氯乙烯(PVC)	$CH_2=CHCl$	自由基聚合	薄膜、管子、絕緣體
聚四氟乙烯（鐵弗龍）(Teflon)	$CF_2=CF_2$	自由基聚合	絕緣體、閥、塗料
聚丁二烯	$CH_2=CH-CH=CH_2$	自由基聚合	輪胎、樹脂
聚甲基丙烯酸甲酯（壓克力）	$CH_2=C(CH_3)COOCH_3$	自由基聚合	塑造物、玻璃替代品、塗料
聚丙烯腈（奧龍）(PAN)	$CH_2=CHCN$	自由基聚合	纖維
尼龍(Nylon)	$HO_2C(CH_2)_4CO_2H + H_2N(CH_2)_6NH_2$	逐步聚合	纖維、塑造物
達克龍(Dacron)	$HO(O)C-C_6H_4-C(O)OH + HOCH_2CH_2OH$	逐步聚合	纖維、薄膜
聚胺基甲酸酯(PU)	$O=C=N-C_6H_4-C_6H_4-N=C=O + HOCH_2CH_2OH$	逐步聚合	塑造物
環氧樹脂(Epoxy resin)	環氧基$-CH_2Cl$ + $HO-C_6H_4-C(CH_3)_2-C_6H_4-OH$	逐步聚合	黏著劑、電路板

習題 EXERCISE

1. 指出下列化合物屬於哪一類聚合物？
   (1)澱粉　(2) DNA　(3)鐵弗龍　(4)血紅素　(5)纖維素
2. 請定義下列名稱：
   (1)碳水化合物　(2)高分子聚合物　(3)胜肽鍵　(4)核糖核酸
3. 指出下列碳水化合物之由何種單糖組成：
   (1)乳糖　(2)麥芽糖　(3)蔗糖
4. 指出下列何者為單醣、雙醣或多醣？
   (1)肝糖　(2)葡萄糖　(3)乳糖　(4)澱粉　(5)纖維素
5. 畫出 pH=1 時，下列胺基酸之結構式：
   (1) Ala　(2) Val　(3) Ser　(4) Met　(5) Lys
6. 畫出 Phe-Ala-Ser 之結構式，並指出何者為 N 端胺基酸？何者為 C 端胺基酸？
7. 請利用簡單試劑來區分醛醣與酮醣？
8. 寫出 Ala-Gly-Leu 三胜肽結構，並指出哪一端為 N 端胺基酸，哪一個為 C 端胺基酸？
9. 蛋白質分子間之作用力有哪些以維持其結構？
10. 請指出 DNA 與 RNA 結構有何不同？
11. 畫出來自 DNA 的二核苷酸之結構：(1) A-G；(2) T-C。

12. 細胞內有哪三種核糖核酸？

13. 畫出達克龍之聚合結構式。

14. 克代耳(Kodel)是一種聚酯聚合物，其結構如下：

$$\left[-\overset{O}{\overset{\|}{C}}-C_6H_4-\overset{O}{\overset{\|}{C}}-O-CH_2-C_6H_{10}-CH_2-O- \right]$$

請問它是由哪兩種單體所聚合合成？

附錄 塑膠材質分類

不管在衣、食、住、行等領域上，現代塑膠的使用已和我們的生活密不可分，然而，使用後的塑膠如果沒有經過妥善的處理，便會對環境造成相當大的衝擊。不過塑膠材質種類繁多，若要將塑膠材質回收，一般消費者會有不易辨識的困擾。有鑑於此，美國塑膠工業協會(Society of the Plastics Industry)於 1988 年制定出塑膠辨識碼(Resin identification code)，辨識符號為由三個順時針方向箭頭所組合成的循環狀三角形，並將編碼包圍於三角形中代表此材質之塑膠種類，此辨識碼目前已成為世界通用的塑膠辨識碼。在這些編號中，1 為聚對苯二甲酸乙二酯(PET)，2 為高密度聚乙烯(HDPE)，3 為聚氯乙烯(PVC)，4 為低密度聚乙烯(LDPE)，5 為聚丙烯(PP)，6 為聚苯乙烯(PS)，7 為其他類(OTHERS)。值得消費者注意的是，這些塑膠材料辨識碼的數字，並不是代表這個材料被回收的頻率，以及被回收的難度或是它的安全性。

■ 表 13.3　塑膠材質分類標誌

標 誌	材質中／英名稱（縮寫）	耐溫範圍	用途例舉
1	聚對苯二甲酸乙二酯 Polyethylene terephthalate (PET)	60~85°C	人造纖維、磁帶、容器（俗稱「寶特瓶」，如飲料瓶、食用油瓶、化粧品包裝瓶）
2	高密度聚乙烯 High-density polyethylene (HDPE)	90~110°C	購物袋、塑膠袋、垃圾桶、工具箱、瓶蓋、容器
3	聚氯乙烯 Polyvinylchloride (PVC)	60~80°C	水管、保鮮膜、塑膠盒、雨衣、建材、非食物用瓶
4	低密度聚乙烯 Low-density polyethylene (LDPE)	70~90°C	容器、塑膠袋、保鮮膜、洗瓶、包裝袋、管材
5	聚丙烯 Polypropylene (PP)	100~140°C	食物容器、食品餐器具、免洗杯、水桶、垃圾桶、人造纖維
6	聚苯乙烯 Polystyrene (PS)	70~90°C	建材、玩具、文具、食品容器、食品餐器具、保麗龍
7	其他類 OTHERS （如美耐皿、ABS 樹脂、聚甲基丙烯酸甲酯、聚乳酸、聚碳酸酯等）	聚乳酸約為 50°C 聚碳酸酯 120~ 130°C	美耐皿 (malamine) 可作為廚具或餐具，不過在高溫時可能會有溶出三聚氰胺的疑慮

Application of
Organic Chemistry

習題解答

第 1 章　緒 論

1.

	甘油	丙胺酸	甘醇酸
(1)官能基	羥基	羰基(羧酸基)、胺基	羰基(羧酸基)、羥基
(2)分子式	$C_3H_8O_3$	$C_3H_7NO_2$	$C_2H_4O_3$
(3)分子量	92	89	76

2. (1)

```
   H δ+      δ+
   |
H−C−O−H
   |
   H   δ−
```

C−O 及 O−H

(2)

```
          δ−
   H  H  O
   |  |  ‖
H−C−C−C−H
   |  |
   H  H  δ+
```

C=O

(3)

```
      δ−
   H  O  δ−  δ+
   |  ‖
H−C−C−O−H
   |
   H  δ+
```

C=O、C−O 及 O−H

3. (1)烷類　(6)炔類
(2)烷類　(7)醛類
(3)烯類　(8)醇類
(4)酮類　(9)醚類
(5)烯類

4. (1) 極性共價鍵（陰電性差為 3.5–2.1=1.4）
(2) 非極性共價鍵（陰電性差為 2.5–2.1=0.4）
(3) 非極性共價鍵（陰電性差為 2.1–2.1=0）
(4) 離子鍵（陰電性差為 3.5–1.0=2.5）

5. 填充題：

中文名	英文名	官能基	中文名	英文名	官能基
醛類	Aldehyde	R–C(=O)–H	酮類	Kentone	R–C(=O)–R'
胺類	Amine	$R\text{–}NH_2$	羧酸類	Carboxylic acid	R–C(=O)–OH
酯類	Ester	R–C(=O)–OR'	醇類	Alcohol	R–OH
醯胺類	Amide	$R\text{–}C(=O)\text{–}NH_2$	烯類	Alkene	C=C

註：R 代表碳鏈

第 2 章　烷類、環烷類

1. 目前汽油的品級均以異辛烷(isooctane)作為比較標準，這一標準，就是所謂的辛烷值(octane number)。辛烷值的訂定是以含 100%正庚烷(*n*-heptane)的汽油作為零，而以含 100%異辛烷的汽油作為一百。根據此一標準，油品的抗震性質若與含 95%異辛院與 5%正庚烷的汽油相似，則稱作 95 汽油；同樣地，如果與含 92%異辛院與 8%正庚烷汽油相似，則稱為 92 汽油。

2. (1) heptane（庚烷）
   (2) 3-methylheptane（3–甲基庚烷）
   (3) 4-ethyl-2-methylhexane（4–乙基–2–甲基己烷）
   (4) 2,3,4-trimethylpentane（2,3,4–三甲基戊烷）
   (5) 3-ethyl-4-methylhexane（3–乙基–4–甲基己烷）

(6) 7-ethyl-3,4-dimethylnonane（7–乙基–3,4–二甲基壬烷）

(7) 1,3-dimethylcyclohexane（1,3–二甲基環己烷）

(8) cyclopentane（環戊烷）

3.

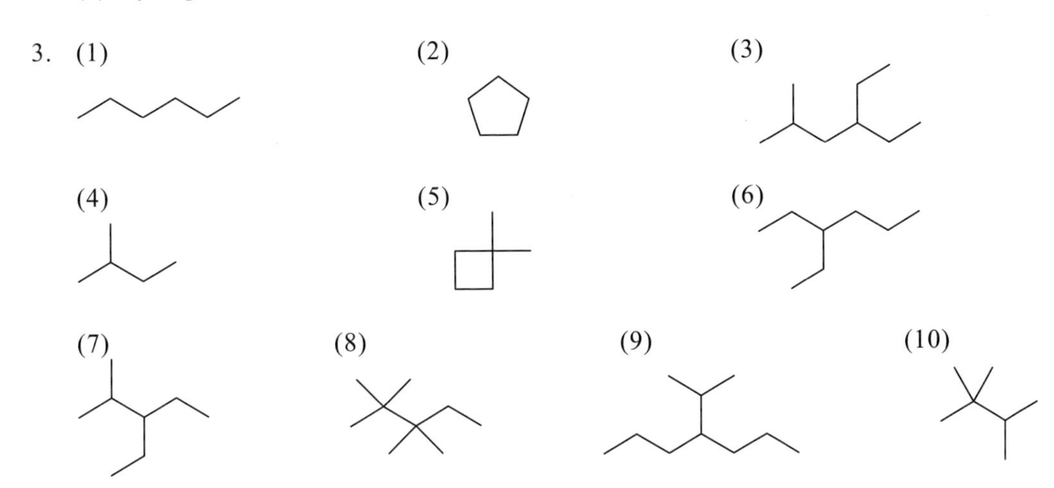

4. 同分子量之烷類其支鏈越多其熔點越低。

5. 烷類隨著碳數的增加其形態漸為固化，因此呈現液狀、油狀與蠟狀的烷類是化粧品重要的油性基劑原料。如鮫鯊烷(squalane)可為柔軟劑，凡士林可為油性基劑，可提供皮膚之防止水分散失。

6.

己烷 Hexane

2–甲基戊烷 2-methylpentane

3–甲基戊烷 3-methylpentante

2,2–二甲基丁烷 2,2-dimethylbutane

2,3–二甲基丁烷 2,3-dimethylbutane

7.

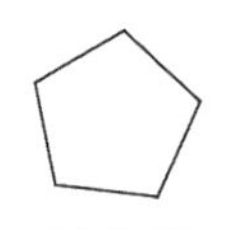

環戊烷

Cyclopentane

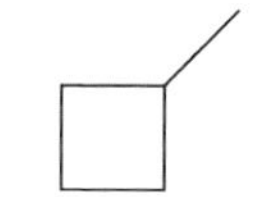

甲基環丁烷

methylcyclobutane

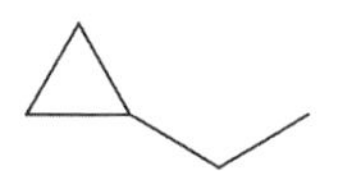

乙基環丙烷

ethylcyclopropane

1,1–二甲基環丙烷

1,1-dimethycyclopropane

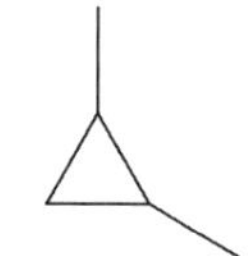

1,2–二甲基環丙烷

1,2-dimethycyclopropane

第 3 章　烯類與炔類

1. (1) 2–甲基–1–丁烯

(2) 2,3–二甲基–2–丁烯

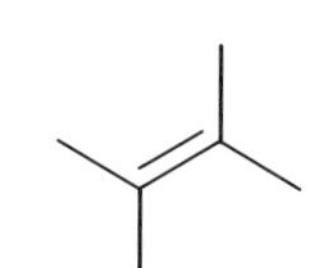

(3) *反*–4–甲基–2–戊烯

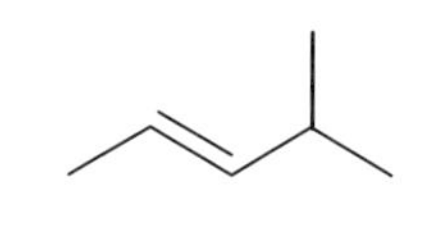

(4) *順*–4,4–二甲基–2–己烯

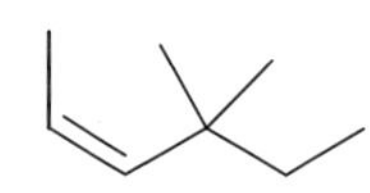

(5) 4–丁基環戊烯

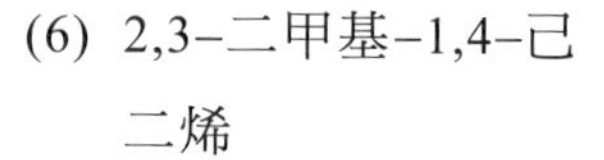

(6) 2,3–二甲基–1,4–己二烯

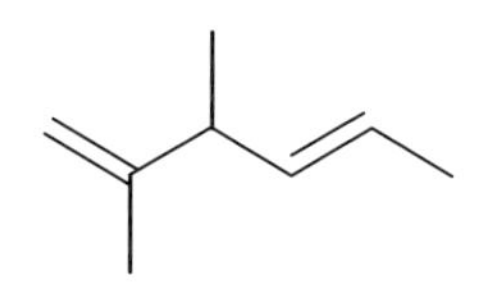

(7) 1,4–環己二烯

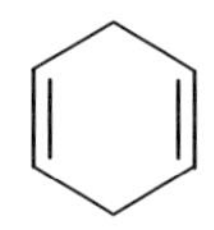

(8) 1,3–環戊二烯

(9) 3–甲基–1–丁炔

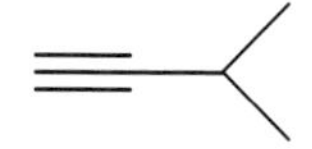

(10) 3,4–二甲基–1–戊炔 (11) 4–乙基–5–甲基–2–己炔 (12) 5–甲基己–3–烯–1–炔

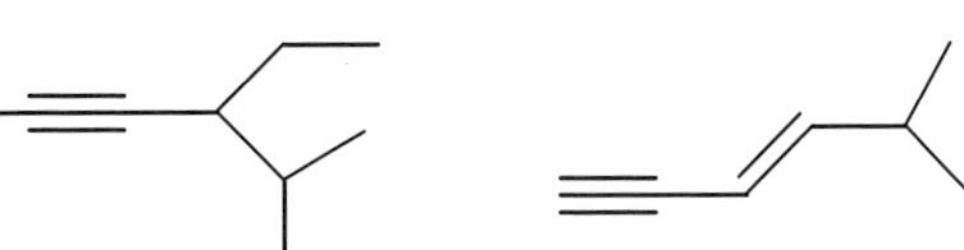

2. (1) 1-pentene（1–戊烯） (2) *trans*-2-pentene（*反*–2–戊烯）
   (3) *cis*-2-pentene（*順*–2–戊烯） (4) 5-chloro-1-hexene（5–氯–1–己烯）
   (5) 2,5-dimethyl-3-hexyne（2,5–二甲基–3–己炔）
   (6) 5,6-dimethyl-1-heptyne（5,6–二甲基–1–庚炔）
   (7) cyclopentene（環戊烯）
   (8) 1-methyl-1,3-cyclohexadiene（1–甲基–1,3–環己二烯）
   (9) 1,3,5-cycloheptatriene（1,3,5–環庚三烯）

3. (1) 4 個雙鍵 (2) $C_{15}H_{24}$
   (3)

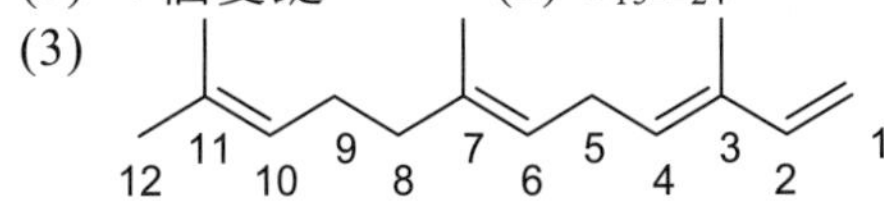

   1-2, 3-4 之雙鍵為共軛；6-7 以及 10-11 雙鍵為隔離
   (4) 3,7,11-trimethyl-1,3,6,10-dodecatetraene（3,7,11–三甲基–1,3,6,10–十二碳四烯）

4. (1) $C_{30}H_{50}$
   (2) 因為鮫鯊烯為 C、H 兩種元素所組成之分子，C–H 為非極性共價鍵，因此所組成之分子為疏水性之分子。
   (3)

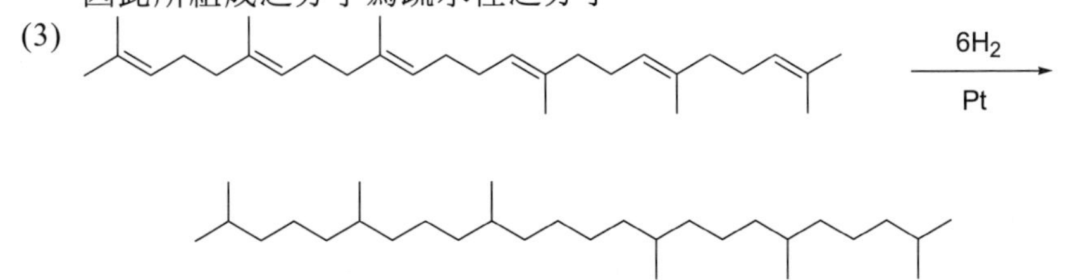

5.

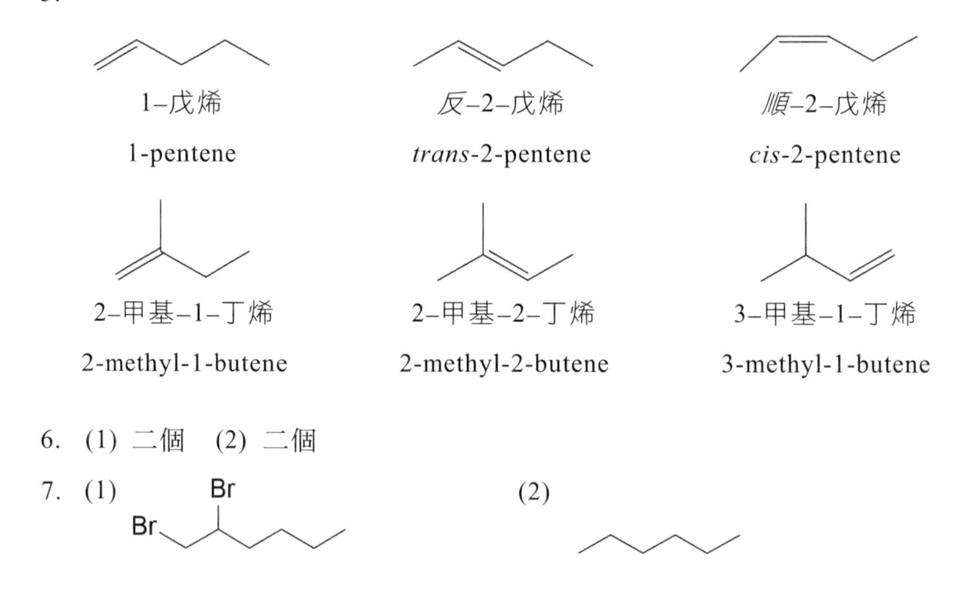

6. (1) 二個　(2) 二個

7. (1)　(2)

第 4 章　有機鹵化物

1. (1) bromomethane　(2) trichloromethane
   (3) 2-chlorohexane　(4) tetrachloromethane

2. 由於 CFC's 在一般情形下狀態穩定，當它們被釋放到空氣中，與一般化學物質不同，它們不會在較低的大氣層被分解，當升至同溫層時，其碳氯鍵受到紫外線照射會被打斷，釋放出極活潑之氯原子，這些氯原子會和保護地球之臭氧層起連鎖反應。

3. 名稱：三氯沙(triclosan)

結構：

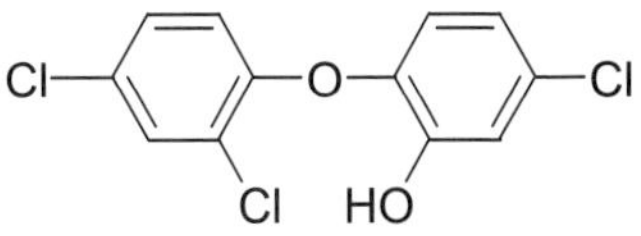

功用：具有殺菌功能，且毒性較小，廣泛添加於化粧品中，如抗菌洗手乳及抗痘洗面皂等產品中。

4. (1)二級 (2)一級 (3)三級 (4)一級

5. (1) CH_3I (2) CCl_4 (3) CI_4

6. (1) Tetrafluoroethene (2)

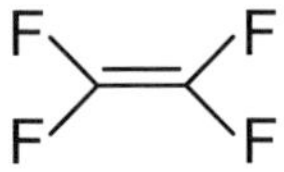

第 5 章 芳香族

1. (1)  (2) 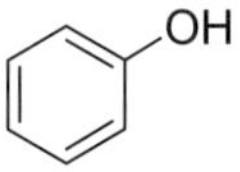 (3) 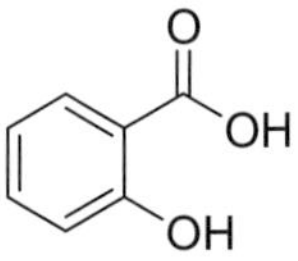 (4)

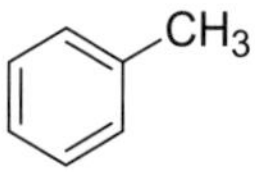

(5) 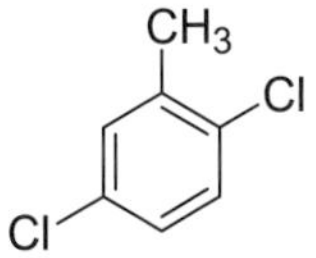 (6) 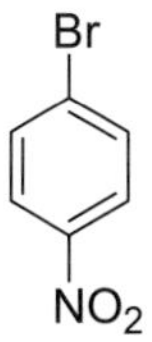 (7) 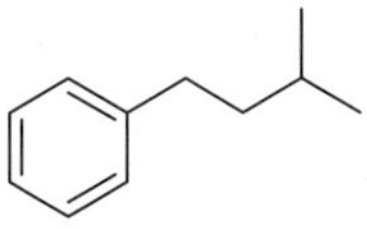 (8)

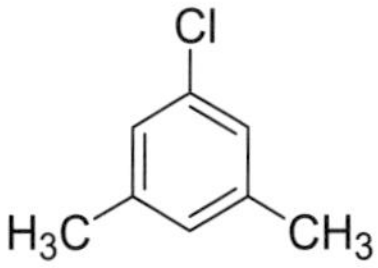

2.

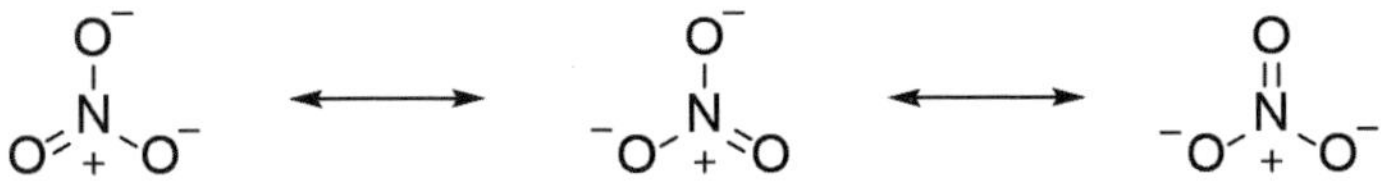

3. (1) *p*-xylene（*對*–二甲苯）

(2) 1,2,4-trimethylbenzene（1,2,4–三甲基苯）

(3) benzoic acid（苯甲酸）

(4) 1,4-dihydroxybenzene (hydroquinone)（1,4–二羥基苯）（*對*–苯二酚）

(5) 2-phenylheptane（2–苯基己烷）

(6) 1,2,3-trichlorobenzene（1,2,3–三氯苯）

4. 芳香族：(1)、(3)、(4)、(5)；非芳香族：(2)、(6)

5. 黃酮類化合物具有抗氧化之能力特別適用防止脂類、不飽和酸等物質的氧化，目前文獻報導黃酮類與異黃酮類化合物並具有抗菌、抗光敏、解毒、增白等作用。

6. 抗氧化功效：維生素 E、白藜蘆醇、兒茶素等。
美白功效：對苯二酚、熊果素、鞣花酸等。

第 6 章　醇類、酚類與醚類

1. (1) 3-methyl-1-butanol（3–甲基–1–丁醇）
   (2) 3-buten-1-ol（3–丁烯–1–醇）
   (3) 4-chloro-5-methyl-1-hexanol（4–氯–5–甲基–1–己醇）
   (4) cyclohexanol（環己醇）
   (5) 2,4-dichlorophenol（2,4–二氯酚）
   (6) 2,4,6-tribromophenol（2,4,6–三溴酚）
   (7) methyl propyl ether（甲基丙基醚）
   (8) diethyl ether（二乙基醚）
   (9) 2-ethoxyethanol（2–乙氧基乙醇）

2. (1)　(2)　(3)　(4)

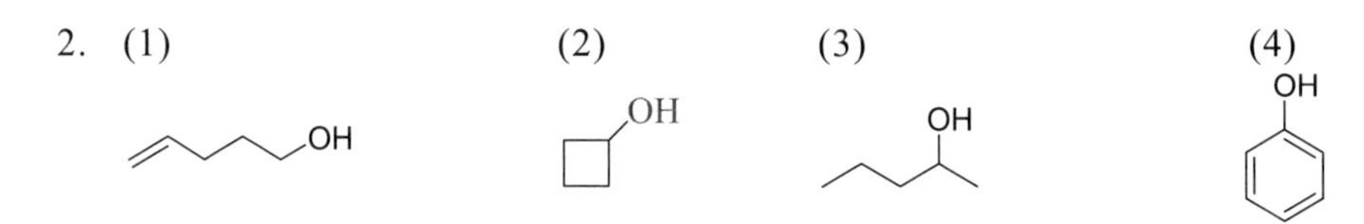

(5)　　(6)　　(7)

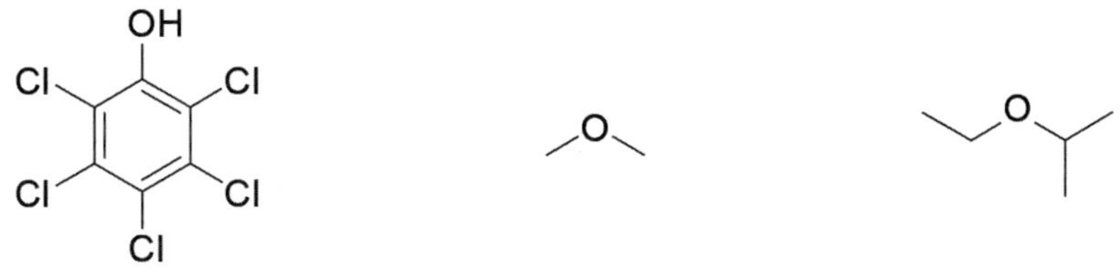

3. (1) $CH_3(CH_2)_{10}CH_2(OCH_2CH_2)_2OH$　(2) $CH_3(CH_2)_{14}CH_2(OCH_2CH_2)_{10}OH$
   (3) $CH_3(CH_2)_{16}CH_2(OCH_2CH_2)_{20}OH$

4. (1)甲醇＜乙醇＜1–丙醇　(2)丙烷＜甲醚＜乙醇　(3)乙醇＜乙二醇＜甘油

5. 甲醚、乙醇

6. (1)一級醇　(2)二級醇　(3)一級醇　(4)三級醇　(5)二級醇　(6)一級醇

7. (1) 反應方程式

(2) 苯氧自由基之共振結構式

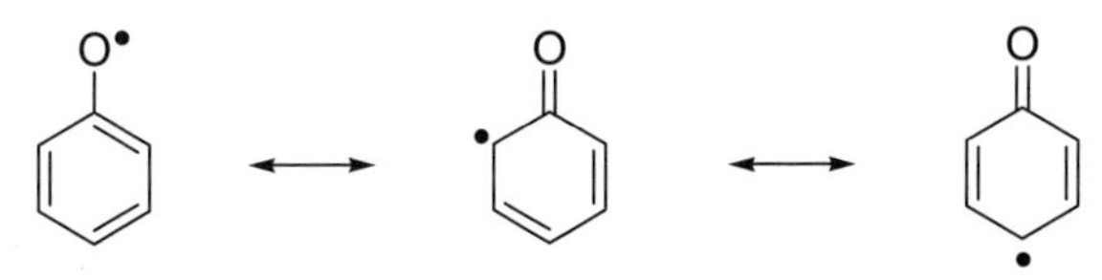

8. (1) $C_{10}H_{18}O$
   (2) 3,7-dimethyl-2*E*,6-octadien-1-ol（3,7–二甲基–2*E*,6–辛二烯–1–醇）

9.

1-丁醇
1-butanol

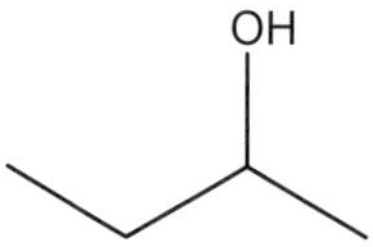

2-丁醇
2-butanol

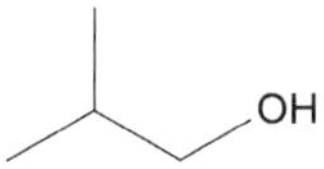

2-甲基-1-丙醇
2-methyl-1-propanol

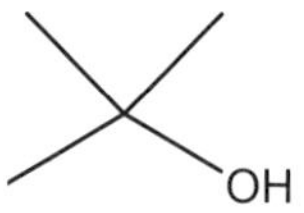

2-甲基-2-丙醇
2-methyl-2-propanol

甲基丙基醚
Methyl propyl ether

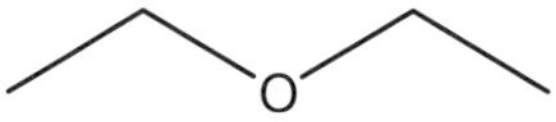

二乙基醚
diethyl ether

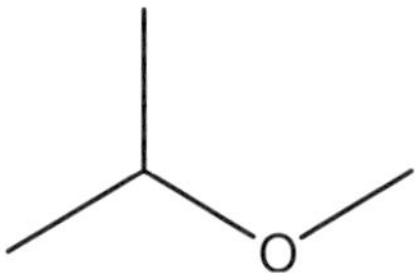

甲基異丙基醚
methyl isopropyl ether

10. (1) 1,3–丁二醇(1,3-butylene glycol)、功用：保濕 (2)己六醇(sorbitol)、功用：保濕 (3)白藜蘆醇(resveratrol)、功用：抗氧化 (4)薄荷醇(menthol)、功用：清涼 (5)月桂醇〔lauranol（或 1-Dodecanol）〕、功用：助乳化

第 7 章　醛類和酮類

1. (A) (1) ethanal（乙醛） (2) propanone (acetone)（丙酮）
(3) 2-methylpropanal（2–甲基丙醛）(4) cyclohexanone（環己酮）

(B) (5) 4-hydroxypentanal (6) 3-phenylbutanal (7) 2-methyl-3-phenylpropanal
(8) 5-oxohexanal (9) 2,4-dimethyl-3-hexanone (10) 2-cyclohexen-1-one

2. 因醇類分子之間可形成氫鍵，而醛、酮分子則否，所以醇較同級之醛酮沸點高。（參考 p.113）

3. 可使用多倫銀鏡試驗檢測。（參考 p.114）

4. 艾地苯結構類似輔酶 Q10，但分子量較小，更易經皮吸收，其抗氧化之功能如同輔酶 Q10 之作用。（參考 p.119）

5.

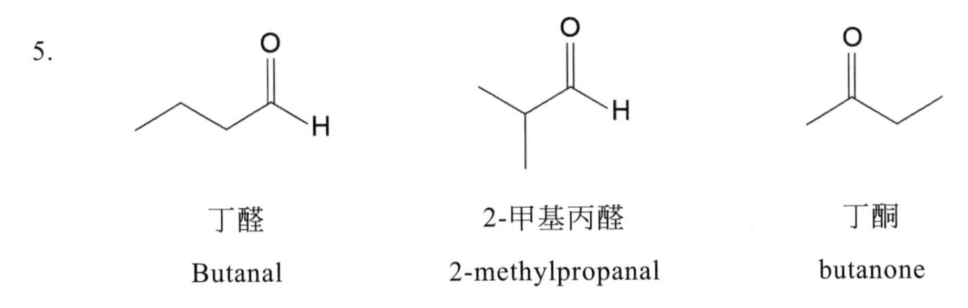

6. (1)苯甲醛(benzoaldehyde)、用途：香料　(2)肉桂醛(cinnamaldehyde)、用途：香料　(3) 2–羥基–4–甲氧基二苯酮(2-hydroxy-4-methoxybenzophenone)、用途：防曬　(4)二羥基丙酮(dihydroxyacetone)、用途：助曬劑

7. (1)　(2)　(3)　(4)

(5)　(6)　(7)

第 8 章　羧 酸

1.

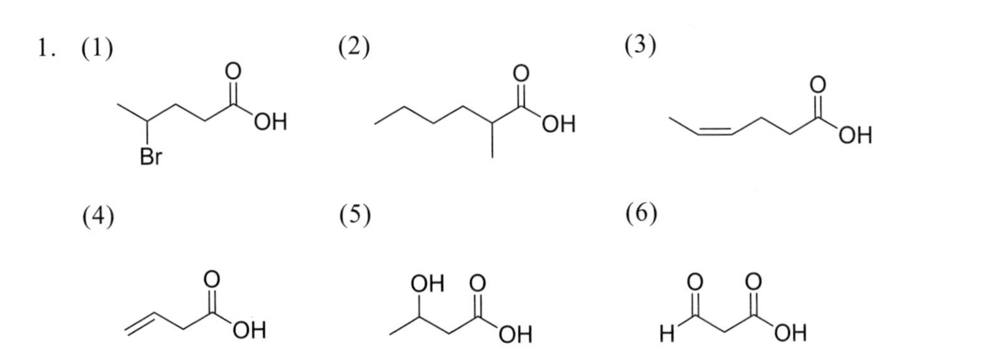

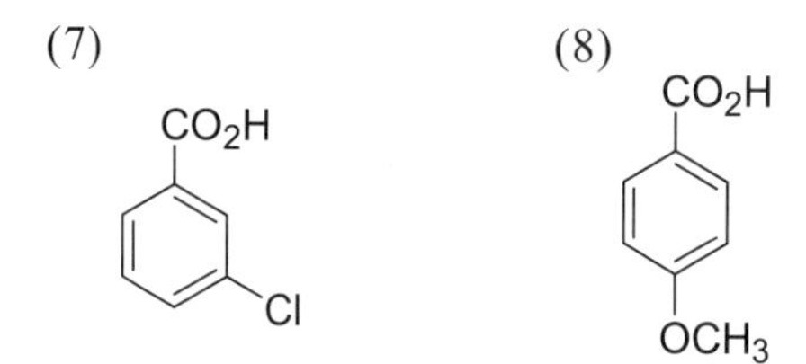

2. (1) propenoic acid（丙烯酸）
   (2) 2-hydroxypropanoic acid（2–羥基丙酸）
   (3) *m*-bromobenzoic acid（*間*–溴苯甲酸）
   (4) hexanoic acid（己酸）
   (5) 5-methylhexanoic acid（5–甲基己酸）
   (6) 5-oxohexanoic acid（5–羰基己酸）
   (7) 2-ethylpentanoic acid（2–乙基戊酸）
   (8) butanedioic acid（丁二酸）
   (9) *trans*-2-butenedioic acid（*反*–2–丁烯酸）

3. (1) 丁烷＜丙醇＜乙酸　(2) 乙酸＜丙酸＜丁二酸　(3) 丙烯＜丙酮＜丙酸

4. (1) nonanedioic acid（壬二酸）　(2) $C_9H_{16}O_4$　分子量：188

5. (1) 羰基(羧酸基)、烯基　(2) 羰基(羧酸基)、羥基、烯基

6. (1)乳酸(lactic acid)、功用：去角質　(2)水楊酸(salicylic acid)、功用：抗黴菌　(3)己二烯酸(sorbic acid)、功用：防腐劑

第 9 章　酯 類

1. 乙酸戊酯(pentyl acetate)具有香蕉味；乙酸辛酯(octyl acetate)具有橘子味；丁酸乙酯(ethyl butanoate)具有鳳梨味；丁酸戊酯(pentyl butanoate)具有杏仁味；異戊酸異戊酯(isoamyl isovalerate)具有蘋果味；桂皮酸甲酯(methyl cinnamylate)則具有草莓味等。（參考 p.152）

2. 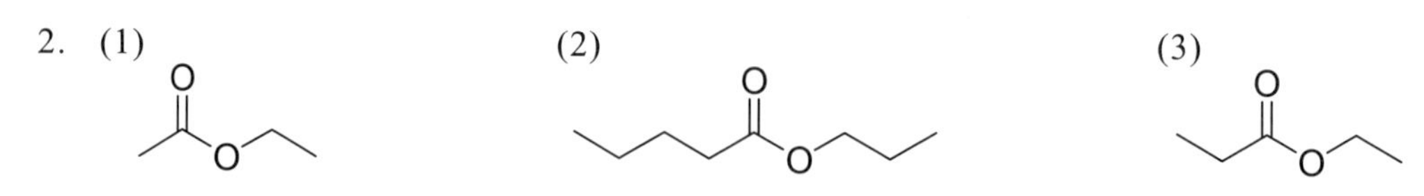

3. 三酸甘油酯的皂化反應

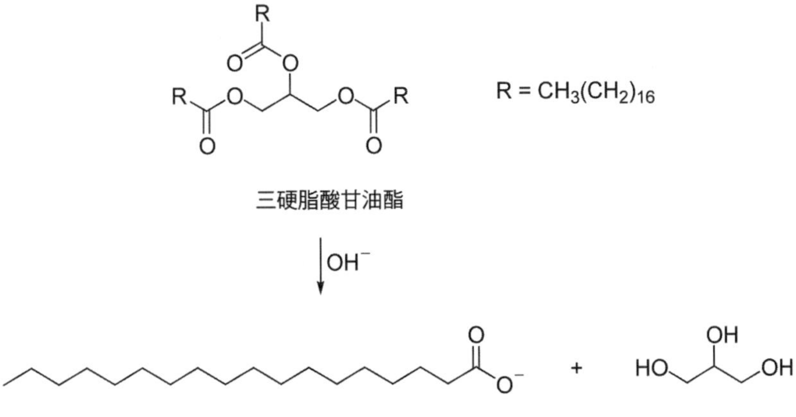

R = $CH_3(CH_2)_{16}$

三硬脂酸甘油酯

OH^-

脂肪酸鹽（肥皂或皂基）

4. (1) ethyl ethanoate (ethyl acetate)（乙酸乙酯） (2) methyl benzoate（苯甲酸甲酯） (3) phenyl ethanoate（醋酸苯酯）

5. (1) (2) 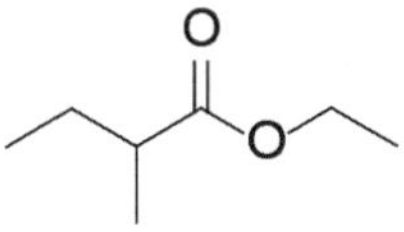 (3)

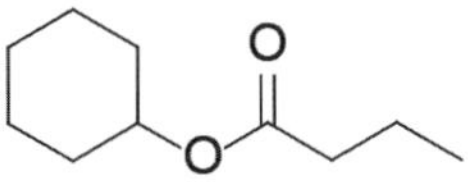

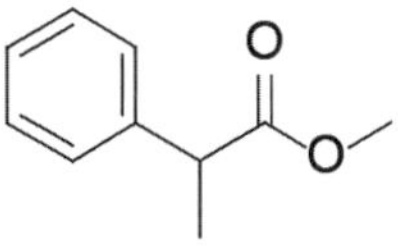

(4) 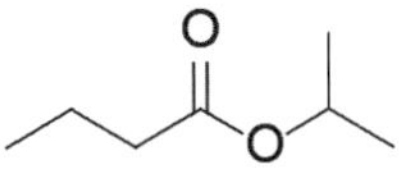 (5) 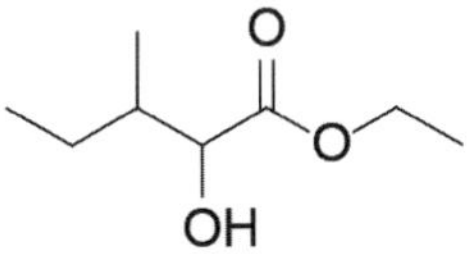 (6)

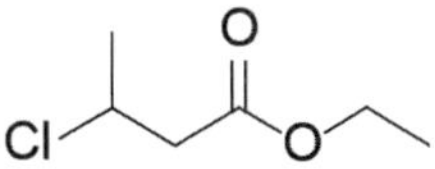

6. (1)*對*–羥基苯甲酸甲酯(methylparaben)、功用：防腐 (2)*對*–甲氧基肉桂酸辛酯[octyl *p*-methoxycinnamate (parsol MCX)]、功用：防曬

第 10 章　胺類與醯胺類

1\.

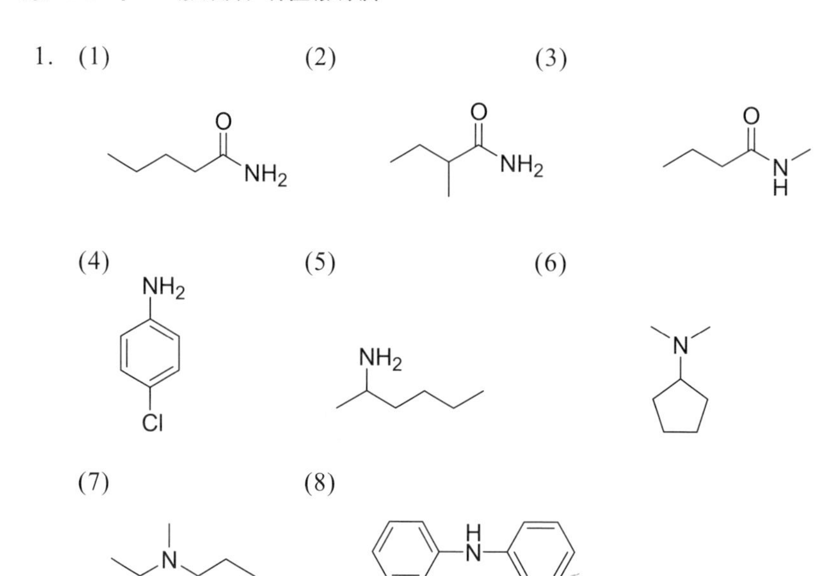

2\. (1) *N,N*-dimethylethanamide（*N,N*–二甲基乙醯胺）

(2) propanamide（丙醯胺）

(3) 2-methylpropanamide（2–甲基丙醯胺）

(4) butylamine（丁基胺）

(5) *N*-methyl propylamine（*N*–甲基丙基胺）

(6) *N,N*-dimethyl propylamine（*N,N*–二甲基丙基胺）

(7) 2-aminobutanoic acid（2–胺基丁酸）

(8) cyclohexylamine（環己基胺）

(9) 3-aminocyclohexanone（3–胺基環己酮）

3\. (1)

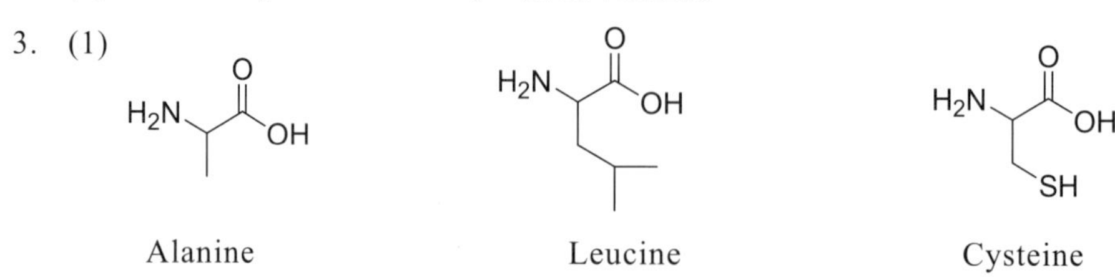

Alanine　　Leucine　　Cysteine

(2)

H_2N–CH(CH_3)–C(=O)–NH–CH($CH_2CH(CH_3)_2$)–C(=O)–NH–CH(CH_2SH)–COOH

4. 胺基、酯基

5. (1)一級胺　(2)一級胺　(3)三級胺　(4)二級胺　(5)二級胺

6. 氯化十六烷基三甲銨之合成：

$CH_3(CH_2)_{15}Cl + :N(CH_3)_3 \longrightarrow CH_3(CH_2)_{15}N^+(CH_3)_3\ Cl^-$

第 12 章　立體化學

1. (1) 結構異構物：同分異構物又可因為原子在相對空間上的差異關係，可區分為結構異構物(structural isomers)和立體異構物(stereoisomers)。結構異構物即是同分異構物之間的原子和原子鍵結順序不相同。
   (2) 對掌異構物：立體異構物又可分為幾何異構物(geometric isomers)與對掌異構物(enantiomers)和非對映異構物(diastereomers)。對掌異構物為兩異構物互為鏡像，且又不能重疊者，稱之為鏡像異構物(mirror images)。
   (3) 內消旋化合物：有機分子結構中存在不對稱碳原子，並不表示此有機分子一定就是對掌異構物，因為分子結構中若存在重疊的對稱，則此一有機分子結構稱之為內消旋化合物(meso compounds)，而非對掌異構物。
   (4) 外消旋化合物：當兩個互為鏡像之立體異構物同時等量存在，雖然個別異構物皆具有旋光性，但互為相反，其旋光度相互抵消，因此，在旋光度計測試為 0，稱為外消旋化合物。

2. (1) *R*　(2) *R*　(3) 2：*S*；5：*R*

3. (1) (2) (3) (4)

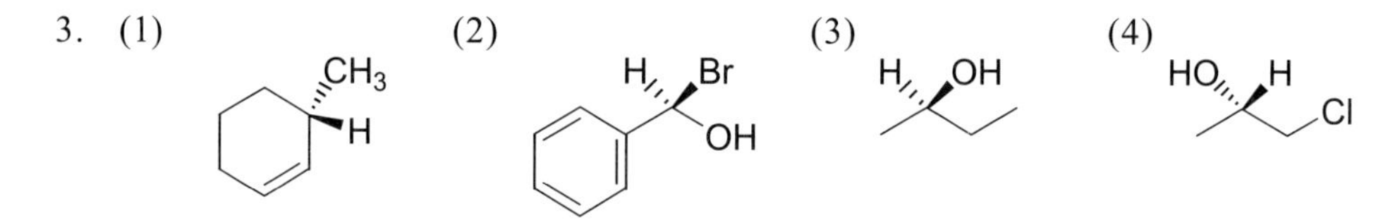

4. 右旋維生素 C (L-ascorbic acid)具有生理活性，如美白、抗氧化及治療抗壞血酸疾病，但左旋維生素 C 則無。

第 13 章　聚合物

1. (1)碳水化合物　(2)核酸　(3)人工合成聚合物　(4)蛋白質　(5)碳水化合物
2. (1) 碳水化合物其名稱來自此類化合物中大多可寫成 $C_x(H_2O)_y$ 的簡式，比方說葡萄糖其分子式為 $C_6H_{12}O_6$ 亦可寫成 $C_6(H_2O)_6$。
   (2) 高分子聚合物指由一種或多種小分子單位藉由化學反應重複連接而生成的高分子物質。這些小分子單位稱為單體(monomers)，常是一些普通的化合物。
   (3) 胜肽鍵是由醯胺所組成的，醯胺鍵具有平面的幾何型態，醯胺之 C-N 鍵比一般鍵要短，而且此鍵的旋轉是受到相當多的限制，此鍵之平面性及旋轉受限是由共振所造成的。
   (4) 核糖核酸(RNA)是存在於細胞中主要的核酸分子，負責傳遞遺傳訊息使細胞正常運作，RNA 與 DNA 相似，也是核苷酸以線性方式結合而成。
3. (1)葡萄糖與半乳糖　(2)葡萄糖　(3)葡萄糖與果糖
4. (1)多醣　(2)單醣　(3)雙醣　(4)多醣　(5)多醣
5. (1) $H_3C-\underset{^{+}NH_3}{\overset{H}{C}}-CO_2H$

   (2) $(H_3C)_2C-\underset{^{+}NH_3}{\overset{H}{C}}-CO_2H$

   (3) $HOH_2C-\underset{^{+}NH_3}{\overset{H}{C}}-CO_2H$

   (4) $H_3C-S-CH_2-CH_2-\underset{^{+}NH_3}{\overset{H}{C}}-CO_2H$

   (5) $H_3\overset{+}{N}-CH_2-CH_2-CH_2-\underset{^{+}NH_3}{\overset{H}{C}}-CO_2H$

6. N端 C端

$$H_3\overset{+}{N}-\underset{CH_2C_6H_5}{\overset{H}{C}}-\overset{O}{\overset{\|}{C}}-\overset{H}{N}-\underset{CH_3}{\overset{H}{C}}-\overset{O}{\overset{\|}{C}}-\overset{H}{N}-\underset{CH_2OH}{\overset{H}{C}}-\overset{O}{\overset{\|}{C}}-O^-$$

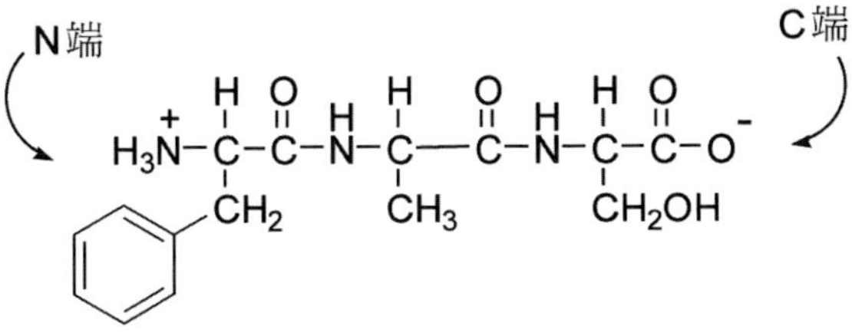

7. 利用多倫試劑，醛醣可產生銀鏡反應，酮醣則無。

8. N端 C端

$$H_3\overset{+}{N}-\underset{CH_3}{\overset{H}{C}}-\overset{O}{\overset{\|}{C}}-\overset{H}{N}-\underset{H}{\overset{H}{C}}-\overset{O}{\overset{\|}{C}}-\overset{H}{N}-\underset{CH_2CH(CH_3)_2}{\overset{H}{C}}-\overset{O}{\overset{\|}{C}}-O^-$$

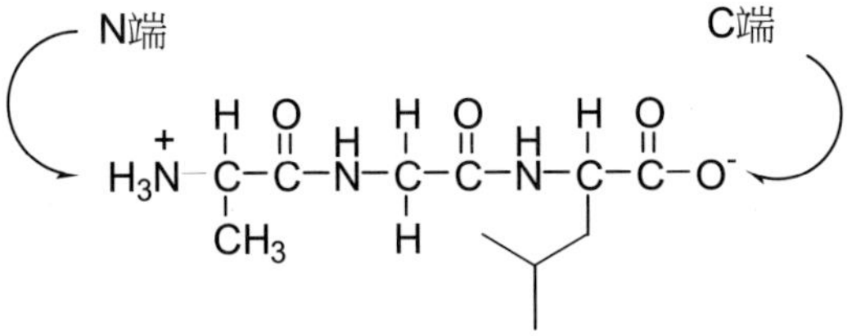

9. 離子作用力、氫鍵、分散力及偶極一偶極力。

10. 一個 DNA 分子可能含有數百萬個核苷酸(nucleotides)的聚合物，而 RNA 分子則含有數千個核苷酸。DNA 與 RNA 分子中各包含四種不同型態的核苷酸，而核苷酸由鹼基、五碳糖與磷酸基所組成。核酸中之鹼基都是嘌呤(purine)與嘧啶(pyrimide)的衍生物，DNA 中有兩種嘌呤：腺嘌呤(adenine, A)與鳥糞嘌呤(guanine, G)，以及兩種嘧啶：胞嘧啶(cytosine, C)與胸腺嘧啶(thymine, T)。而 RNA 除了胸腺嘧啶由尿嘧啶(uracil, U)取代外，其餘皆相同。

11. (1)

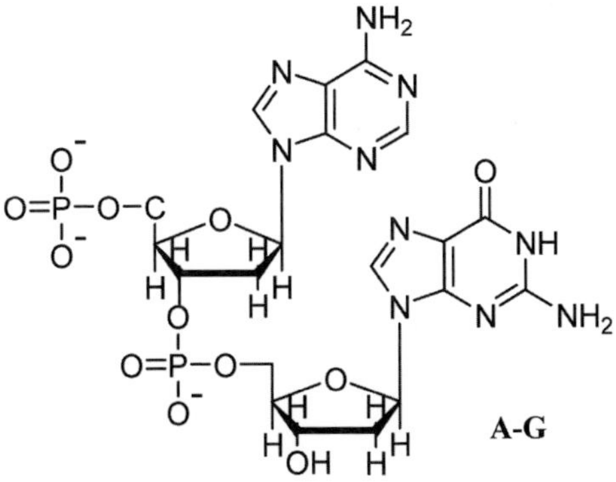

NH_2 N N N N

O^- $O=P-O-C$ O^- O H H H H

O NH N N NH_2

O $O=P-O$ O^- O H H H OH H H

A-G

(2)

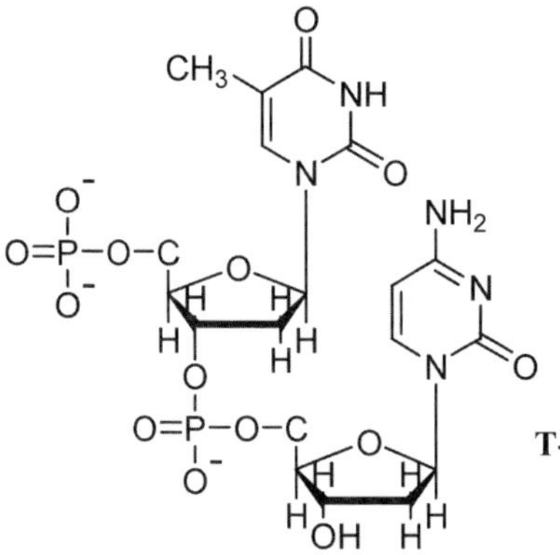

T-C

12. 細胞內有三種不同之 RNA，分別為核糖體 RNA (ribosomal RNA, rRNA)、轉移 RNA (transfer RNA, tRNA)與信使 RNA (messenger RNA, mRNA)。

13. $\left[-\overset{O}{\overset{\|}{C}}-C_6H_4-\overset{O}{\overset{\|}{C}}-O-CH_2-CH_2-O- \right]_n$

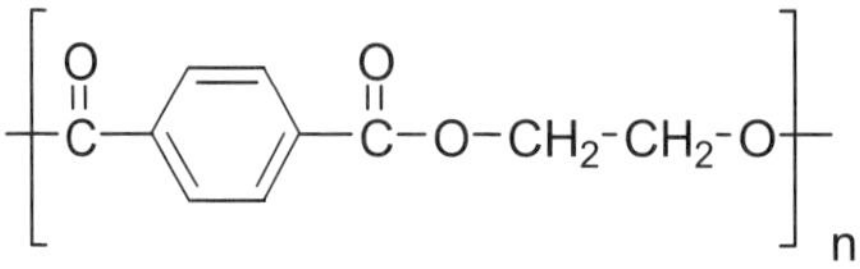

14. $HOOC-C_6H_4-COOH$ + $HOH_2C-C_6H_{10}-CH_2OH$

NEW WCDP
新文京開發出版股份有限公司
新世紀 · 新視野 · 新文京 — 精選教科書 · 考試用書 · 專業參考書